ライフサイエンスのための化学

安藤祥司・熊本栄一・坂本 寛・弟子丸正伸 共著

化学同人

はじめに

　生命科学(ライフサイエンス)は，医学，歯学，薬学，看護学，理学，農学，工学などの幅広い分野にわたる学際的な学問である．たとえば生物の緻密な構造や巧妙な活動のしくみ，あるいは私たちの生命を脅かす病気のメカニズムなどを解明するため，各分野の専門家がそれぞれの得意とするアプローチの仕方で，分子レベルから個体レベルに至るまで多彩な研究を世界各地で進めている．そうした研究の成果は，新しい治療法や医薬品，健康食品，エネルギー・環境問題の対策などに応用されている．生命科学は21世紀の主要テーマの一つであり，今後も加速度的に進化することが期待されている．

　化学は生命科学の重要な基礎学問である．生物はいろいろな生体物質から構成されていることから，物質を専門的に扱う化学の知識と考え方が必要とされている．とくに生物を分子レベルで理解するには，生体物質の構造や性質，生体物質間の相互作用や反応性などに関する化学的な基礎力(素養)が必要となる．大学の生命科学を専門とする学部・学科の比較的初期の科目に化学があるのはこのためである．

　本書は，生命科学を志す学生向けに書かれた化学の教科書である．本書の目的は，生命科学の基礎となる化学の知識と考え方を，コンパクトに，わかりやすく解説し，その後の専門科目の深い理解につなげることにある．本書では，広範な化学のなかから，生命科学と密接に関連する項目を選択して取り上げている．一つの教科書に，有機化学，生体分子，エネルギー(熱力学)，化学平衡論，反応速度論が相互に関連性をもって解説されているという点で，ユニークであると自負している．

　前書となる『生命の化学―バイオサイエンスの基礎づくり』は幸いにも，複数の大学で教科書としてお使いいただいた．前書からの改良点としては，生体分子とそれに関連する有機化学のページ数を増やして内容を充実させた．具体的には，1章で生体分子の解明の歴史について，5章で有機化合物の構造について，6章では有機化合物の反応機構について解説を充実させた．また，代表的な生体分子である糖質と脂質，アミノ酸とタンパク質，ヌクレオチドと核酸を，それぞれ7章，8章，9章に分けて詳しく解説した．また，「コラム」には生命科学に関する最近の話題を取り上げた．

　執筆は，弟子丸が2章，3章，4章，9章，坂本が6章，7章，8章，熊本が10章と11章，安藤が1章，5章，12章と全体の内容の調整を担当した．

　本書の出版に当たっては，化学同人編集部の山本富士子さんに大変ご尽力いただいた．ここに深く感謝申し上げる．

2016年12月初冬

著者を代表して

安 藤　祥 司

目　次

1章　生命を化学の目で見る　　1
- 1.1　細胞の構造と生体分子　　1
  - 1.1.1　細胞膜　　1
  - 1.1.2　細胞核　　2
  - 1.1.3　細胞質と細胞小器官　　3
- 1.2　生体分子の解明の歴史　　3
  - 1.2.1　生気論と有機化学　　3
  - 1.2.2　酵素とタンパク質　　4
  - 1.2.3　遺伝子　　5
- 【章末問題】　　7

2章　原子の構造　　9
- 2.1　原子の構成　　9
- 2.2　原子量　　10
- 2.3　アボガドロ数とモルの概念　　11
- 2.4　原子軌道と電子雲　　11
- 2.5　原子軌道のエネルギーと電子配置　　13
- 2.6　周期律と元素の性質　　16
  - 2.6.1　周期律　　16
  - 2.6.2　イオン化エネルギー　　17
  - 2.6.3　電子親和力　　18
  - 2.6.4　電気陰性度　　19
- 【章末問題】　　20

3章　化学結合と分子間に働く力　　21
- 3.1　化学結合とは　　21
  - 3.1.1　イオン結合　　21
  - 3.1.2　共有結合　　22
  - 3.1.3　共有結合による多原子分子の形式　　25
  - 3.1.4　配位結合　　29
  - 3.1.5　金属結合　　29
- 3.2　分子間に働く弱い引力　　30
  - 3.2.1　静電的相互作用　　30
  - 3.2.2　水素結合　　30
  - 3.2.3　双極子-双極子相互作用　　31
  - 3.2.4　分散力　　31
  - 3.2.5　疎水性相互作用　　32
- 【章末問題】　　32

4章　生体で働く元素と水の役割　　33
- 4.1　生体必須元素　　33
  - 4.1.1　生体を構成する六大元素　　34
  - 4.1.2　その他の必須元素　　36
  - 4.1.3　微量必須元素　　37
- 4.2　水　　39
  - 4.2.1　水と生命の歴史　　39

目 次

    4.2.2　生体における水の必要性 ……… 40
    4.2.3　水の異常な性質 ……………………… 40
    4.2.4　水の構造の特性 ……………………… 41
  【章末問題】……………………………………… 44

5章　有機化合物の分類 …………………………………………………………… 45

  5.1　有機化合物の表示の仕方 ……………… 45
  5.2　有機化合物の分類と官能基 …………… 46
  5.3　炭化水素 …………………………………… 46
    5.3.1　アルカン …………………………… 47
    5.3.2　シクロアルカン …………………… 51
    5.3.3　アルケンとアルキン ……………… 51
    5.3.4　芳香族炭化水素 …………………… 52
  5.4　アルコール・フェノール・エーテル … 54
    5.4.1　アルコール・フェノール ………… 55
    5.4.2　エーテル …………………………… 57
  5.5　アルデヒド・ケトン ……………………… 58
  5.6　カルボン酸とその誘導体 ……………… 60
    5.6.1　カルボン酸 ………………………… 60
    5.6.2　カルボン酸誘導体 ………………… 64
  5.7　アミンとその関連化合物 ……………… 65
    5.7.1　アミン ……………………………… 65
    5.7.2　アミド ……………………………… 67
    5.7.3　その他の窒素含有化合物 ………… 68
  5.8　硫黄化合物 ………………………………… 68
  5.9　有機化合物の立体異性体 ……………… 70
    5.9.1　立体異性体 ………………………… 71
    5.9.2　配座異性体 ………………………… 75
  【章末問題】……………………………………… 75

6章　有機化合物の性質，反応性 ……………………………………………… 77

  6.1　有機化合物の性質 ……………………… 77
    6.1.1　電荷の偏り ………………………… 77
    6.1.2　酸と塩基 …………………………… 78
    6.1.3　共有結合の切れ方 ………………… 79
    6.1.4　共有結合の形成 …………………… 80
  6.2　基本的な有機反応の種類 ……………… 81
    6.2.1　置換反応 …………………………… 81
    6.2.2　脱離反応 …………………………… 82
    6.2.3　付加反応 …………………………… 83
    6.2.4　転移反応 …………………………… 84
    6.2.5　酸化還元反応 ……………………… 84
  6.3　生体分子の成り立ちを理解する
     ための有機反応 …………………………… 84
    6.3.1　カルボニル基の反応性：
       炭素-ヘテロ原子間の結合生成 … 85
    6.3.2　アルデヒドおよびケトンの
       求核付加反応 ……………………… 86
    6.3.3　カルボン酸およびカルボン酸誘導体
       の求核置換反応 …………………… 87
    6.3.4　カルボニル化合物のα-炭素上での反応：
       炭素-炭素間の共有結合の生成 … 90
  【章末問題】……………………………………… 94

7章　糖質と脂質 …………………………………………………………………… 95

  7.1　糖　質 ……………………………………… 95
    7.1.1　単糖の種類と性質 ………………… 95
    7.1.2　二糖の種類と性質 ………………… 100
    7.1.3　オリゴ糖 …………………………… 101
    7.1.4　多糖の種類と構造 ………………… 101
  7.2　脂　質 ……………………………………… 105
    7.2.1　脂肪酸 ……………………………… 106
    7.2.2　中性脂肪(トリアシルグリセロール) … 107
    7.2.3　ろ　う ……………………………… 108
    7.2.4　リン脂質 …………………………… 108
    7.2.5　糖脂質 ……………………………… 110
    7.2.6　ステロイド ………………………… 111
  【章末問題】……………………………………… 112

8章　アミノ酸とタンパク質 …………………………………………………… 113

  8.1　アミノ酸 …………………………………… 113
    8.1.1　アミノ酸の基本構造 ……………… 113
    8.1.2　アミノ酸の性質 …………………… 116
  8.2　タンパク質 ………………………………… 117

8.2.1　ペプチド ……………………… 117	8.2.3　タンパク質の変性 ……………… 123
8.2.2　タンパク質の構造 …………… 119	【章末問題】 ……………………………… 124

9章　ヌクレオチドと核酸 …………………………………………………………………… 125

9.1　ヌクレオチドの構造 ……………… 125	9.6.1　プロモーター ……………………… 132
9.2　DNAとRNAの一次構造 ………… 127	9.6.2　RNAポリメラーゼ ……………… 133
9.3　DNAとRNAの立体構造と 　　塩基対合の規則 …………………… 127	9.6.3　転写後プロセシング ……………… 133
9.4　RNAの機能による分類 …………… 129	9.7　タンパク質の生合成 ……………… 135
9.5　DNAの複製 ………………………… 129	9.7.1　遺伝暗号（コドン） ……………… 135
9.5.1　相補的塩基対と半保存複製 …… 129	9.7.2　リボソームの構造 ……………… 135
9.5.2　複製開始点と複製バブル ……… 130	9.7.3　tRNAの構造 …………………… 136
9.5.3　DNA鎖の合成 ………………… 130	9.7.4　翻訳の開始・伸長・終結 ……… 137
9.6　転写とプロセシング ……………… 132	【章末問題】 ……………………………… 139

10章　生体化学反応とエネルギー ……………………………………………………… 141

10.1　熱力学の第一法則 ……………… 141	10.4.1　ギブズ自由エネルギーの意義 … 153
10.1.1　用語の定義 …………………… 141	10.4.2　ギブズ自由エネルギーと生体内の 　　　　化学反応 ……………………… 155
10.1.2　熱力学の第一法則 …………… 143	10.4.3　ギブズ自由エネルギーの温度と 　　　　圧力による影響 ……………… 157
10.1.3　可逆変化と不可逆変化 ……… 145	10.5　化学ポテンシャル ……………… 158
10.2　エンタルピーと反応熱 ………… 145	10.5.1　化学ポテンシャル ……………… 158
10.2.1　エンタルピー ………………… 145	10.5.2　理想気体の化学ポテンシャル … 159
10.2.2　反応熱 ………………………… 146	10.5.3　溶媒と溶質の化学ポテンシャル … 159
10.2.3　ヘスの法則 …………………… 147	10.5.4　化学ポテンシャルと自然現象 … 160
10.3　エントロピーと熱力学の第二法則 … 149	10.5.5　電解質溶液の浸透圧 ………… 163
10.3.1　エントロピー ………………… 149	【章末問題】 ……………………………… 164
10.3.2　熱力学の第二法則 …………… 151	
10.3.3　物質のエントロピー ………… 152	
10.4　ギブズ自由エネルギー ………… 153	

11章　化学平衡・電解質溶液の平衡 …………………………………………………… 165

11.1　化学平衡とは …………………… 165	11.3.6　緩衝作用 ………………………… 175
11.2　平衡定数とギブズ自由エネルギー 　　　の関係 ……………………………… 167	11.3.7　アミノ酸の電離平衡 …………… 177
11.3　電解質溶液の平衡 ……………… 169	11.4　電気化学 ………………………… 178
11.3.1　電離平衡 ……………………… 169	11.4.1　化学電池 ………………………… 178
11.3.2　酸と塩基 ……………………… 170	11.4.2　起電力とギブズ自由エネルギー … 179
11.3.3　解離定数 ……………………… 170	11.4.3　静止膜電位と電気化学 　　　　ポテンシャル ………………… 180
11.3.4　水素イオン濃度 ……………… 172	【章末問題】 ……………………………… 182
11.3.5　酸-塩基滴定 ………………… 172	

12 章　化学反応速度論 … 183

- 12.1　反応速度の定量化 … 183
  - 12.1.1　反応速度の定義 … 183
  - 12.1.2　速度式 … 184
  - 12.1.3　一次反応速度の取り扱い … 185
  - 12.1.4　反応速度の温度依存性 … 186
  - 12.1.5　反応の経路と速度 … 188
- 12.2　酵素反応の速度 … 190
  - 12.2.1　酵素反応の特徴 … 190
  - 12.2.2　酵素反応の機構と速度式 … 191
- 【章末問題】 … 196

参考図書 … 197

付表：物理量と単位 … 199
(SI 基本単位の名称と記号／化学に関する SI 誘導単位の名称と記号／SI 接頭語／単位換算表／基本物理定数)

索　引 … 201

各章の章末問題の解答は，小社のホームページ上に掲載されています．
→ http://www.kagakudojin.co.jp/book/b244261.html

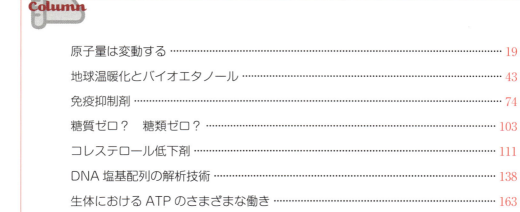

Column

- 原子量は変動する … 19
- 地球温暖化とバイオエタノール … 43
- 免疫抑制剤 … 74
- 糖質ゼロ？　糖類ゼロ？ … 103
- コレステロール低下剤 … 111
- DNA 塩基配列の解析技術 … 138
- 生体における ATP のさまざまな働き … 163
- H^+ はさまざまな感覚情報の伝達に働く … 181
- 緑色蛍光タンパク質 (GFP) の発見と応用 … 195

第1章 生命を化学の目で見る

　地球の誕生は今から約46億年前で，生物の起源としての原始的な細胞の誕生は約35億年前と考えられている．細胞は長い時間をかけて原始的なものから進化し，やがて単細胞生物から多細胞生物が誕生した．現在に至るまでの長い進化の過程で生物[*1]はいろいろな生体分子をつくりだし，さまざまな機能を獲得した．生物の形を維持し，機能させるために，どのような生体分子が働いているのか，その解明は興味の尽きない課題である．本章では，生物の基本である細胞の構造とそこに存在する生体分子を概説する．次に，生体分子のなかでも重要なタンパク質と遺伝子について，解明の歴史を紹介する．

1.1　細胞の構造と生体分子

　「すべての生物は**細胞**(cell)[*2]からできている」あるいは「細胞は生物の最小単位である」という考えを**細胞説**(cell theory)[*3]という．細胞の構造や生体分子には，生物の種を超えて多くの共通点がある．

1.1.1　細胞膜

　図1.1に細胞の模式図と生体分子の構造を示す．細胞を取り囲んでいるのが**細胞膜**(cell membrane)である．細胞膜は細胞の外側と内側の水溶液を隔てる働きをしている．

　細胞膜の基本構造は，**リン脂質**(phospholipid，7章)とよばれる分子が平行に並んで二重の層をつくったものである．この構造はリン脂質二重層とよばれ，厚さが約7～10 nmである．リン脂質分子は，二重層を形成しながら膜面を平行に移動するなど，流動性がある．またリン脂質二重層は，気体(O_2やCO_2)，水分子は透過させるが，H^+や無機イオン，極性物質に対しては障壁となっている．このため細胞内と細胞外はイオン分布などが異なる．

[*1] 地球上に生息する生物として約200万種類が命名されているが，実際にはさらに多くの未知の生物が存在すると考えられている．とくに微生物(細菌，古細菌，真菌など)の場合，極端に高温や低温の場所や，栄養が希薄な場所にも未知の生物が生育している可能性がある．

[*2] 1665年，フック(R. Hooke)はコルク片を顕微鏡で観察し，多数の小部屋からできていることを発見し，その小部屋をcell(セル)と名づけた．cellの日本語訳として，江戸時代に「細胞」という言葉が使われた．

[*3] 1838年にシュライデン(M. J. Schleiden)は植物について，翌1839年にシュワン(T. Schwann)は動物について，それぞれ細胞説を発表した．さらに1858年にフィルヒョー(R. Virchow)は，「すべての細胞は細胞分裂によって生じる」ことを提唱した．

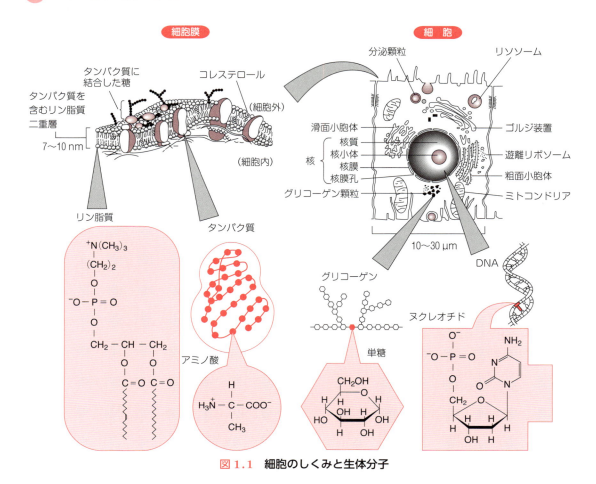

図 1.1　細胞のしくみと生体分子

細胞膜には**タンパク質**（protein，8章）も存在する．タンパク質は，**アミノ酸**（amino acid，8章）が基本単位となって数十～数百個連結した高分子である．細胞膜のタンパク質は，リン脂質二重層の表面に存在したり，膜に埋め込まれて存在するが，リン脂質二重層の流動性のため，集合や分散などができる．細胞膜のタンパク質は，イオンや高分子物質などの選択的な膜通過に働くほかに，細胞の運動や，細胞間の情報の受け渡しなど，多彩な機能を果たしている．

1.1.2　細胞核

細胞内は**細胞質**（cytosol）と**細胞核**（cell nucleus）に大きく分けられる．核は通常，細胞に1個存在する．核膜に囲まれた約6μmの直径をもつ構造体で，そのなかに**遺伝子**（gene，遺伝情報を担う物質）*である**デオキシリボ核酸**（deoxyribonucleic acid：**DNA**，9章）を含んでいる．DNAはタンパク質と結合した状態で存在し，これをまとめて**染色質**（chromatin）という．染色質は細胞の分裂期に凝縮し，棒状の**染色体**（chromosome）となる．核内には，**リボ核酸**（ribonucleic acid：**RNA**，9章）とタンパク質からなる核小体も存在する．

*　特殊な場合として，RNAウイルスの遺伝子はRNAによって構成されている．

DNAとRNAは，どちらも**ヌクレオチド**(nucleotide，9章)が基本単位となって繰り返し連結した高分子である．

DNAの遺伝情報は，いつ，どんなタンパク質をどれだけ合成するかという指令のようなもので，細胞分裂を経てこの情報が正確に細胞から細胞へ，親世代から子世代へ伝えられる．その結果，自己と同じ構造や性質が保存されていく．DNAの情報は核内で**メッセンジャーRNA**(messenger ribonucleic acid：**mRNA**，9章)に書き写され[*1]，これが核から細胞質にでていく．このmRNAの情報に従って，リボソーム上でタンパク質が合成される[*2]．

*1 これを転写(transcription)という．

*2 これを翻訳(translation)という．

1.1.3 細胞質と細胞小器官

細胞質は，タンパク質や各種イオンなどの電解質溶液で満たされていて，生物現象を支える種々の反応が進行する場所となっている．これらの反応を進行させるために触媒として働くタンパク質を，**酵素**(enzyme，8章)という．いろいろな酵素が秩序正しく働くことが，生物にとって重要である．

細胞質には，小胞体，ゴルジ装置，リソソーム，ミトコンドリア，分泌顆粒など，膜に囲まれた**細胞小器官**(organelle)が存在する．細胞小器官は，細胞のなかでそれぞれ機能分担をしている．たとえば，ミトコンドリアは取り込んだ栄養素から細胞活動に必要なエネルギーを取りだす場所として働く．また，リボソームは，核から運ばれてきた遺伝情報に従って，タンパク質を合成する場所として働く．これら細胞小器官には，その働きに必要な特徴的なタンパク質や酵素が存在する．

1.2　生体分子の解明の歴史

1.2.1 生気論と有機化学

18世紀から19世紀のはじめまで，科学者は植物や動物などの**生物体**(organism)から得られる物質を**有機物質**(organic compound)とよび，一方，鉱物から得られる物質を**無機物質**(inorganic compound)とよんで区別した[*3]．そして有機物質は生きた生物がもつ神秘的な**生命力**(vital force)によってつくられ，生物の体外で人工的につくられないと考えた．この説は**生気論**(vitalism)[*4]とよばれ，当時の主流の考え方であった．1806年，ベルセリウス(J. J. Berzelius)[*5]は有機物質を扱う化学を**有機化学**(organic chemistry)，無機物質を扱う化学を**無機化学**(inorganic chemistry)とよんだ．

しかしその後，生気論は誤りであることが明らかになった．1828年，ウェーラー(F. Wöhler)[*6]は無機物質であるシアン酸アンモニウムを熱すると尿素(尿の成分)が生じることを発見し，有機物質の生成には"生命力"を必要としないことを証明した．その後，ほかの研究者らも無機物質からいろいろな有機物質を合成した．これらの結果を受けて，ケクレ(F. A. Kekulé)[*7]は，生物由来にこだわらず，広く炭素化合物を扱う化学を有機化学とすることを提案し，現在に至っている．

*3 こう考えた一人として，スエーデンの化学者・鉱物学者ベリマン(T. O. Bergman, 1735〜1784)があげられる．

*4 別の表現では，「研究室のなかで無機化合物から有機化合物をつくることはできない」「有機化合物をつくるには生命力が必要である」など．

*5 スウェーデンの化学者(1779〜1848)．

*6 ドイツの化学者(1800〜1882)．

*7 ドイツの化学者(1829〜1896)．

1.2.2　酵素とタンパク質

食物の消化や分解に働く物質の存在は，18世紀頃から知られていた．その後1833年，ペイヤン(A. Payen)[*1]とペルソ(J. F. Persoz)[*2]は，麦芽からデンプンを分解する物質を部分精製し，これをジアスターゼ(diastase)[*3]と命名した．これが物質としてとらえられた最初の酵素である．一方，1836年，シュワンがブタの胃液からペプシンを分離した．また1876年，キューネ(W. F. Kühne)[*4]が，膵臓から分泌されるトリプシンを発見した．しかし当時はまだ，ジアスターゼ，ペプシン，トリプシンがどのような物質であるか不明であった．

1837年，シュワンはブドウのしぼり汁を顕微鏡で観察し，ワインをつくる微生物の酵母を発見したことから，生きた酵母がアルコール発酵を起こす本体であるという説を唱えた．この説に対してリービッヒ(J. von Liebig)[*5]やウェーラーは，酵母そのものが発酵を起こすのではなく，酵母がつくる物質が発酵を起こすとして反論した．しかし1850～1860年代，パスツール(L. Pasteur)[*6]はワインの腐敗を防ぐ研究中，発酵は酵母によるものであることを実証し，「発酵は生きた酵母のなかでのみ起こる特異な現象である」と主張した．その結果，"生気論"が息を吹き返すことになり，リービッヒとパスツールの論争は生涯続いた．この論争による混乱を避けるため，1878年，キューネは，トリプシンなどのように生物から分離できる触媒物質を**エンザイム**(enzyme，日本語訳は酵素)[*7]とよぶことを提案した．

この論争に決着をつけたのは，ブフナー(E. Buchner)[*8]であった．彼は1896年，砂粒を使って酵母を破壊して得た汁が，砂糖の溶液を発酵させてアルコールをつくることを発見した．この結果は，生きた酵母がなくても発酵が起きることを示し，「生気論」を打ち砕いた．さらに1898年，彼はアルコール発酵に働くいくつかの物質を発見し，トリプシンなどの酵素と同様の物質であることを示した．しかし，酵素が化学的にどのような物質であるのかはまだわかっていなかった．

タンパク質の化学的研究は，19世紀に始まった．タンパク質の主要成分がアミノ酸であることは，1820～1930年代にかけて種々のタンパク質の加水分解物中から，標準アミノ酸とよばれる20種類のアミノ酸が発見されたことで証明された．タンパク質はアミノ酸どうしがペプチド結合(-CO-NH-)によって繰り返し連結したものであることは，1902年にホフマイスター(F. Hofmeister)[*9]とフィッシャー(H. E. Fischer)[*10]がそれぞれ独自に報告した．

酵素を最初に結晶化させたのは，サムナー(J. B. Sumner)[*11]である．彼は1926年，なた豆をすりつぶして得た汁から，尿素を分解する働きをもつウレアーゼを結晶化することに成功した．この結晶は溶かすと酵素活性を示したことから，「この結晶こそが酵素そのものである」と報告した．しかし当時，酵素はタンパク質ではなくて，タンパク質に結合している未知の低分子物質ではないかという考えが強かったため，サムナーやノースロップ(J. H. Northrop)[*12]は酵素がタンパク質であることを証明する研究を続けた．そして，1930年代

[*1] フランスの化学者(1795～1871)．

[*2] フランスの化学者(1805～1868)．

[*3] 現在は，糖を分解する酵素アミラーゼの俗称として使われる．

[*4] ドイツの生理学者(1837～1900)．

[*5] ドイツの化学者(1803～1873)．

[*6] フランスの化学者・細菌学者(1822～1895)．

[*7] ギリシャ語で「酵母のなかにあるもの」の意．ここで酵母は生物の代表として使われている．

[*8] ドイツの化学者(1860～1917)．1907年ノーベル化学賞受賞．

[*9] ドイツの生化学者(1850～1922)．

[*10] ドイツの有機化学者(1852～1919)．1902年ノーベル化学賞受賞．

[*11] アメリカの生化学者(1887～1955)．1946年ノーベル化学賞受賞．

[*12] アメリカの生化学者(1891～1987)．1930年にペプシン，1932年にトリプシン，1935年にキモトリプシンを結晶化した．1946年ノーベル化学賞受賞．

になって彼らの説が認められるようになった．

　タンパク質が高分子量の物質であることを示したのは，スベドベリ（T. Svedberg）[*1]である．1930年頃，彼はいろいろな精製タンパク質を超遠心機にかけ，その沈降の様子から分子量が数万から数百万にも及ぶことを示した．タンパク質が不特定多数のアミノ酸が連結したものでなく，一定のアミノ酸配列をもつことを実証したのは，サンガー（F. Sanger）[*2]である．彼は1955年にウシのインスリン（アミノ酸51残基）のアミノ酸配列（一次構造）を決定した．

　タンパク質の立体構造を最初に明らかにしたのは，ケンドルー（J. C. Kendrew）[*3]である．彼は1957年，X線結晶解析法という技術を使って，クジラのミオグロビンの立体構造を明らかにした．1959年にはペルツ（M. F. Perutz）[*4]が，X線結晶解析法を使ってヘモグロビンの立体構造を解明した．その後，核磁気共鳴（nuclear magnetic resonance：NMR）法という技術を使って，溶液中のタンパク質の立体構造も解明できるようになった．立体構造はタンパク質が機能を発揮するうえで重要であるため，2002〜2006年に日米欧が中心となって1万個以上のタンパク質の立体構造を解明するプロジェクトが実施された．

1.2.3　遺　伝　子

　1869年，ミーシャー（J. F. Miescher）[*5]はヒトの膿に含まれるリンパ球の核から酸性でリンに富む物質を発見し，これを細胞核に存在する物質という意味でヌクレイン（nuclein）と命名した．**核酸**（nucleic acid）という名前は，彼の弟子が最初に用いたといわれる．核酸に含まれる**塩基**（base）[*6]の化学構造は，1875年から1900年にかけて明らかにされた．その後，核酸の糖成分にはD-リボース（1909年発見）とD-デオキシリボース（1929年発見）の2種類存在することが示され，D-デオキシリボースを含むDNAと，D-リボースを含むRNAが区別されるようになった．しかし，当時はまだDNAとRNAがどんな働きをする物質であるのかは不明だった．

　遺伝現象に法則性があることを見いだしたのは，メンデル（G. J. Mendel）[*7]である．彼はエンドウ豆の遺伝の研究を行い，1865年に**メンデルの法則**（Mendel's law）を発表した．これが遺伝学の発祥である．しかし，この法則は長い間無視され，その正しさが証明されたのは，1900年になってからであった．

　遺伝を司る生体分子（遺伝子）が何であるのかは長い間わからなかったが，1910年，モーガン（T. H. Morgan）[*8]がショウジョウバエの研究から，遺伝子は染色体上に並んで存在することを発見した．遺伝子の本体がDNAであることを示す発端は，1928年，グリフィス（F. Griffith）[*9]が，肺炎双球菌の**形質転換**（transformation）[*10]現象を発見したことであった．1944年，エーブリー（O. T. Avery）[*11]は肺炎双球菌の形質転換因子の単離を行い，それがDNAであることを明らかにした．この結果は遺伝子がDNAであることを強く支持したが，当時はすぐには受け入れられなかった．その後1952年，ハーシー（A. D.

[*1] スウェーデンの物理化学者（1884〜1971）．

[*2] イギリスの生化学者（1918〜2013）．1958年，1980年ノーベル化学賞受賞．

[*3] イギリスの生化学者（1917〜1997）．1962年ノーベル化学賞受賞．

[*4] イギリスの生化学者（1914〜2002）．1962年ノーベル化学賞受賞．

[*5] スイスの生理化学者（1844〜1895）．

[*6] アデニン（A），シトシン（C），チミン（T），グアニン（G），ウラシル（U）の5種類．

[*7] オーストリアの司祭・遺伝学者（1822〜1884）．

[*8] アメリカの遺伝学者（1866〜1945）．1933年ノーベル医学生理学賞受賞．

[*9] イギリスの細菌学者（1879〜1941）．彼は病原性のない（R型）肺炎双球菌を，熱処理して殺菌した病原性（S型）肺炎双球菌と混ぜてネズミに接種したところ，R型がS型に変換されてネズミが発病することを発見した．この結果は，死んだS型菌の何らかの成分（形質転換因子＝遺伝子）が生きているR型菌を形質転換し，病原性にしたことを示していた．

[*10] ある細胞が，ほかの細胞の遺伝子を取り込んだ結果，細胞の形質（形態や性質などの遺伝的特徴）が変化すること．

[*11] アメリカの細菌学者（1877〜1955）．

Hershey)[*1]とチェイス（M. Chase）[*2]が，ウイルスの一種であるバクテリオファージを細菌に感染させる実験を行い，ウイルスの遺伝子がDNAであることを結論づけた．

　DNAが遺伝子として働くしくみは，20世紀半ば以降に解明された．1950年，シャルガフ（E. Chargaff）[*3]は多くの生物のDNAを調べ，どの生物も塩基のAとT，GとCの量はそれぞれ等しいが，G+Cの全塩基に対する割合は生物によって異なることを示した．1953年，ワトソン（J. B. Watson）[*4]とクリック（F. H. C. Crick）[*5]はDNAのX線回折像の結果とモデル計算から，DNAが**二重らせん構造**（double helix structure）をとることを提唱した．この構造は，2本のDNA鎖が共通の軸を中心にして右回りのらせん状に巻きつき，片方の鎖のAはもう片方の鎖のTと，同様にGはCとの間で水素結合するというものであった．AとT，GとCが必ず塩基対を形成することから，片方のDNA鎖の塩基配列が決まれば，もう片方の塩基配列[*6]は自動的に決まる．二重らせん構造は，シャルガフの見つけた規則性を満たすとともに，生物の遺伝情報が子孫に伝わる機構を示唆していた．そして1958年，メセルソン（M. S. Meselson）[*7]とスタール（F. W. Stahl）[*8]は大腸菌を用いた実験を行い，DNA分子が複製されて親から子へ伝えられていくときには，DNA分子（2本のDNA鎖からなる二重らせん構造）の片方のDNA鎖が鋳型となって，それと相補的な塩基配列をもつDNA鎖が新しく合成され，その結果DNA分子が合計2分子となり[*9]，そのうちの1分子が子へ渡されることを証明した．このころ，遺伝などの生命現象を分子レベルで解明するために，それまでの生物学・遺伝学・生化学・物理学などが融合して，新しく**分子生物学**（molecular biology）[*10]という学問分野が誕生した．

　1958年にクリックは，「遺伝情報はDNAからRNAへと伝えられ（転写され），さらにRNAからタンパク質へと翻訳されることによって実現される」という仮説〔**セントラルドグマ**（central dogma）〕[*11]を提唱した．ではDNAの情報はRNAを経てどのようにタンパク質へ伝えられるのか．その遺伝暗号の解明が，ニーレンバーグ（M. W. Nirenberg）[*12]らによって1961年から1966年にかけて行われた．その結果，4種類の塩基を組み合わせてつくられる"連続する3塩基の配列"〔これを**コドン**（codon）とよぶ〕が単位となって，それぞれアミノ酸をコードしていることが明らかになった．

[*1] アメリカのウイルス学者（1908～1997）．1969年ノーベル医学生理学賞受賞．

[*2] アメリカのウイルス学者（1927～2003）．ウイルスのDNAを放射性リン^{32}Pで，タンパク質を放射性硫黄^{35}Sで標識し，寄生する相手の細菌の培養液に加えたところ，放射性リンは細菌に取り込まれ，新たに生まれた子ファージにも放射性リンが取り込まれていた．一方，放射性硫黄は細菌の外に残されたファージの抜け殻に残っていた．この結果は，感染の際に大腸菌のなかに入っていくのはDNA（遺伝子本体）であり，ファージの遺伝子を包むコートタンパク質は大腸菌の外に留まることを示した．

[*3] アメリカの生化学者（1905～2002）．

[*4] アメリカの分子生物学者（1928～）．1962年ノーベル医学生理学賞受賞．

[*5] イギリスの分子生物学者（1916～2004）．1962年ノーベル医学生理学賞受賞．

[*6] これを相補的塩基配列という．

[*7] アメリカの分子生物学者（1930～）．

[*8] アメリカの分子生物学者（1929～）．

[*9] このDNA分子の複製方法を，**半保存的複製**（semi-conservative replication）とよぶ（9章参照）．

[*10] 分子生物学は，遺伝子を扱う技術の進歩もあって1960年代以降急速に発展し，現在では遺伝にかぎらず広く生命現象を分子レベルで解明する分野になっている．

[*11] 当初この仮説は，遺伝情報の伝わり方はつねにDNA→RNA→タンパク質の順であり，逆流しないとされていたが，その後，RNAの塩基配列に基づいてDNAを合成するウイルスの存在がわかり，修正された．

[*12] アメリカの生化学者（1927～2010）．1968年ノーベル医学生理学賞受賞．

[*13] 遺伝子を人工的に改変・操作する技術を開発する分野を**遺伝子工学**（genetic engineering）とよぶ．

1950〜1970年代には，遺伝子を取り扱う技術*13が飛躍的に進歩した．たとえば，1956年にはコーンバーグ（A. Kornberg）*1がDNAポリメラーゼを発見し，試験管内でDNAの合成に成功した．1967年にはDNA断片どうしを連結するDNAリガーゼが，1968年にはDNAの特定の塩基配列のところで切断する制限酵素が，1970年にはRNAの塩基配列に従ってDNAを合成する逆転写酵素が発見された．そして1972年にバーグ（P. Berg）*2が，制限酵素やリガーゼなどを用いて発がんウイルス由来のDNAをファージ由来のDNAに組入れることに成功し，ここに**遺伝子組換え**（gene recombination）**技術**の基礎が確立された．翌1973年にはコーエン（S. N. Cohen）*3とボイヤー（H. W. Boyer）*4が，2種類のプラスミド*5を切断・連結することで一つのプラスミド（組換えプラスミド）を作製し，それを大腸菌に導入して形質転換（2種類の抗生物質に耐性化）することに成功した．さらにボイヤーらは遺伝子組換え技術を応用して，生理活性ペプチドであるソマトスタチン（1977年）とインスリン（1978年）を大腸菌につくらせることに成功した．一方，DNAの塩基配列を解析する方法が，サンガーらによって1977年に開発された．1983年には，二本鎖DNAの任意の領域を大量に増幅できる**ポリメラーゼ連鎖反応**（PCR：polymerase chain reaction）**法**がマリス（K. B. Mullis）*6によって開発され，微量のDNAの検出やクローニング*7，病気の診断などに利用されるようになった．

　近年，**ゲノム**（genome）という言葉がよく使われる．ゲノムとは，ある一つの生物がもつ完全な1組の染色体のことであり，そこには数多くの遺伝子が含まれている．1990年代にヒトのゲノムの全塩基配列を決定するという"ヒトゲノムプロジェクト"が開始され，2001年にその配列の概要が決定され，2003年に全塩基配列の解読完了が宣言された．ほかのいろいろな生物種についてもゲノムの解読が行われている．その結果，ヒトゲノムは約30億の塩基対から構成され，3万〜4万個の遺伝子を含むことが示された．現在ではこの膨大な情報をもとに，ヒトとほかの動物の生物学的違いや，病気の発症機構や新しい診断法，個人ごとに最適な治療法の開発などについて，研究が進められている．

*1　アメリカの生化学者（1918〜2007）．1959年ノーベル医学生理学賞受賞．

*2　アメリカの生化学者・分子生物学者（1926〜）．1980年ノーベル化学賞受賞．

*3　アメリカの生化学者（1935〜）．

*4　アメリカの生化学者・実業家（1936〜）．

*5　細菌の染色体DNAとは独立して自己増殖する二本鎖DNAで，その多くは環状構造をとる．

*6　アメリカの生化学者（1944〜）．1993年ノーベル化学賞受賞．

*7　ある特定の遺伝子のコピーを作製すること．

章末問題

1. 細胞はどのような構造から成り立っているか，その概略を述べよ．
2. 細胞を構成する主要な生体分子として4種類の名称を答えよ．
3. ウェーラー，ブフナー，サムナーが行った実験の結果は，それぞれ歴史的にどのような意義があったと考えられるか述べよ．
4. ワトソンとクリックが提出した二重らせん構造は，遺伝子を解明するうえでどのような意義があったと考えられるか述べよ．
5. DNAのコドンは最大で何通り可能か答えよ．

第2章 原子の構造

生物を構成する炭素(C)，水素(H)，酸素(O)などの元素は，水(H_2O)や二酸化炭素(CO_2)を構成するこれらの元素と化学的にまったく同じであり，特別なことは何もない．本章と次章では，物質の基本的な構成単位である原子や分子の構造について，現代的な解釈を学ぶ．さらに，分子やイオンなどの粒子間に働くさまざまな力について学ぶ．

2.1 原子の構成

すべての物質を構成する最小単位は，**原子**(atom)である（図2.1）．原子の中心には**原子核**〔atomic nucleus あるいは単に**核**(nucleus)〕が存在し，**陽子**(proton)と**中性子**(neutron)で構成されている．原子核のまわりには**電子**(electron)が存在し，つねに運動している．陽子と電子は，それぞれ正と負の電荷をもち，その電荷の1粒子当たりの絶対値は同じである．原子内の陽子と電子の数は等しく，互いの電荷がちょうど相殺されるため，原子は全体として電気的に中性である．中性子は，陽子とほぼ等しい質量をもち，電荷をもたない粒子である．電子の質量は陽子や中性子と比べると非常に小さく（約1850分の1)，そのため，原子の質量はほぼ陽子と中性子の質量の合計に等しい．

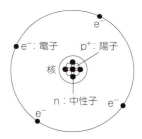

図2.1 原子の模式図

原子がもつ陽子の数は元素ごとに異なるため，その値を**原子番号**(atomic number)として用いる．また，陽子数と中性子数の合計を，その原子の**質量数**(mass number)という．元素記号とともに原子番号や質量数を示す必要がある場合には，それぞれ元素記号の左下と左上に添字で表記する（図2.2）．ここで，質量数と実際の原子の質量の値にはおよその対応関係があるが，異なる値であることに注意が必要である．質量数が原子の構成粒子の個数を表すのに対し，原子の質量は電子・陽子・中性子の質量の和である．なお，原子とその構成粒子の実際の質量は非常に小さい値であるため，相対的な数値が用いられる

図2.2 元素記号と原子番号・質量数の表し方

表 2.1　同位体と原子質量および原子量

元素	原子番号	同位体	陽子数	中性子数	相対原子質量[a]	存在比[b]	原子量[b]
水素	1	^{1}H	1	0	1.007825	0.999885	1.00794
		^{2}H	1	1	2.014101	0.000115	
		^{3}H*	1	2	3.016049	微量	
炭素	6	^{12}C	6	6	12	0.9893	12.0107
		^{13}C	6	7	13.00335	0.0107	
		^{14}C*	6	8	14.00324	微量	
酸素	8	^{16}O	8	8	15.99491	0.99757	15.9994
		^{17}O	8	9	16.99913	0.00038	
		^{18}O	8	10	17.99916	0.00205	

a) 炭素の12(端数なし)以外はすべて端数を切り捨て，b) 端数は切り捨て．
＊放射性同位体を示す．

(次節 2.2 の相対原子質量を参照)．

　各元素において，陽子数は一定だが，中性子数がさまざまに異なる原子が天然に存在する．そのような原子どうしは，**同位体**(isotope)として区別される(表2.1)．たとえば，水素原子の陽子数はつねに1であるが，中性子数が0，1，2，すなわち質量数が1，2，3である3種類の同位体が存在し，^{1}H, ^{2}H, ^{3}H という表記で区別される．同様に，炭素のおもな同位体としては，^{12}C, ^{13}C, ^{14}C が知られている．同じ元素の同位体どうしはまったく同じ化学的性質を示すが，なかには ^{3}H や ^{14}C のように放射能をもつものがあり，**放射性同位体**(radioisotope)として区別される．一方，放射能をもたない同位体は**安定同位体**(stable isotope)とよばれる．

2.2　原子量

　各原子の質量は，構成する陽子，中性子，電子の数により規定されるが，通常の質量単位(kg)で表すときわめて小さな値となり，取扱いが煩雑である．そこで，^{12}C 原子の質量の値を12と定め，これを基準としてほかの原子の質量を相対原子質量で表す方法が考案された(表2.1)．この方法によると，たとえば，^{1}H は 1.00783 という値をもつ．ところが，自然界に存在する各元素は複数の同位体が特定の存在比率で混合したものであるため，その取扱いにおいては，同位体の存在比率を考慮して算出された相対原子質量の平均値が必要となる．この値を**原子量**(atomic weight)という(表2.1，p. 19 コラム参照)．たとえば，自然界の水素は ^{1}H (相対原子質量，1.007825)と ^{2}H (同，2.014101)が存在比 99.9885% と 0.0115% で混在しているため，原子量は，$1.007825 \times 0.999885 + 2.014101 \times 0.000115 = 1.00794$ と求められる(^{3}H の天然存在率は非常に小さいため，この場合無視できる)．単一あるいは複数の元素が組み合わさってできた分子について，その元素組成に従って原子量を足し合わせた値を**分子量**(molecular weight)という．天然の物質中には，同じ分子式で表され

るにもかかわらず，同位体の組合せの違いによりさまざまに相対分子質量が異なるものが混在している．分子量もまた，存在比率を考慮した相対分子質量の平均値と考えることができる．

2.3　アボガドロ数とモルの概念

ある原子を原子量にグラム(g)をつけた質量だけ集めたとき，この原子集団の量を **1 モル**(1 mol)と表す．分子についても同様である．1 モルの物質を構成する粒子の数は，原子や分子の種類に関係なく，つねに 6.02×10^{23} 個であることがわかっている．この値を，発見者にちなんで**アボガドロ数**(Avogadro's number)という．逆の考え方をすると，1 モルの物質はアボガドロ数個の粒子で構成され，その質量はその粒子の原子量あるいは分子量に単位グラムをつけた値となる．モルを単位として物質を取り扱うことにより，化学反応における物質の量比を考察したり，現実的な量の物質を用いた実験を計画することが容易になる．

アボガドロ(A. Avogadro, 1776 ～ 1856．イタリアの化学者)．

2.4　原子軌道と電子雲

原子を構成する電子，陽子，中性子のうち，元素の性質や原子間の結合の形式をおもに規定しているのは電子である．ここでははじめに，電子の存在する様子について解説する．原子内で電子は，**原子軌道**(atomic orbital)とよばれる空間に存在する．原子軌道はしばしば原子核を中心とした同心円として描かれるため，そのような線上を電子が周回しているように誤解されやすいが，実際はそうではない．原子核のまわりの空間に電子が存在する確率を黒点の疎密で表すと，図 2.3 のような濃淡のある雲状の分布を示すため，これを**電子雲**(electron cloud)とよぶ．図 2.3 で示した電子雲の場合は，球状の形をもち，電子の存在確率は原子核の近くほど高く，核から離れると急激に減少する様子が示されている．電子雲は明らかな輪郭を図示するのが困難なため，その軌道に属する電子が 90% 以上の確率で見いだされる領域の外形を表示する方法がしばしば用いられる．

原子軌道には図 2.4 に示すようにさまざまな種類が存在し，それぞれ特有の大きさや形状をもつ．各原子軌道につけられた 1s，2p，3d などの名称は，軌道の大きさや形状を規定する**量子数**(quantum number)に由来している．量子数には，**主量子数**(n)，**方位量子数**(l)，**磁気量子数**(m)などが存在する．軌道の名称のうち，数字部分は主量子数を表している(表 2.2)．

主量子数 n は，1, 2, 3, …, n という 1 から始まる整数の数列のいずれかの値をとる．n の値(1, 2, 3, …)は**電子殻**(electron shell，詳細は後述)の名称(K 殻，L 殻，M 殻，…)に対応しており，値が大きくなるほど原子核から離れた位置に電子が存在する確率が高くなる．

方位量子数 l は，n の値により規定される整数の数列 0, 1, …, $n-1$ のいずれかの値をとる．l の値は電子雲の形状に対応しており，たとえば $l = 0$ はく

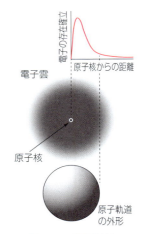

図 2.3　電子雲と原子軌道

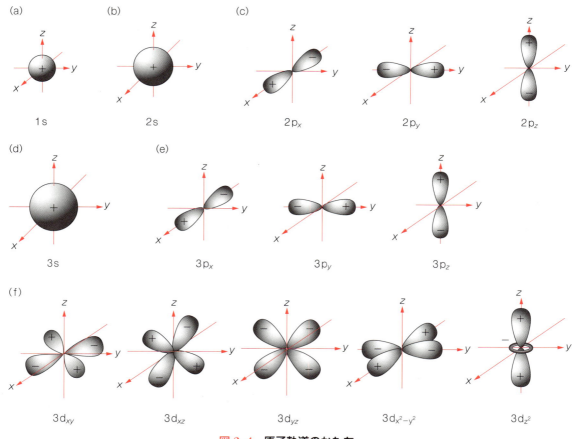

図 2.4　原子軌道のかたち

表 2.2　原子軌道の量子数と収容電子数

電子殻	主量子数 n	方位量子数 l	磁気量子数 m	軌道の数	軌道の名称	スピン量子数 s	収容電子数	殻収容電子数
K殻	1	0	0	1	1s	1/2, −1/2	2	2
L殻	2	0	0	1	2s	〃	2	8
		1	−1, 0, 1	3	2p	〃	6	
M殻	3	0	0	1	3s	〃	2	18
		1	−1, 0, 1	3	3p	〃	6	
		2	−2, −1, 0, 1, 2	5	3d	〃	10	

びれ(節)をもたない球状の **s 軌道**に，$l = 1$ は節を一つもつひょうたん形の **p 軌道**に対応する．以降，l の値が 3, 4 と増加すると対応する軌道は **d 軌道**，**f 軌道**と続き，節の数が増えて複雑な形状になる．

磁気量子数 m は，l の値により規定される整数の数列 $-l$，…，-2，-1，0，1，2，…，l のいずれかの値をとり，電子軌道の方向性に関与する．$l = 0$ の s 軌道は m の値が 0 のみとなり，これは s 軌道が球状で方向性がないことに対

応している．一方 $l = 1$ の p 軌道は m が $-1, 0, 1$ の三つの値をとり，これは p 軌道が三つ存在し，それぞれ異なる方向(それぞれ x 軸，y 軸，z 軸方向)を向くことに対応している．

このように，n, l, m の三つの値の組合せにより電子殻，節の数(形状)，方向性の異なる原子軌道が規定される．各原子軌道には，**スピン**(spin，自転)の方向が互いに逆向きの 2 個の電子を収容することが可能である．気をつけたいのは，原子がもつ電子数と原子軌道の数は無関係であることである．電子を一つしかもたない水素原子にもいろいろな量子数の組合せからなる多数の原子軌道が可能であり，単一の電子は特定の軌道に留まらず原子がもつエネルギー値に依存して複数の原子軌道間を移動することができる．

なお，それぞれの電子雲には + と - の符号がついた領域が存在するが，この符号は軌道を規定する数学的な関数の相対的な正負を示すだけで，電荷の正負や電子密度の大小とは一切関係ない．ギターの弦が上下に振動するように，原子軌道にも交互に正負の符号をもつ領域が存在すると考えればよい．

2.5　原子軌道のエネルギーと電子配置

水素原子は 1 個の電子をもつ．この電子は，どの原子軌道に存在しているのであろうか．電子は原子核の周囲を運動しているため運動エネルギーをもち，また核とのクーロン力(静電引力)のため位置エネルギーももつ．両者の和が電子のもつエネルギーであるが，これは電子がどの軌道に存在するかにより異なる．核から無限遠の位置に存在する電子のエネルギーを 0 とし，核に近い軌道の電子ほど低い(負の値で絶対値が大きい)エネルギーをもつという表し方をする．水素原子の各軌道に電子が存在する場合のエネルギー値は，**図 2.5(a)** のように示される．1s 軌道の場合が最もエネルギー値が低く，その次に低いのは 2s 軌道および三つの 2p 軌道である．水素原子の場合，電子のエネルギーはそれが存在する軌道の主量子数により決まる．また，電子のエネルギーは軌道により固有の値をとり，連続的な変化は示さない．このように，各軌道に固有のエネルギー値のことを**エネルギー準位**(energy level)という．水素原子の 2s 軌道と三つの 2p 軌道のように，複数の軌道が同じエネルギー準位であるこ

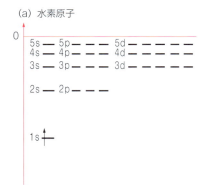
(a) 水素原子

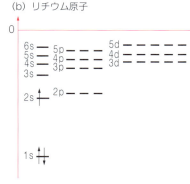
(b) リチウム原子

図 2.5　原子軌道のエネルギー準位

水素原子の軌道のエネルギー単位は，主量子数($n = 1, 2, 3, \cdots$)によって決まる．一方，リチウムなど多電子原子の場合には，主量子数が同じでも s, p, d 軌道ごとにエネルギー準位が異なる．各準位はエネルギーの低い方から，1s < 2s < 2p < 3s < 3p < 4s < 3d < 4p < 5s < 4d < 5p < 6s という順番になっている．軌道に存在する電子を矢印(↑や↓)で示す．

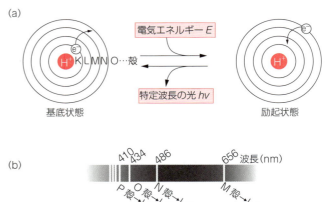

図 2.6 水素原子の基底状態と励起状態
放電からエネルギーを得た電子は，よりエネルギーの高い電子軌道（電子殻）へ移動し，原子は励起状態となる．その後，電子がエネルギーの低い軌道へ移動する際には，特定波長の光が観察される(a)．水素ガスに放電した際に観察される光を分光すると特定波長のスペクトルからなることがわかる．(b)には 1885 年にバルマーにより発見された一連のスペクトル（バルマー系列）を示す．波長の異なるスペクトルは，それぞれ特定の電子殻間の電子移動に対応していることが知られている．

とを**縮重**（degeneracy，または**縮退**）という．

　水素原子がもつ 1 個の電子は，外部からエネルギーが与えられないかぎり，最もエネルギー準位の低い 1s 軌道を占めている（図 2.5）．この状態を**基底状態**（ground state）という．しかし，ここへ何らかのエネルギーが与えられると，電子は与えられたエネルギーの分だけエネルギー準位の高い別の軌道へ移動する．この状態を**励起状態**（excited state）という〔図 2.6(a)〕．たとえば，放電管内の水素ガスに放電すると淡赤色に発光する．これは電気エネルギーによりいったん励起状態になった水素原子が元の基底状態に戻るときに，余分のエネルギーとして放出したものである．1885 年，バルマー（J. J. Balmer）は，この光をプリズムを使って分光し，とびとびの線スペクトル（水素原子スペクトル）を観察した〔図 2.6(b)〕．このそれぞれのスペクトル波長は，基底状態へ戻るときに電子が移動する前後の軌道間のエネルギーの差分にほかならない．この観察が，とびとびのエネルギー値をもつ原子軌道の発見のきっかけとなった．

　水素以外の原子の場合はどうだろうか．原子番号の増加とともに核の正電荷が大きくなり，主量子数が小さく核に近い軌道ほど電子雲が核に引きつけられる．このため，同じ 1s 軌道であっても，水素原子と比較するとリチウム原子のような多電子原子のほうが電子雲が小さく，エネルギー準位も低くなる〔図 2.5(b)〕．

　また，核から遠い軌道に存在する電子は，より内側の軌道に電子が存在するため，核からのクーロン力による作用を受けにくくなる．このような内側の電子の効果を**遮蔽効果**（shielding effect）という．同じ主量子数の軌道でも，核からの距離に応じて s 軌道 < p 軌道 < d 軌道 … の順に遮蔽効果の影響が大きくなる．このため，多電子原子では，s 軌道 < p 軌道 < d 軌道 … の順にエネルギー準位が高くなる〔図 2.5(b)〕．

　このようにさまざまに異なるエネルギー準位をもつ軌道に電子が配分されるときには，次の三つの規則に従うことがわかっている．

　1．エネルギー準位の低い軌道から順に収容される．

2. 1個の軌道には，最大で2個の電子が収容される．ただし，電子にはスピン（自転）の向きに正負（スピン量子数 $s = 1/2$ または $-1/2$ で表される）があり，同一の軌道にはスピンの向きが逆どうしの2個の電子しか収容されない．これを**パウリ**[*1]**の排他原理**（Pauli exclusion principle）という．
3. エネルギー準位が同じ複数の軌道に電子が収容されるときには，まず同じ向きのスピンをもつ電子が各軌道に一つずつ収容され，そのあと逆向きのスピンをもつもう一つの電子が順に収容される．これを**フント**[*2]**の規則**（Hund's rule）という．

[*1] スイスの理論物理学者（1900〜1958）．1945年ノーベル物理学賞受賞．

[*2] ドイツの物理学者（1896〜1997）．

これらの規則に従って，原子番号の増加とともに電子が各軌道に配置される様子を図2.7に示す．ここでは一つずつの軌道を□枠で，電子とそのスピンの向きを矢印で表している．一つの軌道に収容されているスピンが互いに逆向きの2個の電子を**電子対**（electron pair）という．リチウム原子には3個の電子が存在するが，そのうち2個は1s軌道に電子対を形成し，残りの1個は2s軌道に収容される．この2s軌道の電子のように電子対となっていない場合，これを**不対電子**（unpaired electron）という．ホウ素，炭素，窒素では，2p軌道の電子が順に1個ずつ増えるが，これらの電子はフントの規則に従い，スピンの向きを同じにして三つの軌道に一つずつ収容される．原子番号がもう一つ増えた酸素では，4個目の電子が三つの2p軌道のいずれか一つにスピンを逆向きにして収容され，電子対を形成する．

同じ主量子数をもつ電子軌道をひとまとめにして電子殻とよぶことがある．原子核に近い方から，主量子数 1, 2, 3, ⋯ の軌道を含む電子殻は，それぞれK殻，L殻，M殻，⋯とアルファベット順に従った名称がつけられている（表2.2）．K殻には1s軌道のみが存在するため，2個の電子を収容可能である．同様に，L殻には2s軌道と三つの2p軌道が属するため8個，M殻には3s軌道と三つの3p軌道と五つの3d軌道が属するため18個の電子をそれぞれ収容

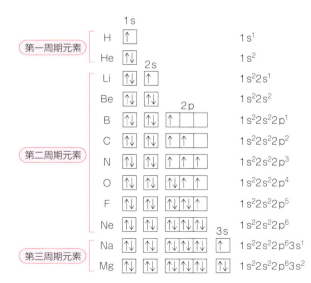

図2.7 原子番号の増加にともない，電子が原子軌道に収容される順序

可能である．1個の原子に複数の電子殻が存在する場合，最も主量子数が大きい電子殻は**最外殻**といい，そこに存在する電子は**最外殻電子**または**価電子**（valence electron）という．たとえば，炭素原子の場合，最外殻はL殻であり，4個の最外殻電子をもつ．

2.6　周期律と元素の性質

2.6.1　周 期 律

1869年，ロシアの化学者メンデレーエフ（D. I. Mendeleev）は，元素を原子量の順に並べると，性質が類似した元素が周期的に現れることを見いだした．この法則を**周期律**（periodic law）という．また，周期律に従って元素を並べた表を**周期表**（periodic table）という．当時はまだ63種の元素しか発見されていなかったが，メンデレーエフは周期律から数種類の未知元素の存在を予言し，それらは後年に実証された．当時の周期律は経験則の域をでないものであったが，現代では以下のように原子軌道と電子配置の規則により理論づけられている．

現在の周期表（表紙裏を参照）では，元素は1族から18族までに分類されており，メンデレーエフが見いだしたとおり，同じ族，すなわち同じ縦の列には性質が類似した元素が含まれている．注目すべきなのは，同族の元素は最外殻の電子配置が同じであることである（図 2.8）．1族および2族では最外殻電子がs軌道にあるのでsブロック元素，13～18族では増加する電子がp軌道に順次収容されるのでpブロック元素とよばれる．これらの元素を合わせて**典型元素**（typical element）という．典型元素は，同族元素どうしの性質がとくに類似しているが，異なる族に属する元素間では性質が大きく異なる場合が多い．典型元素の単体（同一元素の原子だけで構成される物質）は，金属，非金属，気体，液体，固体など，非常に多様である．

メンデレーエフ
（D. I. Mendeleev, 1834～1907．ロシアの化学者）．

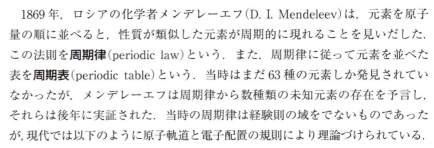

図 2.8　周期表上の族と，原子番号の増加に伴い加わった電子が収容される原子軌道との関係

色で示す位置の元素では，電子の収容順序が不規則になっている．

2.6 ● 周期律と元素の性質

典型元素のうち，18族を除く元素の原子は，最外殻が電子で満たされていない．そのような状態を**開殻**という．開殻状態の原子はエネルギー的に不安定であり，ほかの原子から電子を受け取ったり，ほかの原子に電子を渡したりして最外殻を満たした状態にしようとするため，反応性に富む．また，開殻状態での電子配置が，その原子自身の化学的性質を決定づけている．一方，18族の元素の最外殻では，すべてのs軌道とp軌道が電子対で満たされている．このように，電子対で満たされている殻を**閉殻**という．閉殻構造の場合，ほかの原子と電子を授受する傾向がきわめて弱く，そのため化学的に非常に安定で，単体は常温で単原子の気体として存在する*．このように，原子の化学的性質は最外殻の電子配置に大きく依存している．原子番号の増加とともに最外殻の電子配置は周期的に変化し（図2.8），それに伴い原子の性質も周期的に変化する．それが見いだされたのが周期律なのである．

* 18族元素はかなり低温でも気体で，アルゴン以外は地球上での存在量が少ないため，希ガス（rare gas）とよばれる．

周期表の4周期目以降には，典型元素に含まれない3族から12族までの元素が存在する．この領域の元素は，原子番号の増加とともにd軌道に順次電子が収容されていくので，dブロック元素とよばれる（図2.8）．ただし，6周期目の$_{57}$La～$_{71}$Lu（**ランタノイド**）と7周期目の$_{89}$Ac～$_{103}$Lr（**アクチノイド**）はf軌道に電子が収容されていくので，これらはfブロック元素とよばれる．これらdブロック元素とfブロック元素を合わせて，**遷移元素**（transition element）という．遷移という名称は，sブロック元素とpブロック元素の間にあって"移ろいゆく"という意味と捉えればよい．遷移元素の大きな特徴は，同族だけでなく周期表上で横に並んだ同周期の元素どうしでも性質がよく似ていることである．これは典型元素と異なり，原子番号の増加とともに電子が最外殻のs軌道やp軌道に収容されるのではなく，より内側の殻のd軌道やf軌道に電子が収容される区間であるからである．遷移元素はすべて金属元素であり，金属特有の性質（延性や展性，導電性，熱伝導性，高融点など）を示す．

さて，原子の重要な化学的性質の一つとして，電子を失いやすいか，あるいは外から取り込みやすいかがある．これについて周期表はその周期的変化を見事に示しているので，以下の項目で詳細を示す．

2.6.2 イオン化エネルギー

原子は，周囲との相互作用により最外殻の電子（e^-）をいくつか失うことがある．このとき，電子数が陽子数よりも少なくなるため，原子全体では正電荷を帯びたものになる．これを陽イオンとよぶ．

元素の種類により最外殻電子の失いやすさは異なり，これを数値化したものが**イオン化エネルギー**（ionization energy，記号Iで示す）である．イオン化エネルギーは，原子から電子を1個取り除くのに必要なエネルギーであり，通常は1モルの原子当たりの数値で表す．最初の電子を取り除くのに必要なエネルギーを**第一イオン化エネルギー**，さらに2個目の電子を取り除くのに必要なエネルギーを**第二イオン化エネルギー**とよぶ．正に帯電した陽イオンからさらに

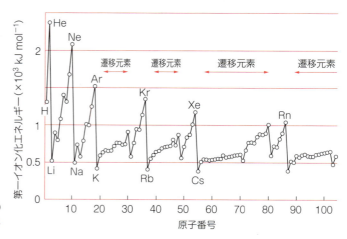

図 2.9 原子番号の増加に伴う各元素の第一イオン化エネルギーの推移

電子を取り除くには中性原子よりも多くのエネルギーが必要であるため，第一イオン化エネルギーよりも第二イオン化エネルギーのほうがつねに大きい．また，イオン化エネルギーが小さいということは，陽イオンになりやすいことを示している．

　第一イオン化エネルギーは，図 2.9 に示すとおり，周期表上で右寄りに位置する元素ほど大きい値をとる傾向がある．すなわち，同周期の元素間で比較すると，18 族の希ガス元素が最も大きい値をもち，逆に 1 族の元素は最も小さな値をもつ．これは，次のように説明できる．同周期の元素では右側へ進むほど最外殻電子数が増えるが，それらは同じ電子殻上に存在するため，互いの電子による遮蔽効果は小さい．一方，右側へ進むほど原子核の正電荷は増加するため，最外殻電子はより強く核に引き寄せられて軌道は縮んでしまい（原子半径の収縮），電子は奪われにくくなる．しかし，希ガスから原子番号が増えて次の周期へ進むと，最外殻電子はすでに満たされた内殻の電子により強い遮蔽効果を受けるため，比較的小さなエネルギーで取り除くことができるようになる．つまり，第一イオン化エネルギーが小さい元素ほど陽イオンになりやすい．

2.6.3 電子親和力

　原子が 1 個の電子を獲得して陰イオンとなるときに放出されるエネルギーの値を**電子親和力**(electron affinity，記号 E_A)として表す．これは，最外殻が電子で満たされていない原子に新たな電子が加わると，核の正電荷との相互作用により安定化されるため，余剰のエネルギーが放出されることを反映している．したがって，電子親和力が大きい元素ほど電子を取り込みやすく，より安定な陰イオンの状態になりやすい．逆の見方をすれば，電子親和力は，その元素の一価の陰イオンから電子 1 個を取り除いて原子にするために必要なエネルギーと見なすこともできる．原子番号の増加に伴う電子親和力の変化を図 2.10 に示す．同周期の元素間で電子親和力を比較すると，18 族元素で最も低く，それ以外では周期表の左側から右側に向かって増大し，17 族元素が最も大きい

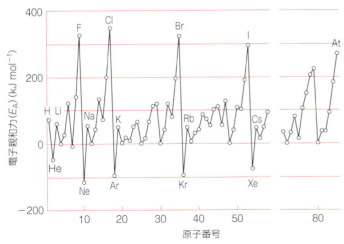

図 2.10 原子番号の増加に伴う各元素の電子親和力の推移

値をとる．つまり，電子親和力が"大きい"元素ほど陰イオンになりやすい．

2.6.4 電気陰性度

イオン化エネルギーや電子親和力と関連した数量として，**電気陰性度** (electronegativity) があげられる．これは，ある元素の原子がほかの原子と結合した場合に，結合にかかわる電子を自分の原子核へ引きつける強さを数値で表したものである．電気陰性度が異なる原子間で結合が形成されると，電子は電気陰性度がより大きい原子側に偏っていると予測できる．マリケン*(R. S.

* アメリカの化学者(1896～1986)．1966 年ノーベル化学賞受賞．

原子量は変動する

2.2 で述べたように，各元素の原子量は，地球上の天然に存在する同位体の量比を考慮して算出された値である．そのため，原子量は不変の値ではなく，その元素を含む物質の起源や処理の仕方などによって変わりうるものである．各元素の同位体組成は地球上で起こるさまざまな過程のために変動し，それが原子量の値に反映されることが，測定技術の進歩によりわかってきた．

まず，元素のなかには，地球上で採取された試料の種類によって異なる同位体組成を示すものがある．たとえば酸素は，空気，海水，陸水，岩石など種々の形態で地球上に存在し，これらの物質間では同位体組成が異なる．このため，酸素は原子量がある一つの値に収束しにくい元素である．つまり同位体組成の測定技術がどんなに進歩しても精度のよい原子量を求めることが困難である．ただし，原子量が変動するといっても，一般的な化学の計算で必要な桁数の範囲には影響しないので，通常は気にとめる必要はない．しかし，精密な分析や厳密なデータを必要とする特殊な目的においては，最新の原子量の値を用いるべきである．

一方，元素によっては，特定の同位体のみ人為的に分離または濃縮され，利用されている場合がある．たとえば，天然水から**重水**(^{2}H$_2$O)が精製され，化合物の構造を分析するための反応剤として広く用いられている．また，核燃料として用いられる**濃縮ウラン**は，天然ウランから自発的に核分裂を起こす ^{235}U を濃縮したものである．

族	1	2	3	...	12	13	14	15	16	17	18
1	H 2.20										He
2	Li 0.98	Be 1.57				B 2.04	C 2.55	N 3.04	O 3.44	F 3.98	Ne
3	Na 0.93	Mg 1.31				Al 1.61	Si 1.90	P 2.19	S 2.58	Cl 3.16	Ar
4	K 0.82	Ca 1.00	Sc 1.36	...	Zn 1.65	Ga 1.81	Ge 2.01	As 2.18	Se 2.55	Br 2.96	Kr
5	Rb 0.82	Sr 0.95	Y 1.22	...	Cd 1.69	In 1.78	Sn 1.96	Sb 2.05	Te 2.10	I 2.65	Xe

図 2.11 ポーリングによる電気陰性度

Mulliken)は，イオン化エネルギーと電子親和力の平均値を，電気陰性度として定義した．後年，ポーリングは半経験的方法により電気陰性度を導いたが，各元素における数値間の関係性は，マリケンによるものと大差なかった．どちらの電気陰性度も，周期表の(18族元素を除いて)右上側の元素ほど大きい傾向がある(図 2.11)．電気陰性度が原子間の結合に及ぼす影響については，3.2 で改めて説明する．

章末問題

1. 次の各原子を構成する陽子，中性子，電子の数を，それぞれ答えよ．
   (1) ^{4}He　　(2) ^{15}N　　(3) ^{35}Cl　　(4) ^{37}Cl

2. 銅には2種類の同位体，^{63}Cu(原子質量，62.93)と^{65}Cu(原子質量，64.93)が天然に存在する．銅の原子量63.55から，それぞれの同位体の天然存在比を求めよ．

3. 研究や医療に利用されている多くの放射性同位体，たとえば^{32}Pや^{60}Coなどは，天然にはほとんど存在せず，人工的につくられたもの(人工放射性核種)である．人工放射性核種の代表的な製法について，調べて答えよ．

4. O殻($n = 5$)を構成するすべての原子軌道の名称と数を答えよ．

第3章

化学結合と分子間に働く力

3.1　化学結合とは

　通常，物質はエネルギー的に安定な状態となるように変化する．たとえば，二つの原子が結合して化合物を形成するかどうかは，原子が単独で存在する場合と結合して化合物となった場合で，どちらがエネルギー的により低いか（どちらが安定か）に依存している．原子や化合物の化学反応に関するエネルギーは，おもにそれらのもつ電子がどんな原子軌道や分子軌道（後述）に配置されるかということによって決まるので，原子間の結合により再編成された電子配置が単原子のときよりもエネルギー的に安定になる場合に化合物を形成することになる．

　原子間の化学結合に伴う電子配置の再編成には，いくつかの方法がある．そのうちとくに重要なのは，イオン結合と共有結合である．イオン結合では，一方の原子から他方の原子へ電子が完全に移動してそれぞれ陽イオンと陰イオンになった状態で，互いがクーロン力*により結合する．共有結合では，各原子に由来する電子が2個で1対となり，原子間で共有されることにより結合が形成される．そのほかの化学結合の種類としては，配位結合と金属結合がある．

* 二つの電荷の間に働く力のこと．電荷の符号が逆ならば引力，同じならば反発力となる．力の大きさは，電荷の大きさと電荷間の距離に依存する．

3.1.1　イオン結合

　イオン結合(ionic bond)は，陽イオンになりやすい（すなわちイオン化エネルギーが小さい）原子と陰イオンになりやすい（すなわち電子親和力が大きい）原子との間で生じる．電気陰性度が大きく異なる原子間で形成されやすいと考えてもよい．イオン結合が形成される過程とそのときのエネルギー変化について，NaClの場合を例に説明しよう〔図 **3.1(a)**〕．

　第一段階では，Na原子から電子1個が除去され，陽イオン Na^+ と電子 e^- が一つずつ生じる．これに必要なエネルギーがイオン化エネルギー(I)であり，

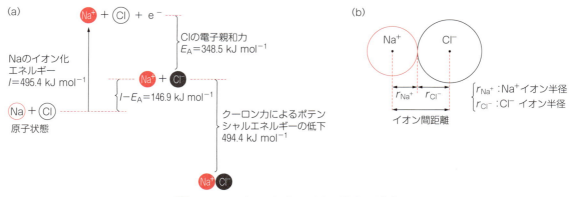

図 3.1 Na と Cl によるイオン結合の形成
(a) イオン結合形成過程におけるエネルギー相関図．(b) イオン半径．

Na^+ は Na 原子のときよりもエネルギーが I だけ高い状態になる．第二段階では，Na 原子から除去された e^- が Cl 原子に付加し，陰イオン Cl^- となる．このとき，Cl の電子親和力に相当するエネルギー (E_A) が放出されて，全体のエネルギーは E_A だけ低下する．したがって，Na と Cl の両方をイオン化するのに必要なエネルギーは，$I-E_A$ として求められる．一般に $I-E_A$ は正の値であり，イオン化した状態は原子のときよりも不安定である．しかし，生じた正負の電荷をもつイオンはクーロン力により対を形成するため，エネルギーは低下する．この安定化のエネルギーが $I-E_A$ の値を十分に打ち消すほど大きい場合に，原子間でイオン結合が形成される．

クーロン力はイオンどうしが接近するほど強くなるが，接近しすぎると今度は双方がもつ原子核の正電荷どうしの反発を生じ，結合は不安定になる．したがって，イオン間には安定化が最大になる距離が存在し，これがイオン結晶におけるイオン間の距離に相当する．NaCl 結晶における Na^+ と Cl^- のイオン間距離は，2.82×10^{-10} m である．

イオン結晶に含まれるイオンを球体と見なし，イオン間距離を各イオンに配分した値が**イオン半径**(ionic radius)である〔図 3.1(b)〕．この値は，イオンの最外殻電子の広がりの大きさの目安になる．イオン結合は水溶液中や液体・気体状態で切れやすく，またイオン間の結合に方向の制約がないことが，後述する共有結合と異なる点である．

3.1.2 共有結合

イオンになりにくい原子間どうしは，互いに電子を 1 個ずつ出し合い，電子対を共有する形式で結合を形成する．この**共有結合**(covalent bond)の概念は，1916 年，ルイス(G. N. Lewis)により提唱された．彼は**電子式**(元素記号の上下左右に最外殻電子を示す点を配置したもの)を用いて，分子中で共有結合している二つの原子は，共有結合一つ当たり電子を 1 個ずつ出し合って，希ガス原子と同じ電子配置になると考えた．すなわち，水素原子のまわりには 2 個，そ

ルイス(G. N. Lewis, 1875 ～ 1946. アメリカの物理化学者).

れ以外の原子のまわりには8個の電子が配置された状態となる．たとえば，H_2O 分子や NH_3 分子の形成は次のように示される．

$$2H\cdot\ +\ \cdot\ddot{\underset{..}{O}}\cdot\ \longrightarrow\ H:\ddot{\underset{..}{O}}:H$$

$$\cdot\ddot{N}\cdot\ +\ 3H\cdot\ \longrightarrow\ H:\ddot{N}:H$$
$$\hspace{4.5cm}\underset{H}{}$$

しかし，結合に関与する電子は，実際には電子式で示されるように原子のある側面に対をなして静止しているわけではない．H_2O や NH_3 の分子の形状はそれぞれ折れ線形や三角錐であり，このことを上記の電子式ではうまく説明することができない．そこで，こうした問題に対する現在の解釈を以下に紹介する．

(a) H_2 の分子軌道

現在では，二つの原子が共有結合を形成する際には，互いの原子の軌道が重なり合って両原子にまたがる新しい軌道が生じると考える．これを**分子軌道**(molecular orbital)とよぶ．例として，H_2 の分子軌道について説明する(図3.2)．二つの水素原子の軌道(1s 軌道)が重なり合うには，二つの方法がある．一つは，同じ符号をもつ軌道どうしで重なり合いをつくる場合である．このときには，軌道の重なり合った領域は強め合うことになり，その結果，二つの原子核の間の領域に電子が存在する確率が高い分子軌道が形成される．原子核間に存在する電子対は正電荷をもつ核どうしの反発を遮り，しかも両方の核とクーロン力により相互作用するため，原子どうしを引き寄せて結合させる作用をもつ．このため，この形式の分子軌道を**結合性軌道**(bonding orbital)という．

原子軌道どうしが重なり合うもう一つの方法は，符号が異なる軌道間の重なり合いである．この場合には，軌道が重なり合った領域は打ち消し合うことになり，その結果，二つの原子核の間に電子が存在する確率は低くなり，むしろ核間の結合領域の外側に電子が存在する確率の高い分子軌道が生じる．この領域に存在する電子は核どうしの反発を遮ることができず，さらに原子どうしを

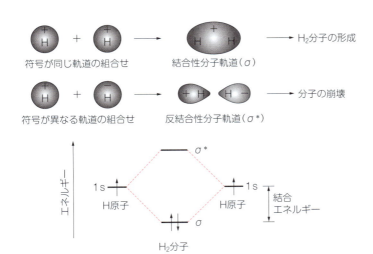

図 3.2 H_2 の分子軌道

引き離そうとするため，この形式の分子軌道は**反結合性軌道**(antibonding orbital)という．このように，二つの原子軌道が重なり合うときには，性質が異なる二つの分子軌道が形成される(電子を収容する軌道の総数は変化していないことに注意してほしい)．1s軌道どうしの重なり合いにより形成される結合性および反結合性の分子軌道は，どちらも結合軸に沿って見た形が円形でs軌道に似ているため，このような分子軌道を**σ(シグマ)軌道**(σ orbital)という．ここでは，結合性と反結合性を区別するために，反結合性軌道は＊印をつけてσ^*と表すことにする．

H_2分子の二つの分子軌道，σとσ^*のエネルギー準位は，図3.2のように表すことができる．結合性軌道σのエネルギー準位は，水素原子の1s軌道よりも低い．その差が結合による安定化に相当し，**結合エネルギー**(bond energy，表3.1)とよばれる．一方，反結合性軌道σ^*は水素原子の1s軌道よりもエネルギー準位が高い．その差は，σと1sのエネルギー差(結合エネルギー)の値とちょうど等しい．各分子軌道に電子が配置される場合にはエネルギー準位の低い軌道から収容されるので，H_2分子がもつ2個の電子は，パウリの排他原理に従いスピンを逆にしてσに配置され，共有結合の形成に働く．このようなσ軌道による結合を，**σ結合**(σ bond)という．

ここで，He_2分子について考えてみよう(図3.3)．He原子の最外殻電子はH原子と同じく1s軌道にあるため，He_2分子が形成されようとする場合には1s軌道の重なり合いによりσとσ^*が生じる．両He原子に由来する電子は合計4個であるため，σとσ^*はいずれも2個の電子で満たされることになる．すると，σの電子対による結合の安定化エネルギーが，σ^*の電子対により相殺され，2個のHe原子からHe_2分子が形成されるエネルギー的なメリットはないことになる．このことは，実際にHe_2分子が安定に存在しない事実をよく説明している．

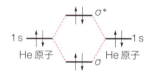

図3.3 He_2分子の分子軌道

(b) HClの分子軌道

つぎに，異種原子間の結合として，HClの分子軌道について考えてみよう(図3.4)．塩素原子は電気陰性度が大きく(2.6.4)，内殻および最外殻の3s軌道の電子は原子核に強く引き寄せられているため，水素原子との結合には関与しない．結合に関与するのは，最もエネルギー準位の高い3p軌道の電子である．

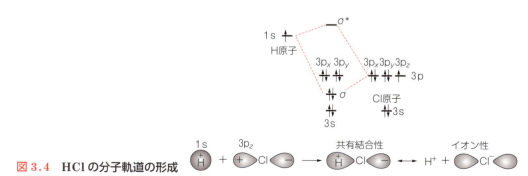

図3.4 HClの分子軌道の形成

三つの3p軌道のうち，電子を1個しかもたない$3p_z$軌道が水素原子の1s軌道と重なり合い，二つの分子軌道，σとσ^*を形成する．ただし，塩素原子の3p軌道のエネルギーは水素原子の1s軌道よりも低いので，σ軌道とσ^*軌道のエネルギー準位は図3.4のようになり，σ軌道は塩素の3p軌道と近く，σ^*軌道は水素の1s軌道と近い値をとる．共有結合に関与する2個の電子は，スピンを互いに逆向きにしてエネルギーの低いσ軌道に収容される（σ^*軌道は空である）．σ軌道の電子雲は塩素原子の3p軌道と類似の形状をもつため，そのなかの電子対は水素よりも塩素側に引き寄せられた状態となる．このため，HCl分子において，水素は部分的に正電荷（$\delta+$）を，塩素は負電荷（$\delta-$）を帯びることになる．

このように電気陰性度が異なる原子間で結合が形成される場合には，エネルギーが大きく異なる原子軌道どうしの重なり合いにより分子軌道を形成するため，結合は分極した（電荷に偏りがある）状態になる．このような結合を**極性共有結合**（polar covalent bond）という．結合に極性がある場合には，その結合は純粋な共有結合とはいえず，イオン結合の性質を合わせもつ．HClの場合，H–Cl間の結合の共有結合性は約82％，イオン結合性は約18％であることがわかっている．

3.1.3　共有結合による多原子分子の形成

炭素原子は最外殻のL殻に4個の電子をもち，これらをそれぞれ相手原子と共有することにより，最大四つの原子と結合することができる．その最も単純な例は，メタン（CH_4）である．しかし，炭素の基底状態における電子配置$(1s)^2(2s)^2(2p_x)^1(2p_y)^1$を想定すると，この配置では$2p_x$と$2p_y$の軌道を使って二つの共有結合しか形成することができないはずである．このような問題を解決するために，1935年にポーリング（L. C. Pauling）は**混成軌道**（hybrid orbital）という概念を提唱した．ここでは，混成軌道を用いて，メタン，エチレン，アセチレンの共有結合について説明する．

（a）　メタン（CH_4）

メタン分子には，炭素原子と水素原子を結ぶ四つの共有結合が存在する〔図3.5(c)〕．それらは互いに等しく109.5°の結合角で位置しており，分子全体では正四面体の中心に炭素原子が，各頂点に水素原子が配置された構造をもつ．一方，炭素原子が上述のように基底状態の電子配置をもつ場合には，このようなメタンの構造についてうまく説明がつかない．そこで，炭素原子がもつ複数の軌道どうしを重ね合わせて混成軌道を導入する．まず，2s軌道の電子対のうち，1個の電子が2pの空軌道に移動した状態を想定する〔図3.5(a)〕．その結果，生じる四つの軌道すべてに不対電子が入った状態は励起状態であり，この電子の移動にはエネルギーを要するが，後述するように，最終的には二つではなく四つの結合が形成されることで，より大きなエネルギーの放出，すなわち安定化が起こるため，十分相殺される．

ポーリング（L. C. Pauling, 1901～1994．アメリカの物理化学者．1954年ノーベル化学賞，1963年同平和賞受賞）．

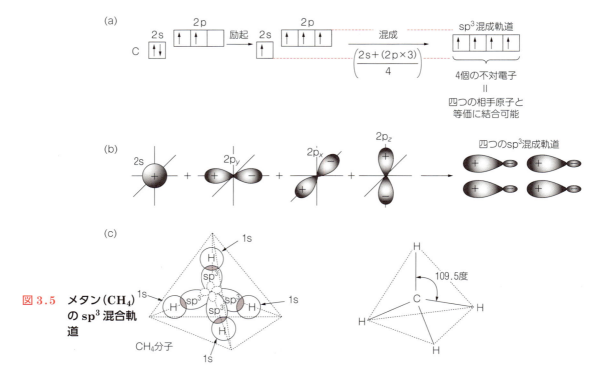

図 3.5 メタン(CH_4)のsp³混合軌道

　つぎに，不対電子を1個ずつ収容した四つの軌道$(2s)(2p_x)(2p_y)(2p_z)$を混成し，エネルギー的に完全に等価な四つの軌道に再配分する．これらの軌道は，一つのs軌道と三つのp軌道から形成されるため，**sp³混成軌道**とよばれる〔図3.5(a), (b)〕．四つのsp³混成軌道は同一の形状をもち〔図3.5(b)〕，また収容された電子どうしの反発のため，互いにできるだけ離れた位置関係で配置される．それが結局，正四面体の中心から各頂点へ向かう方向となる〔図3.5(c)〕．こうして形成された混成軌道のそれぞれに水素の1s軌道が重なり合い，共有結合（σ結合）が形成される．このように，混成軌道の概念によると，メタン分子の形状についてうまく説明できる．

(b) エチレン($CH_2＝CH_2$)

　エチレン($CH_2＝CH_2$)は，すべての原子が同一平面上に存在し，H-C-HおよびH-C-Cの結合角はいずれもおよそ120°である．この形状も，混成軌道を用いて説明することができる．炭素原子の2s軌道の電子1個が2p軌道に移動して励起状態となる点はsp³混成軌道の場合と同じだが，炭素原子が結合すべき相手原子は三つ（二つの水素原子と一つの炭素原子）であるため，混成に用いられるのは$(2s)(2p_x)(2p_y)$の三つの軌道となる〔図3.6(a)〕．これら一つの2s軌道と二つの2p軌道を混成し，完全に等価な三つの軌道に再配分するため，生じる軌道は**sp²混成軌道**とよばれる〔図3.6(a)〕．そして三つの軌道が互いにできるだけ離れた方向性をもとうとするため，結果的にxy平面上にある正三角形の中心から各頂点へ向かう方向となる〔図3.6(b)〕．そのうち二つは水素原子とのσ結合に，残りの一つは炭素原子間のσ結合に用いられる〔図3.6(c)〕．

(a)

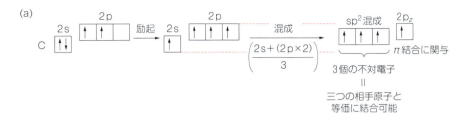

(b)

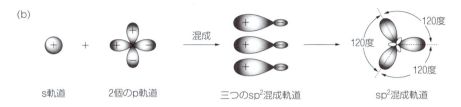

(c)   (d)

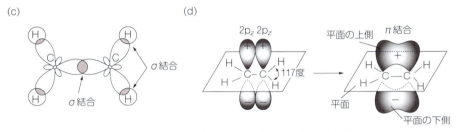

図 3.6 エチレン（$CH_2=CH_2$）の sp^2 混合軌道

さて，エチレンの二つの炭素原子には，それぞれ不対電子1個を収容した $2p_z$ 軌道が sp^2 混成に関与せずに残っている．この二つの $2p_z$ 軌道は xy 平面から垂直に突きだし，互いに平行な位置関係にあるため，側面どうしで重なり合って炭素原子間に新しい軌道を形成する．この軌道は炭素間の結合軸方向から見ると p 軌道と形状が似ているため，**π (パイ) 軌道** (π orbital) とよばれる．また，π 軌道で電子を共有することにより生じる結合を **π 結合** (π bond) という．

この結果，二つの炭素原子間には σ 結合と π 結合の二つの結合による，いわゆる**二重結合** (double bond) が存在する．σ 結合のみの炭素原子間の結合は自由に回転できるが，π 結合も存在するため，二重結合の回転は妨げられる．そのため，エチレンのすべての原子は同一平面上に存在しているのである．また，結合角は実際には正確に 120°ではなく，H-C-H は 117°，H-C-C は 121.5°となっている〔図 3.6(d)〕．これは，炭素原子の三つの結合相手のうち，二つの H 原子よりも CH_2 原子団のほうが立体的に大きいため，H-C-H の結合角が若干狭められた結果と考えることができる．

ここで，π 結合と σ 結合の相違点について触れておこう．π 結合は原子軌道の側面の重なり合いにより生じるため，σ 結合よりも軌道の重なりが小さく，また重なり合う領域も原子間の結合軸から離れている．言い換えれば，π 結合にかかわる電子 (π 電子) は σ 結合にかかわる電子 (σ 電子) と比べて原子核間に

存在する確率が低く，核から離れた位置にあるため核との相互作用も小さい．このため，π電子はσ電子と比べて二つの原子核を結びつける力が弱く，反応性が高い．

(c) アセチレン（CH≡CH）

アセチレン（CH≡CH）分子では，構成するすべての原子が一直線上に存在する．この形状についても，混成軌道を用いて説明することができる．この場合には，2sおよび2p軌道に電子が1個ずつ収容された励起状態になったあと，各炭素原子の結合相手は二つであるので，2s軌道と$2p_x$軌道の二つのみが混成に関与する．すなわち，新しい軌道は一つのs軌道と一つのp軌道で形成されるため，**sp混成軌道**とよばれる〔図3.7(a)，(b)〕．二つのsp混成軌道は互いにできるだけ離れた方向に配置される結果，直線上（x軸上）に180°逆向きで存在することになる．そのうち一つの軌道は炭素原子間のσ結合に，もう一つの軌道は水素原子とのσ結合に用いられる．その結果，すべての原子はx軸上に並ぶことになる〔図3.7(c)〕．一方，各炭素原子には，不対電子を1個ずつ収容したp_y軌道とp_z軌道が残っているが，これらは炭素原子間で2組のπ結合を形成する〔図3.7(d)〕．その結果，アセチレン分子の炭素原子間には一つのσ結合と二つのπ結合が存在し，いわゆる**三重結合**（triple bond）となる．

ここで，共有結合の結合距離と**結合エネルギー**（bond energy，その結合の切断に要するエネルギー）について述べる．炭素原子間の結合の場合，単結合が最も長く，二重結合，三重結合の順に短くなる[*1]．一方，結合エネルギーは，単結合から二重結合，三重結合の順に大きくなる（表3.1）．同一の原子間の結合距離の1/2の値は，その原子の**共有結合半径**（covalent radius）[*2]として扱

[*1] 炭素間の結合距離（$\times 10^{-10}$ m）は，およそ次のとおりである．C-C（単結合）は1.54, C=C（二重結合）は1.34, C≡C（三重結合）は1.21である．ちなみにH_2分子のH-H（単結合）は0.74, O_2分子のO=O（二重結合）は1.20である．

[*2]

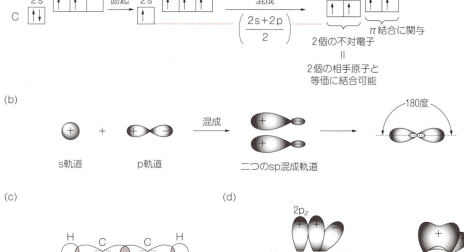

図3.7 アセチレン（CH≡CH）のsp混合軌道

表 3.1　代表的な共有結合の結合エネルギー(kJ mol^{-1})

結合	エネルギー	結合	エネルギー	結合	エネルギー
2原子分子					
H–H	436	F–F	153	H–F	563
O=O	498	Cl–Cl	242	H–Cl	431
N≡N	944	Br–Br	193	H–Br	366
C=O	1069	I–I	151	H–I	298
多原子分子					
C–C	345	C–N	304	C–H	413
C=C	609	C=N	615	C–F	485
C≡C	834	C≡N	889	C–Cl	339
C–O	357	N–O	222	C–Br	284
C=O	748	N=O	606	C–I	213

うことができる．異種原子間の結合についても，それぞれの共有結合半径がわかっていれば，それらの和として結合距離を予測することが可能である．

3.1.4　配位結合

配位結合(coordinate bond)とは，一方の原子(またはイオン)がもつ電子対を他方の原子(またはイオン)の空軌道に供与することにより形成される結合で，共有結合の一種である．配位結合は，水溶液中でもイオンに解離することはない．

配位結合による化合物の最も簡単な例は，アンモニウムイオン(NH_4^+)である．アンモニウムイオンは，アンモニア(NH_3)と水素イオン(プロトン，H^+)の反応により生じる．アンモニアの窒素原子は四つのsp^3混成軌道のうち三つで水素原子と結合し，残りの一つには非共有電子対が存在する．この非共有電子対をプロトンの空の1s軌道に供与することにより配位結合が形成され，アンモニウムイオンとなる．この場合の窒素原子は四つの水素原子と等しく結合し，メタンと類似の正四面体上の構造をもつ．プロトンに由来する正電荷はアンモニウムイオン全体に分散しており，四つの水素原子およびN-H結合に区別はない．

3.1.5　金属結合

金属の特徴は，金属光沢をもつこと，熱伝導性および電気伝導性が高いこと，延性や展性をもつことなどである．周期表上で，$_5$Bと$_{85}$Atを結ぶ斜めのラインよりも左側に位置する元素は単体が上記のような性質をもち，**金属元素**に分類される．ラインよりも右側に位置する元素は**非金属元素**であり，ライン周辺のB, Si, Ge, As, Seなどは中間的な性質をもつため**半金属**(semimetal)として扱われることが多い．

上に示した金属の特徴は，金属原子の電子配置に起因している．金属原子の最外殻電子は核とのクーロン力による束縛が弱いため，原子を離れて自由に動き回ることができる．このような電子を**自由電子**(free electron)という．自由

電子は，金属単体を構成するすべての金属陽イオン間を動き回ることができ，それらの陽イオン間を結びつける働きをもつ．この自由電子を介した金属原子間の結合を**金属結合**（metallic bond）という．金属の性質は，いずれも自由電子の振舞いを反映している．

3.2 分子間に働く弱い引力

ここまでに示した結合により形成された分子間には，比較的弱い引力が働いている．そうした引力を分子間力という．分子間力の強弱は，その物質の融点や沸点，特定の溶媒に対する溶解度など，物理的な性質に大きく影響する．また，タンパク質のような大きな生体分子において，立体構造の組み立てや分子間の認識など重要な性質を決定づけているのも分子間力である．ここでは，分子間力の種類や，それらが生じる機構について紹介する．

3.2.1 静電的相互作用

Na^+ と Cl^- のように結晶性分子を形成するイオン結合以外にも，たとえば有機化合物の構造の一部に存在するカルボキシ基（$-COO^-$）とアミノ基（$-NH_3^+$）のように，互いに反対の電荷をもった化学基間のクーロン力により，分子が引き合う場合がある．これを**静電的相互作用**（electrostatic interaction），または**イオン性相互作用**（ionic interaction）とよぶ．この引力は距離による影響を比較的受けにくく（表3.2），少々離れて位置する化学基間でも有効に働くことが特徴である．逆に，同じ電荷をもつものどうしは反発し合う．

表3.2 分子間に生じる相互作用

種類	およその結合エネルギー $(kJ\ mol^{-1})$	結合エネルギーと距離 (r) の関係
イオン性相互作用	約 21	$1/r$ に比例
水素結合	13 〜 30	$X-H\cdots Y$　　$X\cdots Y$ 間 $0.26 \sim 0.32\ nm$ (X, Y = N, O, F)　$X-H$ 間 $0.09 \sim 0.11\ nm$
双極子-双極子相互作用	4 〜 30	$1/r^3$ に比例
分散力	約 4	$1/r^6$ に比例

3.2.2 水素結合

F，O，Nのように電気陰性度が大きい割に原子半径の小さい原子とH原子が結合している場合，H原子がもつ電子は結合相手に強く引き寄せられるため，H原子は正に，相手原子は負に分極する．こうした正に分極した水素原子の近くに別のF，O，N原子が存在すると，水素原子はF，O，Nの非共有電子対と静電的に相互作用し，結合を生じる．これを**水素結合**（hydrogen bond）という．水分子どうしの水素結合や，水と溶質分子の間の水素結合については，4.2.4 で説明する．また，タンパク質や核酸など，生体高分子の立体構造形成にかかわる水素結合については，8章と9章で説明する．

3.2.3 双極子–双極子相互作用

物質の構造のなかに正電荷($+q$)と負電荷($-q$)がある距離(l)を隔てて存在するとき,その物質は**双極子**(dipole)をもつという.双極子の大きさを数値として扱うため,$\mu = ql$ を**双極子モーメント**〔dipole moment,図 3.8(a)〕と定義する.たとえば,分子内の分極した共有結合にはそれぞれ双極子モーメントが存在することになり,これを**結合双極子モーメント**という.さらに,分子内のすべての結合双極子モーメントのベクトルの総和を分子全体としての双極子モーメントとして**分子双極子モーメント**という〔図 3.8(b),(c)〕.たとえば,水分子の二つの H–O 結合の結合双極子モーメントは,H–O–H の結合角 104.5°で交わる等しい大きさのベクトルで表される.分子双極子モーメントはこれらの和であるため,2 個の H 原子を結ぶ軸と直交し O 原子側を向いたベクトルで表される.一方,二酸化炭素やメタンのように,分子を構成する共有結合の種類がすべて同一であり(二酸化炭素は C=O,メタンは C–H の結合のみ存在する),すべての結合が対称に配置されている場合には,分子を構成する結合双極子モーメントは互いに相殺し合い,分子双極子モーメントはゼロとなる.

分子双極子モーメントをもつ分子どうしは,互いの正電荷末端と負電荷末端を接近させて引力を生じたり,同じ電荷の末端間で斥力(反発力)を生じたりする.このような分子間の相互作用を**双極子–双極子相互作用**(dipole-dipole interaction)という.また,本来双極子をもたない分子でも,双極子をもつ分子が接近することにより影響を受けて双極子を生じる場合がある.これを**誘起双極子**(induced dipole)という.

3.2.4 分 散 力

極性をもつ物質の多くが室温(5〜35 ℃)において液体や固体で存在する理由は,前出の分子間力で説明できる.一方,室温で気体である**無極性分子**(nonpolar molecule),たとえば酸素(O_2)や二酸化炭素(CO_2)も低温では液体や固体に変化するが,これはどのように説明されるのだろうか.実は,これらの無極性分子においても,共有結合の伸縮や角度変化および電子の運動により瞬間的に電荷の偏りを生じ,その結果,一時的に双極子をもつ状態になる.この双極子は,近接した分子にも一時的な双極子を誘起し,結果的に分子間の引力が生じる.この分子間力のことを**分散力**(dispersion force)という.

分散力と前項の双極子–双極子相互作用は,分子表面(構成原子の最外殻の電子雲の表面)どうしが接触する距離,すなわち**ファンデルワールス半径**(van der Waals radius)のところで最大となる.そのため,このような相互作用のことを**ファンデルワールス力**(van der Waals force)という.一般的に,分散力は双極子–双極子相互作用よりも弱い.しかし,分散力は表面積が大きい分子ほど大きくなる特徴をもち,分子間に働く引力として重要になる場合がある.たとえば,同じ分子式 C_5H_{12} をもつ三つの炭化水素(5.3.1 参照)は,沸点の値が互いに異なるが,これは次のように説明できる.分枝が多い分子では形状が

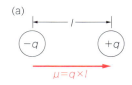

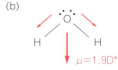

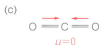

図 3.8 双極子モーメントと分子のかたち

(a) 双極子モーメントの概念
(b) H_2O 分子における結合双極子モーメント(細矢印)および分子双極子モーメント(太矢印)
(c) CO_2 分子における結合双極子モーメント(それらの総和はゼロであるため,分子双極子は存在しない点に注意せよ)

* D(デバイ):双極子モーメントの大きさを示す単位

球に近くなり，周囲の分子と接触できる表面が小さい．その結果，分散力が弱く，分子間の相互作用は小さいため，沸点は低くなる．一方，長い直鎖状の炭化水素分子間では，比較的強い分散力が生じ，沸点は高くなる．

3.2.5 疎水性相互作用

　水にエタノールを加えると，どのような割合でもよく混ざり合い，均一な溶液となる．このように水となじみやすい性質を**親水性**(hydrophilicity)という．一方，水にベンゼンを加えた場合には，長時間撹拌しても均一な溶液にはならず，放置すると完全に分離する．このように水となじみにくい性質を**疎水性**(hydrophobicity)という．水と混ざり合わないベンゼンのように，疎水性の物質は自らの分子間力により集合して水と分離したように見えるため，この現象の原因となる力を一般に**疎水性相互作用**(hydrophobic interaction)とよぶ．しかし実際には，疎水性物質どうしに強く引き合うような力が働いているわけではなく，水分子どうしが複数の水素結合で集合するため，水分子間に疎水性物質が割り込めず，排除された結果であると考えられる(4.2.4 参照)．細胞膜におけるリン脂質二重膜の形成や，タンパク質における立体構造形成や分子間相互作用などにおいて，分子が疎水性部分どうしを寄せ合った状態を示すため，それらについても一般的に"疎水性相互作用が働いている"と表現する．

章末問題

1. 次の各化合物の示性式を書き，分子を構成する σ 結合および π 結合の数をそれぞれ示せ．
   (1) エタン　　　(2) プロペン　　(3) アセチレン
   (4) 二酸化炭素　(5) ホルムアルデヒド

2. ヒドロニウムイオン(H_3O^+)は，水分子の非共有電子対の一つを水素イオン(H^+)の 1s 空軌道へ供与し配位結合を形成することにより生じる．ヒドロニウムイオンの立体構造を模式的に示し，その形状を答えよ．

3. 次の(1)～(4)に当てはまる物質を，下の(a)～(h)から二つずつ選べ．
   (1) 共有結合のみで構成された結晶
   (2) おもにイオン結合で構成された結晶
   (3) 金属結合で構成された結晶
   (4) 分子が分子間力で集合した結晶

   (a) ドライアイス　　(b) アルミニウム　　(c) ダイヤモンド
   (d) ヨウ化カリウム　(e) 100 円硬貨　　　(f) 氷
   (g) 食塩　　　　　　(h) 石英

4. 水分子は折れ線状の形状をもち極性があるが，二酸化炭素分子は直線状で極性がない．この理由について，それぞれの分子軌道に着目して説明せよ．

第4章

生体で働く元素と水の役割

　生体を構成する元素は，それらを取り巻く地殻や鉱物などとは異なる特有の組成で存在している．ここでは，生体を構成するおもな元素について紹介し，それぞれの生体における役割について述べる．また，生体にとって欠くことのできない水について，化学的特徴と生体における役割を説明する．

4.1　生体必須元素

　生体が正常な状態で生存するために不可欠な元素を**必須元素**（essential element）という．必須元素は生体内に適切な量で存在することが重要であり，欠乏したり，逆に過剰に存在したりすると，生体に疾患などの異常が生じる．生体に必須な非金属元素のうち，C, H, O, N, S, P はとくに重要であり，生体に欠かせない水，およびタンパク質や核酸など主要な生体分子の構成成分となっている（表4.1）．これらは**生体の六大元素**として取り扱われ，多くの生体の質量の95%以上を占める．それ以外の主要な必須元素には，Na, Mg, Cl, K, Ca が含まれる．これらは生体の体液中に比較的多く含まれ，さまざ

表4.1　生体構成元素の組成比（重量パーセント）

元素	ヒト	大腸菌	トウモロコシ
O	65.0	50.0	45.0
C	18.0	20.0	44.0
H	10.0	8.0	6.3
N	3.0	14.0	1.3
Ca	1.5	0.5	0.25
P	1.2	3	0.16
S	0.2	1	0.15
K	0.2	1	0.90
Cl	0.2	0.5	0.15
Na	0.1	1	0.03
Mg	0.05	0.5	0.16

まな生体機能の調節に関与している．

以上のほかに，必須ではあるが微量で十分な役割を果たすさまざまな元素があり，**微量必須元素**とよばれる．微量必須元素にはIやSeのような非金属元素のほか，Fe，Zn，Cuなどの重金属元素も含まれるが，生物種によりその種類が異なる場合がある．たとえば，IやCoはヒトなどの比較的高等な生物にとっては必須元素であるが，大腸菌など多くの微生物には必要とされない．

4.1.1 生体を構成する六大元素

(1) 炭 素 (C)

炭素(C)は，生体を構成する最も重要な元素である．なぜなら，炭素はタンパク質，核酸，脂質，糖質といった，重要な生体分子すべての骨格構造をつくっているからである．炭素原子は最大で四つの原子と共有結合を形成することができるため(3.1.3および5.3.1参照)，生体分子の複雑な骨格構造を形成するのに適している．

生体中の炭素は，大気中の二酸化炭素(CO_2)との間で姿を変えながら循環している(図4.1)．大気中の二酸化炭素は，おもに植物が太陽光エネルギーと水を利用して行う**光合成**(photosynthesis)により，グルコース(ブドウ糖)に変換されて貯蔵される．一方，グルコースはすべての生物種がエネルギー源として利用できる物質であり，細胞が酸素を用いて行う**呼吸**(respiration)により二酸化炭素と水に分解され，その際に生物の活動に必要なエネルギーを放出する．この循環の過程では，グルコースを炭素源として，生体の構造を形成したり，生体の機能を調節したりするさまざまな有機化合物も合成される．これらの有機化合物も，生体の代謝活動あるいは死体や排泄物の分解の結果，最終的には大気中の二酸化炭素に戻る．

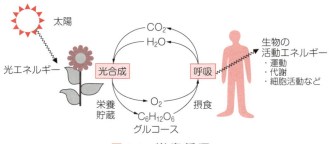

図4.1 炭素循環

(2) 水 素 (H)

最小の元素である水素(H)は，生物にとって重要な水の構成元素である．また，さまざまな有機化合物の炭化水素鎖部分などを構成する主要元素である．H_2の状態での生理機能は知られていないが，原子状態の水素が分子間で授受されることにより種々の代謝反応における酸化還元を仲介している．また，水素イオンは生体のpHバランスの維持や調節において重要な役割を担っている．

(3) 酸 素（O）

酸素（O）は，水素と同様に水の構成元素として生体に多く含まれている．また，炭素，水素とともに多くの生体分子を構成する基本的な元素である．空気の約 20％ を占める酸素分子（O_2）は，現存する多くの生物が呼吸により生体エネルギーを獲得するうえで不可欠な物質である．しかし，原始生命が誕生した太古の地球に O_2 はほとんど存在せず，嫌気的微生物の**炭酸固定**（carbon dioxide fixation）作用により徐々に増加し，その後発達した植物の盛んな光合成により現在の濃度に達したと考えられる．O_2 は元来酸化力が強く生体分子に障害を与えやすい物質であり，多くの生物および細胞は O_2 を呼吸に利用する一方で，その酸化力に対する防御機構を備えている．呼吸に O_2 を利用しない嫌気性生物のなかには，空気中の O_2 により死滅するものも存在する（偏性嫌気性生物）．

(4) 窒 素（N）

タンパク質を構成するアミノ酸や，核酸の塩基部分は，すべて窒素原子（N）を構成成分として含む．これらの分子内の窒素の多くはアミノ基（$-NH_2$）やニトリル基（$-CN$）に関連した化学基として存在する．とくにアミノ基は，カルボキシ基（$-COOH$）との反応によりアミド結合を形成することにより，あるいは電離により正電荷をもつ $-NH_3^+$ となって負電荷と相互作用することにより（3.2.1），生体分子の立体構造の形成や分子間相互作用に働いている．

窒素分子（N_2）は空気の約 8 割を占めるが，これを生体の窒素源として直接利用できる生物はかぎられている（図 4.2）．マメ科植物の根に共生する根粒細菌など数種の微生物は，空気中から取り込んだ N_2 を還元してアンモニア（NH_3）に変換できる．この働きを**窒素固定**（nitrogen fixation）という．アンモニアは，さらに細菌や植物によってアミノ酸などの含窒素生体分子の合成に利用される．この働きを**窒素同化**（nitrogen assimilation）という．動物は窒素同化を行えないので，食物として含窒素生体分子を取り込む．含窒素生体分子は，生物

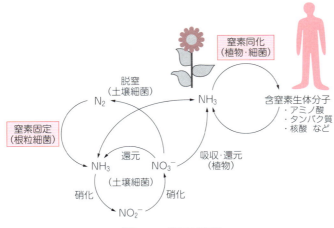

図 4.2 窒素循環

内の代謝や死後の分解によってアンモニアを生じる．アンモニアは，土壌中の細菌によって硝酸イオン（NO_3^-）に変えられ，さらには窒素分子に変換（脱窒）される．こうした窒素循環によって，固定化された窒素と大気中の窒素のバランスが保たれている．

（5） 硫 黄（S）

タンパク質を構成する 20 種類のアミノ酸のうち，メチオニンとシステイン（8.1.1 参照）は構成元素として硫黄（S）を含む．それゆえ，生体中のほとんどのタンパク質はある程度の割合で硫黄を含んでいる．システインの硫黄原子は，その酸化還元における特有な性質により，タンパク質の立体構造の形成に重要な役割を担っている（8.2.2）．タンパク質が腐敗すると，含まれる硫黄に由来して硫化水素や類似の硫黄化合物が発生する．硫化水素の臭いは〝腐った卵の臭い″にたとえられるが，腐った卵からは実際に微量の硫化水素が発生している．

一方，軟骨などの組織を構成するプロテオグリカンという生体分子は，糖に硫酸基（$-OSO_3H$）が結合した構造をもつ．そのほか，ビタミン B_1 や，ビオチンなど補酵素として働く化合物にも，硫黄原子が含まれている．

（6） リ ン（P）

リン（P）はリン酸（H_3PO_4）の塩やエステルとして，さまざまな生体分子の構成成分となっている．たとえば動物の骨の主成分であるヒドロキシアパタイト〔組成式 $Ca_5(OH)(PO_4)_3$〕はリン酸カルシウムの一種であり，骨の堅固な組織をつくっている．リン酸は三価の酸であるため，複数の化合物間をエステル結合（リン酸エステル結合）でつなぎ合わせる役割も担う．たとえば，DNA や RNA（9.1 参照）の構造中では，ヌクレオシド間をリン酸基が架橋することにより鎖状構造が形成される．一方，リン酸基を含む脂質はリン脂質（1.1.1 と 7.2.4 参照）とよばれる．疎水性の炭化水素鎖と親水性のリン酸基を併せもつことから分子全体では**両親媒性**（amphipathicity）となり，生体内の膜構造を形成するのに適している．このほか，生体エネルギーの貯蔵物質である**アデノシン 5′-三リン酸**（adenosine 5′-triphosphate：ATP）においては，そのリン酸エステル結合の形成と分解がエネルギーの貯蔵と放出に働いている．また，タンパク質中のアミノ酸の側鎖ヒドロキシ基をリン酸エステル化する反応（タンパク質リン酸化反応）とその逆の分解反応（脱リン酸化反応）は，タンパク質の機能のスイッチオン/オフに働くことが知られている．

4.1.2 その他の必須元素

（1） ナトリウム（Na）とカリウム（K）

ナトリウム（Na）とカリウム（K）は，ともに一価の陽イオンとして生体内に豊富に存在している．これらの第一の存在意義は細胞の浸透圧維持であるが，分布は均一ではなく，Na^+ は細胞外に多く，逆に K^+ は細胞内に多く存在している．この不均衡は，細胞膜に存在するイオンポンプとよばれるタンパク質が，つねに Na^+ を細胞外へ排出し，K^+ を取り込んでいるためである．神経細胞に

おいても，通常は細胞内外の Na^+ および K^+ の濃度は一定に維持されているが，刺激を受けると細胞膜上のイオンチャネルというタンパク質が開口して Na^+ が細胞内へ，K^+ が細胞外へ移動して均衡が崩れ，細胞内外の電位差が変化する．この現象が，神経伝達の基盤となっている．

(2) 塩　素（Cl）

塩化物イオン（Cl^-）は生体内に最も多く存在する陰イオンである．Cl^- は細胞外に偏って存在し，Na^+ や K^+ および炭酸水素イオン（HCO_3^-）などとともに細胞内外の浸透圧調節に働いている．食物の消化の場である胃では，比較的高濃度の塩化水素（HCl）を含む胃液が分泌される．胃液の pH は約 2 で，その強酸性により食物中のタンパク質が変性されるとともに消化酵素ペプシンが活性化され，消化が促進される．また，強酸性の胃液は食物とともに侵入した微生物の殺菌にも役立っている．

(3) カルシウム（Ca）とマグネシウム（Mg）

カルシウム（Ca）は，前述のとおりリン酸塩として骨の形成に重要な役割をもつ．また，マグネシウムも，多くは不溶性の塩として骨を構成している．一方，細胞内のカルシウムはカルシウムイオン（Ca^{2+}）として小胞体などの小器官に貯蔵されており，細胞外からの刺激に応じて細胞中に放出されて生理作用を発揮する．とくに，筋肉の収縮や血小板凝集にかかわる Ca^{2+} の役割がよく知られている．そのほか，多くのタンパク質分子の表面にイオン結合を介して結合し，それらの立体的な構造の維持に働いている．マグネシウム（Mg）も同様に二価の陽イオン（Mg^{2+}）として生体内に存在する．Mg^{2+} の最も主要な役割は補酵素であり，酵素タンパク質の活性部位に結合し，加水分解などの酵素活性を助けている．

4.1.3 微量必須元素

生体構成元素のなかには，わずかな量で生体機能を満たす一方で，過剰に摂取されると重い毒性を示すものがいくつか存在する．これらは微量必須元素として，上記の一般的な必須元素とは区別される．

(1) ヨウ素（I）

ヨウ素（I）はヒトの成長促進や基礎代謝の維持に働く甲状腺ホルモン（チロキシン）の構成元素であり，成人は 1 日当たり 0.2～0.5 mg のヨウ素を必要とする．ヒトの臓器，組織のなかでヨウ素を利用するのは甲状腺のみであり，食物から摂取されたヨウ素はすべて甲状腺に集積される．^{131}I や ^{129}I は原子炉でのウランの核分裂により比較的多く放出されるヨウ素の放射性同位体である．これらの核種が，食事や呼吸を経て体内に取り込まれた場合にも甲状腺に蓄積するため，原子炉事故の際には近隣住民の甲状腺組織の内部被曝や甲状腺がんの発生に留意する必要がある．

(2) セレン（Se）

セレン（Se）は酸素および硫黄と同じ 16 族元素であり，すべての生物が微量

必要とする．生体内のセレンの多くは，セレノシステインというアミノ酸として存在している．セレノシステインは含硫黄アミノ酸であるシステインの硫黄原子がセレンで置換された化合物で，ごくかぎられたタンパク質の構成成分となっている．セレノシステインを含むタンパク質の機能には，セレン原子そのものが関与する場合が多く，食物からのセレン摂取量が不足するとさまざまな欠乏症が引き起こされる．しかし，セレンの過剰な摂取は毒性の原因となり，それを利用して殺虫剤にも使われている．

(3) 鉄（Fe）

鉄は身の回りのさまざまな素材として重要であるが，生体中にも比較的多く含まれる．ヒト成人体重70 kg当たり3〜4 g含まれており，種々の生理機能に関与している．なかでも，血液中で酸素の運搬を担うヘモグロビンタンパク質に含まれる鉄イオン（Fe^{2+}）の存在は，よく知られている．このFe^{2+}自身が酸素と直接結合する重要な役割を担っており，鉄不足は貧血の原因となる．一方，鉄イオンはFe^{2+}とFe^{3+}の二つの酸化状態が互いに容易に変化するため，多くの生物における酸化還元（レドックス）反応に深く関与している．たとえば，糖や脂質がエネルギー代謝される最終段階では，複数の鉄イオンが酸化還元反応を介してATP産生に関与している．

鉄は全生物に必要な元素であり，穀類（ダイズ，コメなど）や緑黄色野菜，肉類，魚介類にも豊富に含まれるため，ヒトはこうした食物から1日当たり12〜15 mgを摂取している．

(4) 亜 鉛（Zn）

亜鉛（Zn）は，鉄についでヒトの体内に多く存在する遷移金属元素で，その量は成人体重70 kg当たり約2 gである．肝臓（約70 mg/kg）や爪および毛髪（90〜300 mg/kg）にとくに多く存在する．

亜鉛は二価の陽イオン（Zn^{2+}）として多くのタンパク質に結合して存在し，それらの正しい立体構造を安定化させるとともに，一部の酵素においては活性部位の一部として触媒活性に重要な役割を担う．とくに，金属プロテアーゼとよばれる一群のタンパク質分解酵素の活性成分として必須であり，これらに含まれる亜鉛は受精やがん転移のメカニズムに関与している．

亜鉛はレバーやカキなどの貝類に比較的多く含まれ，これらを含む食物から摂取することができる．欠乏すると，不妊や皮膚炎，味覚異常などを引き起こす．

(5) 銅（Cu）

銅（Cu）は，ヒトの体内に鉄，亜鉛についで多く存在する遷移金属元素で，その量は成人体重70 kg当たり約100 mgである．脳，肝臓，心臓，腎臓に多く，血液や胆汁にも比較的多く含まれる．銅の欠乏は，ヒトの場合，貧血，成長障害，心機能不全，骨や血管の異常などを引き起こす．

銅の役割でよく知られているのは，エビやタコなどの無脊椎動物の血液中で酸素運搬の役割を担うヘモシアニンの成分としてである．ヘモシアニンは脊椎動物のヘモグロビンと類似の構造をもつが，酸素結合部位に鉄イオンの代わり

に銅イオンを含んでいる．銅は鉄と同様に，Cu^+ と Cu^{2+} の間の相互変換を介して生体内の酸化還元反応にも関与する．たとえば，ミトコンドリアにおける呼吸作用で重要な役割を担うシトクロム c オキシダーゼや細胞内に発生した活性酸素を除去するスーパーオキシドジスムターゼ(superoxide dismutase：SOD)は，活性中心に銅イオンをもつ．

(6) コバルト(Co)

生体内のコバルト(Co)は，すべてビタミン B_{12} の成分として存在する．ビタミン B_{12} は動物のほぼすべての細胞において種々の代謝に関与する酵素の補酵素として働くため，コバルト欠乏は重篤な異常を引き起こす．動物体内には無機コバルト化合物からビタミン B_{12} を合成する機構がなく，微生物により産生されたビタミン B_{12} を取り込んで利用している．

(7) マンガン(Mn)およびモリブデン(Mo)

マンガン(Mn)とモリブデン(Mo)は，いずれも成人体重 70 kg 当たり 10 mg 程度存在する．ともに動植物のさまざまな酵素の補因子として機能しており，欠乏すると成長や代謝に異常が起こる．たとえばヒトにおいて，マンガンは細胞内に発生した活性酸素の除去に働く酵素スーパーオキシドジスムターゼの活性に必須である．また，モリブデンはキサンチンオキシダーゼやアルデヒドデヒドロゲナーゼなど，酸化還元反応を触媒するいくつかの酵素に含まれている．ただし，通常の飲料水や食事に含まれるわずかな量でこれらの金属は十分に補給されるため，欠乏症はめったに見られない．

4.2 水

4.2.1 水と生命の歴史

地球は，太陽系で唯一，海をもつ惑星である(地球上に存在する 1.4×10^{10} トンの水のうち，97% は海水である)．生命の誕生は海の存在に大きく依存しており，その歴史は次のように考えられている．

地球の誕生は約 46 億年前である．その頃の地球は熱いマグマで覆われていたが，次第に温度が低下し地殻が形成されるとともに，原始大気(水蒸気，二酸化炭素，メタン，アンモニアなど)が大量の雨となって降り注ぎ，約 40 億年前に海が形成された．この原始の海で，落雷による放電や太陽からの強い紫外線，火山の熱などが上記成分に作用した結果，生体を構成するさまざまな有機化合物が生じたと考えられている．実際に，1953 年に**ミラー**(S. Miller)は，水とメタン，アンモニア，水素を封入した装置中で放電と加熱を繰り返すと，数種のアミノ酸が生じたことを報告しており*，その後の研究では核酸塩基などの生成も確認されている．こうして生じた分子から生命(すなわち細胞としての形態)が生じた過程については未知であるが，化石などの研究から最古の生命の誕生は約 35 億年前と推定されている．その当時は大気中に酸素がほとんど含まれておらず，有害な紫外線を吸収するオゾン層がまだ形成されていなかったため，すべての生命は紫外線が届かない海中に棲息していたと考えられている．

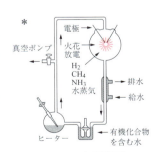

ミラーの実験装置

その後，約 26 億年前に光合成能をもつラン藻 (シアノバクテリア) 類が出現し，水と二酸化炭素を取り込み，酸素を放出するようになった．その影響で大気中の酸素濃度が高まるにつれて，酸素呼吸を行う生物が出現した．約 16 億年前には多細胞生物が出現し，その後オゾン層の形成が進むと，約 4 億年前には生物の陸上への進出が始まった．つまり，生物は，誕生から 30 億年以上も水中だけで生活していたことになる．その後，陸上への進出に伴う生活環境の変化に応じて，生命維持や種の保存のために，生物は急速に進化した．

4.2.2 生体における水の必要性

水は，ヒトの体重の約 60% を占める主要構成物質である．このうち約 2/3 は細胞内に存在し，細胞の容積維持に働くとともに，タンパク質などの分子に結合してそれらの立体構造の維持にも関与している．また，細胞内で栄養分を貯留する溶媒としての役割，さまざまな代謝反応の場としての役割も重要である．細胞内の水は種々の分子に結合しており，自由な移動は妨げられているため，**結合水** (bound water) とよばれる．一方，残りの約 1/3 は細胞外に存在し，血液や組織液など，種々の体液の成分となっている．これらは**自由水** (free water) とよばれ，血球などの細胞およびさまざまな栄養素や伝達物質を体内で輸送する役割を担っている．このように，生体にとって水は不可欠な物質である．

4.2.3 水の異常な性質

(1) 沸点

水分子は，1 個の酸素原子が 2 個の水素原子と共有結合した構造をもつ．酸素以外の 16 族元素も同じ組成で水素化合物を形成し，これらは分子量が小さいものほど沸点が低い傾向を示すが，水だけはかけ離れた高い沸点 (100 ℃) を示す．これは，水分子が H–O 結合の大きな双極子モーメント (3.2.3) のため分子全体で強い極性をもち，分子間で強い水素結合 (3.2.2) を形成することに起因している (図 4.3)．この異常な高沸点のため，水は地球上の広範囲で液体として存在している．そして，前項で示したとおり，液体状態の水が生命にとって重要な役割を担っている．

(2) 密度

多くの物質は，液体よりも固体において密度が高くなる．しかし，水は逆に固体である氷の方が密度が小さくなる特徴をもつ (0 ℃ における水の密度は 0.9998 g/cm^3，氷の密度は 0.917 g/cm^3)*．飲み物などを凍結させると体積が増すのを見たことがあるのではないだろうか．また，氷が水に浮くのも，この性質のためである．

また，液体物質の密度は低温ほど大きくなるのが一般的であるが，水の密度が最大になるのは 4 ℃ であり (0.99997 g/cm^3)，それより低温では密度は減少する．すなわち，4 ℃ の水は 0 ℃ の水よりも重く，水面が 0 ℃ まで冷やされて凍り始めても，下層に沈んだ 4 ℃ 程度の水中で生物が生存することが可能であ

* 『理科年表 2013』，国立天文台 編 (丸善)．

周期	14族 化合物	沸点	15族 化合物	沸点	16族 化合物	沸点	17族 化合物	沸点
2	CH_4	-162	NH_3	-33	H_2O	100	HF	20
3	SiH_4	-112	PH_3	-88	H_2S	-61	HCl	-85
4	GeH_4	-88	AsH_3	-63	H_2Se	-41	HBr	-66
5	SnH_4	-52	SbH_3	-17	H_2Te	-2	HI	-35

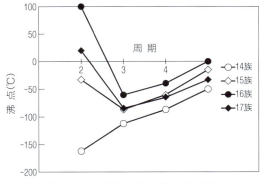

図4.3 水素化合物の沸点の比較

る.生物が冬期や氷河期を越えて生き延びてきたのは,水の密度におけるこの特異な性質のおかげといえる.

(3) 比　熱

水は比熱においても特異な性質を示す.多くの液体はおよそ$2\,\mathrm{J\,g^{-1}}$程度の比熱の値を示すのに対し,水の比熱は約$4\,\mathrm{J\,g^{-1}}$と大きい.つまり,水は温まりにくく冷めにくい液体であり,熱エネルギーを蓄えやすいともいえる.水には,生体や地球環境の温度変化を小さく保つ役割がある.

(4) 溶　媒

水は,さまざまな溶質を溶解することができる優れた溶媒である.たとえば,塩化ナトリウム(NaCl)は2種類の原子がイオン結合(3.1.1)で強く結びついた物質であるが,水中では容易に二つのイオンに分かれて溶解する.水が溶媒として優れているということは,天然に溶質を含まない純粋な水は存在しにくいともいえる.そして,水に溶解した不純物を完全に除去するのは難しい.実験室などで純粋な水を必要とする場合には,ろ過,蒸留,イオン交換など,種々の処理を施さなければならない.

4.2.4　水の構造の特性

水分子の構造を図4.4に示す.酸素原子と水素原子の電気陰性度(2.6.4)に着目すると,それぞれ3.44と2.20であり,その差が大きいために,酸素原子は部分的に負の電荷($\delta-$)を,水素原子は正の電荷($\delta+$)を帯びている.その結果,近接した2個の水分子間では,一方の酸素原子と他方の水素原子との間で水素結合が形成される.この水素結合の距離は,約0.177 nmである.3.2.2で述べたとおり,O-H間の水素結合(結合エネルギー 約$20\,\mathrm{kJ\,mol^{-1}}$)は共有

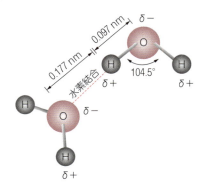
図 4.4 水分子の構造

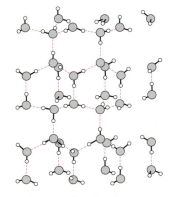
図 4.5 水のネットワーク

結合(同 約 460 kJ mol^{-1})よりもずっと弱いが，図 4.5 に示すように，1 個の水分子は複数の水分子との水素結合を介してネットワークを形成するので，全体としては比較的強固に各分子が保持される．たとえば，ある瞬間の液体の水では各分子は平均 3.4 個の分子と水素結合しているが，この水素結合は分子の運動のためつねに形成と切断を繰り返している．しかし，つねに非常に多くの水素結合が存在するため，全体では分子間の結合の影響が強く，水の温度を上げたり気化させたりするためには大きなエネルギーが必要となる．これが，水の比熱および沸点が異常に高い原因である．また，水が固体となった氷の状態では，各分子は周囲の 4 分子と安定な水素結合を形成し，正四面体状の配置が連続した規則的な構造となる．この状態では，水分子が不規則に動き回る液体の状態と比べて各分子が広い空間を占めており，結果的に液体の場合よりも小さな密度を示すことになる．一方，密度が最大になる 4 ℃では，液体中の水分子は最もコンパクトに詰まった状態で存在するということである．

つぎに，水分子の極性に着目してみよう．酸素原子と水素原子の電気陰性度の値は比較的大きく異なるため，O-H 結合の双極子モーメントも 1.53 D(デバイ)と，大きな値をとる．さらに，水分子は二つの O-H 結合が 104.5°で交わる折れ線状分子であるため，ベクトルの和から，水分子全体の双極子モーメントは 2.01 D と算出される(実測値は 1.87 D)．

この大きな双極子モーメントが，水がイオンや極性物質を溶解しやすい原因である．その溶解のしくみについて，さらに詳しく説明しよう．たとえば，NaCl の結晶は，水のなかで Na$^+$ と Cl$^-$ のイオンに分かれて溶解する．結晶内では Na$^+$ と Cl$^-$ はイオン結合しているが，まわりを水分子で囲まれると，それぞれ水分子の双極子との間に相互作用を生じる．このとき水分子は，Na$^+$ とは $\delta-$ を帯びた酸素原子部分で，Cl$^-$ とは $\delta+$ を帯びた水素原子部分で相互作用する．1 個のイオンに対して複数の水分子が相互作用することによりイオンのもつ電荷は中和され，対イオンとの引力は弱まり，個々のイオンは結晶から引き離される．このように，1 個のイオンを複数の水分子が取り囲むように

結合することを**水和**(hydration)という．これが，NaCl が水に溶解した状態に相当する．溶解という現象をエネルギー的に考えると，溶解前の状態（Na^+ と Cl^- は結晶中でイオン結合しており，水分子は互いに水素結合している）よりも溶解後の状態（すべてのイオンが水和している）のほうがエネルギー的に安定であるか，ほぼ等しい場合には，溶解は起こる．たとえ溶解後のエネルギーが少々高くても，溶解によりエントロピー(10.3.1)が増大するので，それが原動力となり溶解は進行する．NaCl を水に溶解するときに吸熱的である（温度が低下する）のは，この理由からである．

電離しやすい官能基，たとえばカルボキシ基($-COOH$)やアミノ基($-NH_2$)をもつ有機化合物が水に溶解しやすいのも，水和による．また，電離する化学基をもたないグルコースやスクロース（砂糖），単純な構造のアルコールやアルデヒドなども水に溶解する．それは，これらの化合物が分子内にヒドロキシ基($-OH$)やカルボニル基($>C=O$)といった極性基をもち，それらの部位に水分子が水素結合できるからである．

地球温暖化とバイオエタノール

近年，われわれをとりまく環境の問題の一つとして，地球温暖化があげられる．その要因は，大気中の二酸化炭素(CO_2)濃度の上昇である．産業革命以降，人類は石炭や石油を燃焼させることでエネルギーを得て，産業や流通を発展させてきた．しかし，二酸化炭素はその化学構造から熱をため込みやすい性質があり，大気中に蓄積されたことによって地表の熱を宇宙に放出しにくくしていることがわかっている．この効果を「温室効果」という．そこで大気中の二酸化炭素濃度を下げる取り組みが世界規模で行われているが，あまり進んでいないのが現状である．

二酸化炭素の大気中への排出量を減らす取り組みの一つとして，バイオエタノールがある．微生物の酵母はグルコースから，エタノールと二酸化炭素を生産する（いわゆるアルコール発酵である）．

　　　グルコース　⟶
　　　2 エタノール　＋　2 CO_2　＋　エネルギー

発酵の原料となるグルコースは，もともと大気中の二酸化炭素から植物が光合成を行ってつくったものである．したがって，酵母がつくるエタノール（バイオエタノール）を燃焼させて二酸化炭素を発生させても（上式の発酵で生じる二酸化炭素も含めて），大気中の二酸化炭素は増えないことになる．実際に，バイオエタノールをガソリンに混ぜて車の燃料に使う取り組みが行われている．

バイオエタノールを生産するうえで，課題もいくつかある．まず，グルコースをどこから得るかである．たとえば，食用や家畜のエサとなるトウモロコシのデンプンを分解してグルコースをつくると，食料不足につながりかねない．その対策として，サトウキビから砂糖をつくる工場で大量に廃棄されるサトウキビの搾りかすを分解して，グルコースを得る方法が考えられている．また，家庭からだされる生ごみや，山に自生する竹を分解する方法が試みられている．しかしこれらの場合には，グルコース以外の糖や，酵母の発酵を阻害する物質もたくさん存在することもわかってきた．

こうした課題を解決しようとする試みが，バイオテクノロジーの技術を使って行われている．たとえば，酵母の遺伝子を操作することによって，高温や酸，あるいは阻害物質などに耐性を示す酵母を新たにつくりだす研究である．また，グルコース以外の関連物質からでも，エタノールを効率的に生産できる酵母の開発も進められている．

一方，水は非極性物質を溶解しにくい．そのような疎水性の物質どうしが水中で集合した場合には疎水性相互作用(3.2.5)が働いたという表現をするが，実際にこの集合の原動力となっているのは水分子間の水素結合による相互作用である．それでは，一つの分子内に親水性の部分と疎水性の部分をあわせもつ，両親媒性物質とよばれる化合物ではどうなるだろうか．この場合，親水性部分は水と相互作用できるように配向し，一方，疎水性部分は水から遠ざかり互いに寄り合うように配向する．たとえば，細胞膜(1.1.1)を構成するリン脂質二重膜がよい例である．また，タンパク質も両親媒性物質であり，親水性部分を分子表面側に，疎水性部分を分子内部に向けることにより，安定な立体構造を形成している．さらに，多くの生体物質が分子間で相互作用する場合には，極性基どうしの相互作用に加えて，疎水性領域間の相互作用も重要な働きをしている．このように，水の存在は，生体物質の構造や機能にも大きな影響を与えている．

章末問題

1. 地殻を構成する元素とその存在比を調べ，生体における存在比と大きく異なるものをあげよ．
2. 生体には，細胞膜内外の特定のイオンの濃度調節に働く，膜輸送体(トランスポーター)とよばれる一群のタンパク質が存在する．ヒトの場合について，どのような種類の膜輸送体タンパク質が存在するか，調べて列挙せよ．
3. 液体の水よりも氷のほうが密度が低い理由を述べよ．

第5章 有機化合物の分類

有機化合物(organic compound)は，炭素をおもな構成元素として含む化合物である．つまり有機化合物は炭素化合物である．有機化合物は構成元素の種類が少ないにもかかわらず，種類が豊富である（すでに知られている有機化合物だけでも1000万種類にも及ぶ）．その理由の第一として，炭素原子の原子価が4で，共有結合をつくる手の数が比較的多いということがある．第二として，炭素原子どうしが連続して安定な共有結合をつくることがあげられる．その結果，炭素は長い鎖状構造や分枝構造，環状構造など複雑な骨格構造を多種類つくることができる．この性質はほかの原子*には見られず，有機化合物の多様性の最大の要因となっている．第三として，炭素はほかの構成元素と安定な共有結合をつくることがあげられる．このため，有機化合物の構造と性質は非常にバラエティーに富んだものとなる．生体分子(7～9章)の多くは有機化合物であり，簡単な構造から複雑なものまで存在する．

* 硫黄とケイ素(Si)も連続して結合できるが，せいぜい6～8個程度までである．

5.1 有機化合物の表示の仕方

有機化合物を表示する方法として，以下の4種類の化学式(図5.1)がある．

(i) **分子式**(molecular formula)：構成元素の種類と数(下つき数字)を示す〔図5.1(a)〕．

(ii) **示性式**(rational formula)：化学的特性をわかりやすくするために，分子式から特徴的な原子団や官能基を取りだして，その種類と数が明らかになるように示す〔図5.1(b)〕．

(iii) **構造式**(structural formula)：有機化合物では，分子式が同じでも，原子どうしが結合する順序が異なる化合物(5.3.1参照)が多数存在する．そこで各原子がほかのどの原子と結合しているのかを明確にするために，単結合を1本線「-」で表す〔図5.1(c)〕．ただし，炭素-炭素間や炭素-水素

(a) C_6H_6O

(b) C_6H_5OH

(c) [構造式]

(d) [直線表示式]

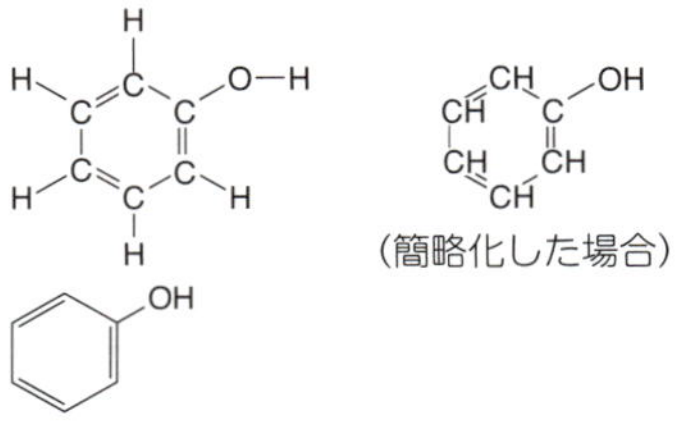

図 5.1　フェノールの化学式
(a)分子式, (b)示性式, (c)構造式, (d)直線表示式.

間などの結合については構造がわかる範囲で省略する場合もある．二重結合，三重結合は略さず，2本線，3本線でかく．

(iv) **直線表示式**(line-angle formula)：複雑な構造をもつ分子の場合，炭素をCとして表示せず，共有結合を示す線が交差するところや，線の始まりと終わりに炭素が存在することにする〔図 5.1(d)〕．炭素以外の原子は表示するが，炭素に結合した水素は表示しない．ただし，多重結合は略さず，2本線，3本線でかく．

このほかに共鳴式や立体構造式があるが，詳細は 5.3.4 と 5.9 で述べる．

5.2　有機化合物の分類と官能基

表 5.1 に，代表的な化合物の種類とその**官能基**(functional group)を示す．官能基とは，有機化合物の性質や反応性の原因となる原子や原子団をさす．官能基の多くは炭素や水素以外の原子を含み，異なる原子間の電気陰性度(2.6.4)の差によって生じる電子の分布の偏りなどが，官能基の性質や反応性を決める．また，炭素-炭素間の二重結合や三重結合も反応性に富むので，官能基に入れる．

後述するように有機化合物を命名する際には，官能基ごとに表 5.1 の接頭語あるいは接尾語を用いてその存在を表現する．1 種類の官能基が存在する場合は，多くの場合，接尾語として表現する．複数の種類の官能基が存在する場合は，表 5.1 に示す優先順位に従って，順位の最も高い官能基を接尾語で示し，それ以外の順位が低い官能基はすべて接頭語で示す．

5.3　炭化水素

炭化水素(hydrocarbon)は炭素と水素からなる化合物で，すべての有機化合物の骨格構造となる．炭素原子が鎖状に連結したものは鎖式炭化水素に分類され，さらに直鎖構造と分枝構造をもつものに分類される．一方，炭素原子が環状に連結したものは環式炭化水素に分類される．環式の炭化水素のうち，ベンゼン(5.3.4)のように単結合と二重結合を交互にもつものを，**芳香族炭化水素**(aromatic hydrocarbon)という．芳香族炭化水素に対して，それ以外の炭化水素を**脂肪族炭化水素**(aliphatic hydrocarbon)とよぶ．

表 5.1　主要な官能基の構造と名称および優先順位

優先順位[a]	化合物の分類	官能基の構造式	接頭語	接尾語	備考
1	carboxylic acid（カルボン酸）	−C(=O)OH	carboxy-（カルボキシ-）	-oic acid（-酸）	-carboxylic acid[b]（-カルボン酸）
	sulfonic acid（スルホン酸）	−S(=O)(=O)OH	sulfo-（スルホ-）	-sulfonic acid（-スルホン酸）	
2	acid anhydride（酸無水物）	−C(=O)−O−C(=O)−	——	-oic anhydride -ic anhydride（-酸無水物）	-carboxylic anhydride[b]（-カルボン酸無水物）
3	ester（エステル）	−C(=O)−O−R′	(alk)′oxycarbonyl-[c]（アルコキシカルボニル-）	(alkyl)′-oate[c] (alkyl)′-ate（-酸アルキル）	(alkyl)′-carboxylate[b,c]（-酸アルキル）
4	acid halide（酸ハロゲン化物）	−C(=O)−X	halocarbonyl-（ハロカルボニル-）	-oyl halide（-酸ハロゲン化物）	
5	amide（アミド）	−C(=O)−NH₂	carbamoyl-（カルバモイル-）	-amide（-アミド）	-carboxamide[b]（-カルボキサミド）
6	nitrile（ニトリル）	−C≡N	cyano-（シアノ-）	-nitrile（-ニトリル）	-carbonitrile[b]（-カルボニトリル） (alkyl) cyanide[d]（アルキルシアニド またはシアン化アルキル）
7	aldehyde（アルデヒド）	−C(=O)H	formyl-（ホルミル-）	-al（-アール）	-carbaldehyde[b]（-カルバルデヒド）
8	ketone（ケトン）	−C(=O)−	oxo-（オキソ-）	-one（-オン）	(alkyl)(alkyl) ketone[d]（アルキルアルキルケトン）
9	alcohol（アルコール）	−OH	hydroxy-（ヒドロキシ-）	-ol（-オール）	(alkyl) alcohol[d]（アルキルアルコール）
	phenol（フェノール）	−OH	hydroxy-（ヒドロキシ-）	-ol（-オール）	
	thiol（チオール）	−SH	sulfanyl-（スルファニル-）	-thiol（-チオール）	(alkyl) hydrosulfide[d]（アルキルヒドロスルフィド）
10	amine（アミン）	−NH₂	amino-（アミノ-）	-amine（-アミン）	
11	imine（イミン）	=NH	imino-（イミノ-）	-imine（-イミン）	
12	alkene（アルケン）	>C=C<	——	-ene（-エン）[e]	
13	alkyne（アルキン）	−C≡C−	——	-yne（-イン）[e]	
14	ether（エーテル）	−O−R′	(alk)′oxy-[c]（アルコキシ-）		(alkyl)(alkyl) ether[d]（アルキルアルキルエーテル）
	sulfide（スルフィド）	−S−R′	(alkyl)′sulfanyl-[c]（アルキルスルファニル-）		(alkyl)(alkyl) sulfide[d]（アルキルアルキルスルフィド）

a) 同じ番号のグループ内でも，上に書いているものほど上位となる．b) 環構造に官能基が直結しているときの接尾語．c) 構造式中の炭化水素基 R′ を (alk)′，(alkyl)′ で示す．d) 比較的簡単な化合物について，炭化水素基と官能基が結合していることを示す場合の命名法（基官能命名法）．その場合，最後の官能種類名は独立語となる．e) 二重結合と三重結合が共存するときは，ene の次に yne を示す．

5.3.1　アルカン

(a)　構造と名称

鎖式飽和炭化水素は，一般式 C_nH_{2n+2} で表され，**アルカン**（alkane）（表5.2および表5.3）とよばれる．アルカンには，直鎖状のものと分枝したものが存

在する．分枝に関して，炭素原子は，結合する相手の炭素原子の数によって次のように分類される．その例を下に示す．

　第一級炭素(primary carbon)：一つの炭素と結合している．
　第二級炭素(secondary carbon)：二つの炭素と結合している．
　第三級炭素(tertiary carbon)：三つの炭素と結合している．
　第四級炭素(quarternary carbon)：四つの炭素と結合している．

表5.2　おもな直鎖アルカン(C_nH_{2n+2})とその性質

n	名称		分子式	構造式	沸点(℃)	融点(℃)	密度 (g mL^{-1}, 20℃)
1	メタン	(methane)	CH_4	CH_4	−161.5	−182.7	
2	エタン	(ethane)	C_2H_6	CH_3CH_3	−88.6	−183.6	
3	プロパン	(propane)	C_3H_8	$CH_3CH_2CH_3$	−42.1	−187.7	
4	ブタン	(butane)	C_4H_{10}	$CH_3(CH_2)_2CH_3$	−0.5	−138.4	
5	ペンタン	(pentane)	C_5H_{12}	$CH_3(CH_2)_3CH_3$	36.1	−129.7	0.626
6	ヘキサン	(hexane)	C_6H_{14}	$CH_3(CH_2)_4CH_3$	68.7	−95.3	0.659
7	ヘプタン	(heptane)	C_7H_{16}	$CH_3(CH_2)_5CH_3$	98.4	−90.6	0.684
8	オクタン	(octane)	C_8H_{18}	$CH_3(CH_2)_6CH_3$	125.7	−56.8	0.703
9	ノナン	(nonane)	C_9H_{20}	$CH_3(CH_2)_7CH_3$	150.8	−53.5	0.718
10	デカン	(decane)	$C_{10}H_{22}$	$CH_3(CH_2)_8CH_3$	174.1	−29.7	0.730
11	ウンデカン	(undecane)	$C_{11}H_{24}$	$CH_3(CH_2)_9CH_3$	195.9	−25.6	0.741
12	ドデカン	(dodecane)	$C_{12}H_{26}$	$CH_3(CH_2)_{10}CH_3$	216.3	−9.6	0.751
⋮	⋮	⋮	⋮	⋮	⋮	⋮	⋮
20	イコサン	(icosane)	$C_{20}H_{42}$	$CH_3(CH_2)_{18}CH_3$	149.5(1)[a]	36.8	0.778(36℃)
30	トリアコンタン	(triacontane)	$C_{30}H_{62}$	$CH_3(CH_2)_{28}CH_3$	258.5(3)	65.8	0.768(90℃)
40	テトラコンタン	(tetracontane)	$C_{40}H_{82}$	$CH_3(CH_2)_{38}CH_3$	150.0(10^{-5})	81.0	0.779(84℃)

a)　(　)内は減圧下mmHg．

[*1] ほかには，置換基の位置や，官能基の種類などが異なるものも構造異性体である．

[*2] たとえば，C_4H_{10}の構造異性体の数は2個だが，$C_{10}H_{22}$は75個，$C_{20}H_{42}$は366,319個に達する．

分子式が同じであるが，炭素鎖の分枝の仕方など[*1]が異なるために構造式が異なる化合物を**構造異性体**(constitutional isomer)とよぶ(表5.3)．炭素の数が増えるにつれて分枝の仕方が増えるためアルカンの構造異性体は急激に増える[*2]．

複数の構造異性体が存在する場合には，有機化合物の名称は，どの構造異性体をさすのかを明確に示す必要がある．しかし有機化合物には，発見者が独自に決め，習慣的に使われてきた**慣用名**(common name)が存在し，わかりづらいこともあった．そこで現在では，国際純正・応用化学連合(International Union of Pure and Applied Chemistry；略してIUPAC"アイユパック")という組織が命名法の規則をつくり，それに基づく**系統名**(systematic name)を使

5.3 ● 炭化水素

表5.3　アルカン類の異性体とその性質

炭素数	名　称[a]	構造式	沸　点 (℃)	融　点 (℃)	密　度 (g mL^{-1}, 20℃)
4	ブタン	CH$_3$CH$_2$CH$_2$CH$_3$	-0.5	-138.4	0.622
	イソブタン(2-メチルプロパン)	(CH$_3$)$_2$CHCH$_3$	-11.7	-159.6	0.604
5	ペンタン	CH$_3$CH$_2$CH$_2$CH$_2$CH$_3$	36.1	-129.7	0.626
	2-メチルブタン(イソペンタン)	(CH$_3$)$_2$CHCH$_2$CH$_3$	27.9	-159.9	0.620
	2,2-ジメチルプロパン(ネオペンタン)	CH$_3$-C(CH$_3$)$_2$-CH$_3$	9.5	-16.6	0.591
6	ヘキサン	CH$_3$CH$_2$CH$_2$CH$_2$CH$_2$CH$_3$	68.7	-95.3	0.659
	3-メチルペンタン	CH$_3$CH$_2$CH(CH$_3$)CH$_2$CH$_3$	63.3		0.664
	2-メチルペンタン(イソヘキサン)	(CH$_3$)$_2$CHCH$_2$CH$_2$CH$_3$	60.3	-153.7	0.653
	2,3-ジメチルブタン	CH$_3$CH(CH$_3$)-CH(CH$_3$)CH$_3$	58.0	-128.5	0.662
	2,2-ジメチルブタン	CH$_3$-C(CH$_3$)$_2$-CH$_2$CH$_3$	49.7	-99.9	0.649

a) イソ(iso-)は"同じ"を意味するギリシャ語に由来し，広く異性体を示す接頭語として用いられるが，この場合には，直鎖状炭化水素の末端から二番目の炭素原子にメチル基(CH$_3$-)がついていることを示す．ネオペンタンのネオ(neo-)は，ペンタン，イソペンタンについで三番目に新しく合成された異性体という意味でつけられた．

うように推奨している．

以下にIUPACの命名法の規則を示す[*1]．系統名の構成は，次のようになっている．

| 接頭語 | + | 母体名 | + | 接尾語 |

接頭語：置換基(分枝する炭素鎖や官能基)の種類，数，位置を示す．
母体名：分子中で最長の炭素鎖を母体鎖とし，母体名は炭素数を示す．
接尾語：主基[*2]となる官能基の種類，数，位置を示す．

ここで，**母体鎖**(別名，**主鎖**)はアルカンなどの炭素鎖をさす．**置換基**(substituent)は，母体鎖の水素と置き換わって母体鎖に結合する原子・原子団であり，分枝する炭素鎖(側鎖)や官能基などが該当する．置換基の種類，数，母体鎖に結合している位置を，接頭語と接尾語で示す．このような命名法を**置換命名法**(substitutive nomenclature)とよび，ほかの命名法〔**基官能命名法**(radicofunctional nomenclature)[*3]など〕よりも優先して使用することをIUPACは勧告している．

アルカンの命名は，有機化合物の命名の基本となる．まず母体名を決め，分枝する炭素鎖を置換基として接頭語で示せばよい．官能基をもつ化合物については5.3.3以降，順次説明する．

① 連続した最も長い炭素鎖を見つけて母体鎖とし，その炭素数から名称を

[*1] これまでに1979年規則，1993年規則，2013年規則が制定された．2013年規則では大幅な変更があり，まだ十分に浸透していないので，ここでは1993年規則に従って説明する．

[*2] 官能基が1種類の場合はその官能基，複数の種類の場合は表5.1に示す優先順位が最も高い官能基をさす．

[*3] 5.4.1参照．2013年規則では官能種類命名法と改称された．

決める*1(表5.2および表5.3)．アルカンの名称は，炭素数を示す母体鎖名〔meth-(メタ)，eth-(エタ)など〕とアルカンであることを示す接尾語 -ane(アン)からなる．

＊1　少なくとも直鎖アルカンの炭素数1のmethane(メタン)から，炭素数10のdecane(デカン)まで覚えておくことは重要である．

② 母体鎖から分枝した炭素鎖を，置換基とみなす．

アルカンから水素が一つ取れて置換基となったものを**アルキル基**(alkyl group)*2(**表5.4**)とよぶ．たとえば，CH_4 や CH_3CH_3 から水素が一つ取れたアルキル基の CH_3- や CH_3CH_2- は，methane や ethane の語尾の -ane を取って -yl をつけて，メチル基(meth<u>yl</u> group)，エチル基(eth<u>yl</u> group)とよぶ．

＊2　略号"R-"で示す．

表5.4　おもなアルキル基

名　称[a)]		構　造
メチル	(methyl)	CH_3－
エチル	(ethyl)	CH_3CH_2－
プロピル	(propyl)	$CH_3CH_2CH_2$－
イソプロピル	(isopropyl)	CH_3 　＞CH－ CH_3
ブチル	(butyl)	$CH_3CH_2CH_2CH_2$－
sec-ブチル	(*sec*-butyl)	$CH_3CH_2\underset{\mid}{C}HCH_3$
イソブチル	(isobuthyl)	CH_3 　＞$CHCH_2$－ CH_3
tert-ブチル	(*tert*-butyl)	CH_3 　　｜ CH_3－C－ 　　｜ 　　CH_3
ペンチル	(pentyl)	$CH_3CH_2CH_2CH_2CH_2$－

a) *sec*-は第二級(secondary)，*tert*-は第三級(tertiary)の意味で，主鎖に結合する中心炭素がそれぞれ第二級炭素，第三級炭素であることを示す．

③ 置換基が母体鎖のどの炭素に結合しているのかを示すために，母体鎖の炭素に末端から番号をつける．このとき，置換基の位置を示す番号ができるだけ小さくなるように，番号づけをする．

④ 置換基の位置番号と置換基名は(-)で結び，母体鎖の名称の前に接頭語として置く．置換基名に続けて母体鎖名を示す．

⑤ 同じ置換基が複数ある場合は，すべての位置番号をカンマ(,)で区切って示す．位置番号のつけ方によって，最初に並ぶ番号が同じ場合は，次の番号が小さいほうを選ぶ．つまり，位置番号全体が最小となるようにする．位置番号のあとに(-)で結び，置換基の個数を示す接頭語(di, triなど，欄外参照*3)をつけて置換基名を示す．

⑥ 異なる種類の置換基がある場合は，置換基名をアルファベット順に並べる．このときアルファベット順で先にでてくる置換基の位置番号が，あとにでてくる置換基の位置番号よりも大きくてもかまわない*4．

＊3　たとえば，
ジ(di)：2，トリ(tri)：3，テトラ(tetra)：4，ペンタ(penta)：5，などがある．

＊4　たとえば，次の化合物は，5-エチル-2, 6-ジメチルオクタン(5-ethyl-2, 6-dimethyloctane)となる．

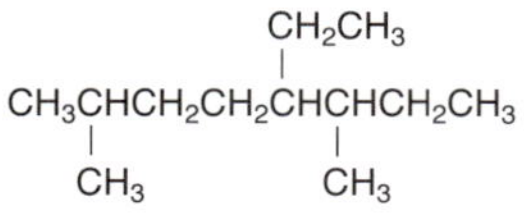

置換基名をアルファベット順に並べるうえで，置換基の個数を示す接頭語(di, triなど)や *sec*-，*tert*- は考慮に入れない．しかし，イソ(iso)，ネオ(neo)，シクロ(cyclo)はアルファベット順に並べる．

表5.3と表5.4に関して，炭素鎖の分枝を示す慣用的な接頭語として，イソ(iso, 炭素鎖の末端から2番目の炭素にメチル基があることを指す)やネオ(neo)が使われることがある．たとえば，イソブタン(isobutane)は，系統名では2-メチルプロパン(2-methylpropane)となる(表5.3).

また，炭素数5個までのアルキル基の分枝を示す方法として，*sec-*(または*s-*)や*tert-*(または*t-*)を使う場合がある(表5.4)．たとえば，*sec-*ブチル，*tert-*ブチル，*tert-*ペンチルがある．*sec-*は第二級炭素，*tert-*は第三級炭素から水素が一つ取れたアルキル基であることを示す．

(b) 性 質

アルカンは反応性に乏しく，ほとんどの反応剤に対して不活性である．炭素数や炭素鎖の分枝の仕方の違いにより，気体や液体，固体の状態で存在する(表5.2および表5.3).

5.3.2 シクロアルカン

環式の飽和炭化水素(アルカンが環化したもの)を，**シクロアルカン**(cycloalkane, C_nH_{2n})とよぶ．炭素数3のものから20数個のものまでが知られている．シクロアルカンの命名法は，環状を意味する"シクロ，cyclo-"を母体名の語頭につける以外は鎖式のアルカンと似ている．シクロアルカンにアルキル基が結合している場合，炭素数が多いほうを母体鎖とする．

シクロプロパン
(cyclopropane)

エチルシクロヘキサン
(ethylcyclohexane)

5.3.3 アルケンとアルキン

(a) 構造と名称

不飽和炭化水素のうち，二重結合をもつものを**アルケン**(alkene)，三重結合をもつものを**アルキン**(alkyne)とよぶ．アルケンの最も簡単な化合物は，慣用名でエチレン($CH_2=CH_2$)である．アルキンの最も簡単な化合物は，慣用名でアセチレン($CH≡CH$)である．

アルケンとアルキンの系統名は，対応するアルカンの語尾 -ane(-アン)をそれぞれ，-ene(-エン)および -yne(-イン)に変えてよぶ．したがって，eth*ane*(エタン)からは，eth*ene*(エテン)とeth*yne*(エチン)になる．ただし，二重結合，三重結合が2個，3個の場合は，alk*a*diene, alk*a*diyne, alk*a*triene, alk*a*triyneのように，alk*a*のaが残る．

以下にアルケンとアルキンの系統名の主要点を示す．

① 不飽和結合を含む最も長い炭素鎖を母体鎖とする．そして接尾語の-ene(-エン)あるいは -yne(-イン)の位置を示す炭素の番号が最小となるような方向に番号をつける(下記の例1〜例4).

② 複数の二重結合あるいは三重結合が存在する場合は，位置番号全体が最小となるようにする．

③ 二重結合と三重結合が共存する場合は，[母体鎖名]-[二重結合の位置番号]-[en]-[三重結合の位置番号]-yne の順に示し，やはり位置番号全体が

最小となるようにする．このとき二重結合の位置番号が三重結合よりも大きくてもよい．ene が en になっていることに注意する．ただし，位置番号のつけ方を変えても全体の数が同じになる場合のみ，二重結合の位置番号の方を優先して小さくする（例 5 と例 6）．

④ 置換基の名称は，母体鎖の名称の前に，その位置を示す番号とともに示す．ただし，不飽和結合の位置番号を，置換基の位置番号よりも優先して，小さい番号にする（例 7）．

（例 1） $CH_3CH_2CH=CHCH_3$　　　　pent-2-ene（ペンタ-2-エン）*

（例 2） $CH_3CH=CHCH=CHCH_3$　　hexa-2,4-diene（ヘキサ-2,4-ジエン）

（例 3） $CH\equiv CCH_2CH_2CH_3$　　　hex-1-yne（ヘキサ-1-イン）

（例 4） $CH\equiv C-C\equiv C-CH_2CH_3$　　hexa-1,3-diyne（ヘキサ-1,3-ジイン）

（例 5） $CH_3CH=CHC\equiv CH$　　　　pent-3-en-1-yne（ペンタ-3-エン-1-イン）

（例 6） $CH_2=CHCH_2C\equiv CH$　　　　pent-1-en-4-yne（ペンタ-1-エン-4-イン）

（例 7） $CH_3CH_2C(CH_3)=CHCH_3$　　3-methylpent-2-ene（3-メチルペンタ-2-エン）

> * 日本語では pent, hex を a がなくてもペンタ，ヘキサのように読む．
> なお，炭素間に二重結合を含む置換基で，よく使う慣用名として，メチレン基（methylene group, $H_2C=$），ビニル基（vinyl group, $H_2C=CH-$），アリル基（allyl group, $H_2C=CHCH_2-$）がある．

(b) 性　質

エチレンの構造は平面構造であり，アセチレンの構造は直線構造をとることは，すでに 3.1.3(b),(c) で述べた．炭素間の二重結合が関与する反応については，6.2.3 と 6.2.4 で述べる．

5.3.4　芳香族炭化水素

芳香族炭化水素（aromatic hydrocarbon）は，ベンゼンのように環状の炭化水素鎖に単結合と二重結合が交互に存在する炭化水素である（**表 5.5**）．19 世紀ごろまでに，ベンゼンに関連した化合物が多く発見され，それらは特有の芳香

表 5.5　おもな芳香族炭化水素とそのアリール基

名称	構造式[a]	π電子数	アリール基[b]	
ベンゼン（benzene）	⌬	$6(n=1)$	⌬—	フェニル（phenyl）
ナフタレン（naphthalene）	（8）（1）（7）（2）（6）（3）（5）（4）	$10(n=2)$	（1）（2）位置2に結合	2-ナフチル（2-naphthyl）
アントラセン（anthracene）	（8）（9）（1）（7）（2）（6）（3）（5）（10）（4）	$14(n=3)$	（9）（1）（2）位置2に結合	2-アントリル（2-anthryl）
フェナントレン（phenanthrene）	（9）（10）（8）（1）（7）（2）（6）（5）（4）（3）	$14(n=3)$	（9）（1）（2）位置1に結合（4）（3）	1-フェナントリル（1-phenanthryl）

a) （　）内の数字は，炭素の位置番号を示す．
b) （　）内の数字は，アリール基として母体鎖などに結合する炭素の位置番号を示す．

をもつため，芳香族化合物とよばれた．しかし，現在では芳香族の定義は香りに関係なく，後述する構造的な特徴をもつ化合物であるとされている．

(a) 構造と名称

芳香族炭化水素の名称は，表 5.5 に示すように慣用名を用いることが多い．芳香族炭化水素の水素 1 個が脱離して生じる置換基を，総称して**アリール基**（aryl group）*という．アリール基の名称は，基本的には芳香族炭化水素名の語尾 -ene を -enyl に換えて命名する．ただし，表 5.5 に示すようにベンゼン，ナフタレン（naphthalene），アントラセン（anthracene），フェナントレン（henanthrene）から生じる置換基は，短縮名であるフェニル（phenyl），ナフチル（naphthyl），アントリル（anthryl），フェナントリル（phenanthryl）を用いる．

* 略号"Ar–"で示す．

(b) 性　質

ベンゼンの構造式は，**図 5.2(a)** の左のようにかかれることが多い．しかしこの構造式では，二重結合の位置が固定されていることになって，正確には図 5.2(a) 右のシクロヘキサ-1,3,5-トリエン（cyclohexa-1,3,5-triene）という化合物になってしまう．通常，二重結合は単結合よりも距離が短いので，シクロヘキサ-1,3,5-トリエンの形は正六角形ではなくなる．しかし，実在するベンゼンは正六角形である．したがって，図 5.2(a) の左の構造式は，真のベンゼンを表していないことになる．実は，ベンゼンは**図 5.2(b)** の i と ii のどちらの構造でもなく，i と ii の構造を足して 2 で割ったような iii あるいは iv の状態にある．この状態をもう少し詳しく説明しよう．

ベンゼンの 6 個の炭素はそれぞれ 4 個の最外殻電子をもつが，そのうち 3 個は三つの sp^2 混成軌道〔3.1.3(b)〕に配分されていて，隣り合う炭素と水素との間の σ 結合に働いている．したがって，sp^2 混成軌道の特徴から，ベンゼンのすべての炭素と水素は同一平面上に存在することになる．炭素の残る 1 個の電子は，sp^2 混成軌道と直交する方向に突きでている p 軌道に存在する．この電

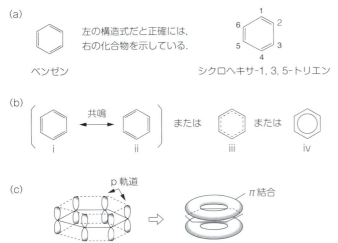

図 5.2　ベンゼンの構造と共鳴式

子はシクロヘキサトリエン〔図5.2(a)右〕では，片側の炭素との間でπ結合に働いていることになるが，実際のベンゼンではそうではない．実は，ベンゼンの6個の炭素のp軌道は，横どうし重なり合って，**図5.2(c)**のようにベンゼンの正六角形の板の上下に二つのドーナツ状の電子雲をつくっている．そして，計6個の電子はこの電子雲のなかを自由に移動しながら（これを**電子の非局在化**という），すべての炭素原子に共有されることによって，炭素間のπ結合に働いている．π結合に働く電子をπ電子とよぶ．このπ結合ため，ベンゼンの炭素間距離はすべて等しく（つまり正六角形），その長さは単結合と二重結合の中間の値[*1]となる．こうしたベンゼンの電子状態を表現するのに，化学では図5.2(b)の"ⅰとⅱの構造が共鳴している"といういい方をする．そして，ⅰとⅱをそれぞれ**共鳴式**(resonance formula)あるいは**共鳴構造**(resonance structure)とよび，両者の間を両矢印（⟷）で結ぶ．電子が非局在化した実際の構造（ⅲあるいはⅳ）を**共鳴混成体**(resonance hybrid)とよぶ．

ベンゼンにかぎらず，ブタ-1,3-ジエン（$CH_2=CHCH=CH_2$）などのように単結合と二重結合が交互に存在する構造ではπ電子の非局在化が起こる．そうした構造を**共役系**(conjugated system)とよぶ．共役系は実際には，どの共鳴式で表現される構造よりもエネルギー的に安定である．ベンゼンの場合は，図5.2(b)のⅰとⅱの構造よりも，152 kJ mol^{-1}だけエネルギー的に安定化している．この安定化エネルギーを**共鳴エネルギー**(resonance energy)という．このため，ベンゼンは不飽和結合をもつにもかかわらず，化学反応を起こしにくい．起きたとしても，アルケンやアルキンとは異なり**置換反応**(substitution reaction, 6.2.1)が起きる．たとえば，ベンゼンを硫酸の存在下で硝酸と反応させると，環の水素の一つがニトロ基（$-NO_2$）に置換される．

[*1] 具体的には 1.40×10^{-10} m である．炭素間の単結合，二重結合，三重結合の標準的距離は，3.1.3(c)の欄外参照．

ベンゼンのニトロ化反応

ベンゼンをはじめとする芳香族炭化水素の構造的特徴をまとめると次のようになり，その基準を満たす化合物は芳香族炭化水素といえる[*2]．

つまり，単結合と二重結合を交互にもつ環式炭化水素のうちで，

（ⅰ）分子が平面構造で，
（ⅱ）その平面の上下に非局在化した環状のπ電子をもち，
（ⅲ）π電子の数が$(4n+2)$個（ただし，$n = 0, 1, 2, 3, \cdots$表5.5参照）

という基準を満たす化合物である．

[*2] シクロプロペニルカチオンは，2個のπ電子（$n = 0$）をもつ芳香族である．しかし，シクロブタジエンとシクロオクタテトラエンは，基準を満たさないので芳香族ではない．

シクロプロペニルカチオン
(cyclopropenyl cation)

シクロブタジエン
(cyclobutadiene)
4個のπ電子をもち，芳香族ではない．（不安定で単離できない．）

シクロオクタテトラエン
(cyclooctatetraene)
8個のπ電子をもち，芳香族ではない．分子の形は平面ではなく，浴槽形である．通常のポリエンと似た反応性を示す．

5.4 アルコール・フェノール・エーテル

アルコール，フェノール，エーテルは，水（H-O-H）の水素原子の1個あるいは両方をアルキル基（脂肪族炭化水素基；R-）あるいはアリール基（芳香族炭化水素基；Ar-）で置換した構造の化合物である．一般式で示すと，アルコールはR-O-H，フェノールはAr-O-H，エーテルはR-O-R'あるいはR-O-Ar

5.4.1 アルコール・フェノール
(a) 構造と名称

炭化水素の水素原子を**ヒドロキシ基**(hydroxy group；OH 基)で置き換えたものを，**アルコール**(alcohol)という(**表 5.6**)．アルコールは，ヒドロキシ基の数によって一価，二価，三価，多価のアルコールに分類される．また，ヒドロキシ基が結合する炭素の分枝の仕方によって，第一級アルコール，第二級アルコール，第三級アルコールに分類される．

第一級，第二級，第三級アルコールの概略図

アルコールを置換命名法(5.3.1 参照)で命名する場合，ヒドロキシ基を含む最も長い炭素鎖を母体鎖とし[*1]，母体鎖アルカンの名前の語尾"e"を取って，官能基の OH 基を示す接尾語 "-ol(- オール)" をつける(表 5.6)．たとえば，ethane(エタン)から ethanol(エタノール)とする．ヒドロキシ基の位置番号は，ヒドロキシ基が結合する炭素の番号が最小になるように選び，-ol(-オール)の直前に示す．たとえば，プロパン-2-オール(propan-2-ol)，ブタン-2-オール(butan-2-ol)や，2-メチルプロパン-2-オール(2-methylpropan-2-ol)とする[*2]．

置換命名法についで優先される命名法として，**基官能命名法**(radicofunctional nomenclature)がある．この命名法では，比較的構造が簡単な化合物について，その主となる官能基(主基)に，炭素鎖などの基が，結合しているとみなして命名する．アルコールを基官能命名法で命名する場合は，アルキル基名のあとに独立語として "アルコール alcohol" を続ける[*3]．たとえば，エチルアルコール ethyl alcohol とする．上記三つの化合物名は基官能命名法ではそれぞれ，イソプロピルアルコール(isopropyl alcohol)，sec-ブチルアルコール(sec-buthyl alcohol)，tert-ブチルアルコール(tert-buthyl alcohol)となる(表 5.6)．ブチルアルコールに関しては，基官能命名法のほうが炭素 4 個のアルコールであることと，分枝の仕方がわかりやすいという利点がある．慣用名では，エチレングリコール(ethylene glycol)，グリセロール(glycerol，日本語名；グリセリン)などの使用が認められている(表 5.6)．

ベンゼンなどの芳香族炭化水素の水素原子をヒドロキシ基で置き換えたものを，**フェノール**(phenol)と総称する(表 5.6)．ヒドロキシ基が 2 個以上存在するとき，二価フェノール，三価フェノールとよび，総称して多価フェノール(**ポリフェノール**，polyphenol)とよぶ．

[*1] 不飽和結合が存在する場合は，その数が最多となる炭素鎖を母体鎖とする．

[*2] 1979 年の IUPAC 命名法では，ヒドロキシの位置を示す番号は母体鎖名の前につけていた．このため，2-propanol，2-butanol，2-methyl-2-propanol とする教科書もある．

[*3] 英語名ではアルキル基名と "アルコール" の間はスペースを入れるが，日本語名では続ける．

表 5.6　アルコール類およびフェノール類の構造と性質

構造式	名　称	融点(℃)	沸点(℃)	20℃での水への溶解度 (g/100 mL)
アルコール類				
CH_3OH	メタノール	−96	65	∞ a)
CH_3CH_2OH	エタノール	−114	78.5	∞
$CH_3CH_2CH_2OH$	プロパン-1-オール	−126	97	∞
$CH_3-CH(CH_3)-OH$	プロパン-2-オール (イソプロピルアルコール)	−89.5	82.4	∞
$CH_3CH_2CH_2CH_2OH$	ブタン-1-オール	−89.5	117.9	8.3
$CH_3CH_2CHOH(CH_3)$	ブタン-2-オール (sec-ブチルアルコール)	−114.7	99.5	約 22
$(CH_3)_3C-OH$	2-メチルプロパン-2-オール (tert-ブチルアルコール)	25.6	82.4	∞
$HOCH_2CH_2OH$	エタン-1,2-ジオール (エチレングリコール)	−12.6	197.6	∞
$HOCH_2CH(OH)CH_2OH$	プロパン-1,2,3-トリオール (グリセロール)	17.8	290.5	∞
フェノール類				
C_6H_5OH	ベンゼノール (フェノール)	40.9	182	6.7
3-メチルC_6H_4OH	3-メチルベンゼノール (m-クレゾール)	11.9	202	2.5
1,2-$C_6H_4(OH)_2$	ベンゼン-1,2-ジオール (カテコール)	105	245	約 144
1,2,3-$C_6H_3(OH)_3$	ベンゼン-1,2,3-トリオール (ピロガロール)	133〜134	309	約 62
2-ナフトール	ナフタレン-2-オール (2-ナフトール)	123	285〜286	

a) 任意の割合で溶けることを示す.

*1　慣用名のカテコール (cathechol) もよく使われる.

*2　たとえば, ナフタレン (naphtalene) からナフタレン-2-オール (naphtalen-2-ol) となる. しかし, 慣用名の 2-ナフトール) (2-naphtol) も使われる.

フェノールの系統名は, 母体となる芳香族炭化水素名に, 官能基名の接尾語 -ol, -diol, -triol をつけ, その直前に位置番号を置く. たとえば, ベンゼン-1,2-ジオール (benzene-1,2-diol) となる*1. なお, -ol をつけるとき, 芳香族炭化水素名の末尾に e があれば除く*2.

(b) 性　質

水の酸素原子と同様に, アルコールとフェノールの酸素原子は sp^3 混成軌道をもち, そのうち二つの軌道を使って, 水素や, アルキル基 (R-), アリール基 (Ar-) などの置換基と結合している. このため, R-O-H と Ar-O-H の角度は, 水 (H-O-H) の角度に近く, およそ 112 度である.

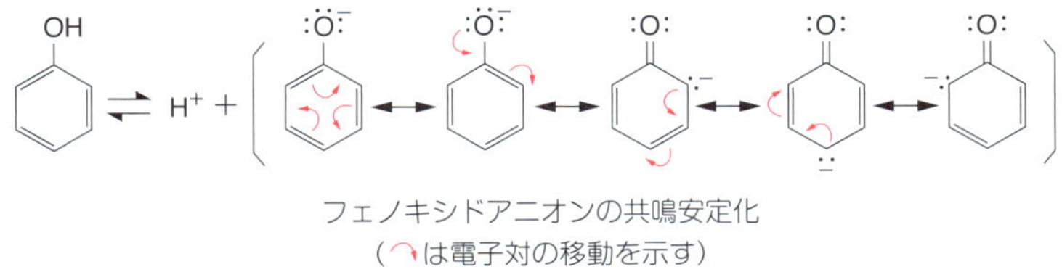

図 5.3 フェノールの電離
五つの共鳴式のうち，左二つの寄与が最大で，ほかの三つはあまり寄与しない．つまり，負電荷は，おもに酸素原子にあって，わずかながらベンゼン環に分配される．

フェノキシドアニオンの共鳴安定化
（⤺ は電子対の移動を示す）

　アルコールとフェノール（表 5.6）はヒドロキシ基をもつため，分子間で水素結合（3.2.2）を形成できるので，相当する分子量のアルカン（表 5.2 と表 5.3）に比べて融点や沸点が高い．このため，常温で液体や固体のものが多い．また，水に対する溶解性については，アルコールのうち，比較的アルキル基の小さいプロパノールまでは自由に混ざり合う*[1]（表 5.6）．

　アルコールを水に溶解しても水溶液は中性であるが，フェノールの水溶液は約 pH 6 の弱酸性を示す．この差は，ヒドロキシ基が結合する炭化水素鎖の構造の違いに原因がある．フェノールのヒドロキシ基は，ベンゼン環という強力な電子共役系〔5.3.4(b)〕に結合している．このため，プロトン（H^+）を放出して生じるフェノキシドアニオンは，図 5.3 のように共鳴安定化することができる．つまり，電離して生じた負電荷はヒドロキシ基の酸素に局在するのではなく，ベンゼン環へも分散されるため，そのぶんエネルギー的に安定化できる．この安定化によって，フェノールとフェノキシドアニオンの間の平衡反応（図 5.3）は右方向へ進みやすくなっている（フェノールの pK_a = 10，この値が小さいほど酸性が強い．11.3.3）．一方，アルコールのヒドロキシ基が電離すると，マイナス電荷はヒドロキシ基の酸素に局在するだけなのでエネルギー的に高い状態となる．このため，アルコールは電離しにくい（ブタノールの pK_a = 16）．

　フェノールは殺菌消毒剤として使用される．これは，微生物などの細胞のタンパク質を変性させる性質をもつためである．また，フェノールや多価フェノールには還元作用や酸化防止作用がある．酸化防止の目的で，食品中には保存料として無害なフェノール類が使われている．最近では，植物由来の多価フェノール（ポリフェノール）が健康食品として注目されている．

5.4.2 エーテル

(a) 構造と名称

　前述したように，水分子の水素が二つともアルキル基やアリール基で置換されたもの（R-O-R'，R-O-Ar など）を，**エーテル**（ether）とよぶ（表 5.7）．

　エーテルを置換命名法で命名する場合は，母体鎖のアルカン（R）や芳香環（Ar）*[2] などに，置換基である R'-O- 部分が結合したものとして命名する．具体的には，R'-O- 部分について，メトキシ meth<u>oxy</u>，エトキシ eth<u>oxy</u>，プロポキシ prop<u>oxy</u> のようにアルキル基の -yl を -oxy に変え，メトキシメタン（meth<u>oxy</u>methane），メトキシベンゼン（methoxybenzene）*[3] のように命名する．

*[1] これはヒドロキシ基が水と水素結合できるので親水性であるのに対し，アルキル基は疎水性であるが小さいためにその効果も小さく，このためよく水に溶解する．しかし，アルキル基が n-ブチル基以上の大きさをもつアルコールや，ベンゼン環をもつフェノールでは疎水性部分が大きく，ヒドロキシ基の親水性の効果を上回るため，あまり水に溶けない．また，分枝したアルキル基は直鎖状のアルキル基よりも，炭化水素鎖どうしの相互作用が小さくなるので，そのアルコールは水に溶けやすい．

*[2] 母体鎖 R' と Ar は，置換基 R-O- よりも炭素数が多くなるようにする．

*[3] 慣用名はアニソール（anisole）．

表5.7 エーテル類の構造と性質

構造式	名称	沸点(℃)	20℃での水に対する溶解度 (g/100mL)
CH$_3$OCH$_3$	メトキシメタン(ジメチルエーテル)	−24	7
CH$_3$CH$_2$OCH$_2$CH$_3$	エトキシエタン(ジエチルエーテル)	34.5	8
CH$_2$―CH$_2$ (O環)	オキシラン(エチレンオキシド)	11	∞
(テトラヒドロフラン環)	オキソラン(テトラヒドロフラン)	66	∞
C$_6$H$_5$―OCH$_3$	メトキシベンゼン(アニソール)	155	不溶

基官能命名法の場合は，RとR′の二つの置換基名をアルファベット順に並べたあとに，独立語として"ether(エーテル)"をつける(表5.7).

エーテル結合をもつ環状化合物を一般的に環状エーテルとよぶ．たとえば，オキソラン(oxolane)[*1]がある．また，隣接する炭素2個に酸素1個が直接結合した三員環エーテルを，エポキシド(epoxide)[*2]と総称する．

(b) 性 質

アルコールやフェノールと同様に，エーテルの酸素原子はsp^{3}混成軌道をもち，そのうち二つの軌道を使って，アルキル基やアリール基と結合している．このため，R−O−R′やR−O−Arの角度は，およそ112度である．

エーテル(表5.7)はヒドロキシ基をもたないため分子間で水素結合が形成されず，このため沸点はアルコールやフェノール(表5.6)よりも，アルカン(表5.2と表5.3)に近い．しかし，水に対して水素結合を形成できるため，その構造異性体となるアルコールとほぼ同程度の溶解性を示す[*3].

エーテル類は麻酔剤として利用される．ジエチルエーテルは空気と爆発性の混合物を生成し，引火しやすいなど不都合な点もあるが，動物の麻酔などにはよく使われる．

5.5 アルデヒド・ケトン

(a) 構造と名称

アルデヒド(aldehyde)と**ケトン**(ketone)は官能基として**カルボニル基**(>C=O)をもつ化合物で，アルデヒドは一般式R−C(=O)−Hで示され，ケトンは，R−C(=O)−R′ で示される(表5.8).

アルデヒドの系統名は置換命名法の場合，母体となるアルカンの名前の語尾"e"を"-al(-アール)"に変える．たとえば，methane(メタン)からは，methanal(メタナール)となる．環構造に基 −CHO が結合している場合は，環の名称の最後に −CHO 基を示す接尾語"-carbaldehyde カルバルデヒド"をつける[*4]．慣用名では，カルボン酸から誘導される物質としてカルボン酸名の末尾の -ic acid あるいは -oic acid を"-aldehyde アルデヒド"に換える[*5]．また，

[*1] 半慣用名，テトラヒドロフラン(tetrahydrofuran).

[*2] たとえば，表5.7に示すオキシラン[oxirane(別名エチレンオキシド，ethylene oxide)]がある．

[*3] たとえば，CH$_3$CH$_2$CH$_2$CH$_2$−OHとCH$_3$CH$_2$OCH$_2$CH$_3$の溶解度は，約8g/水100mL．ただし，環状エーテルは対応する鎖状エーテルよりも，水に溶けやすい(例：テトラヒドロフランは水に自由に溶ける)．これは，疎水性の炭化水素鎖部分が環状であるために酸素原子から遠ざかり，水分子との水素結合を邪魔しないためと考えられる．

[*4] たとえば，cyclohexanecarbaldehyde(シクロヘキサンカルバルデヒド)や，benzenecarbaldehyde(ベンゼンカルバルデヒド)とする．

[*5] たとえば，formic acid(ギ酸)や，acetic acid(酢酸)，benzoic acid(安息香酸)から，それぞれ formaldehyde(ホルムアルデヒド)，acetaldehyde(アセトアルデヒド)，benzaldehyde(ベンズアルデヒド)となる．

5.5 アルデヒド・ケトン

表5.8 アルデヒド類，ケトン類の名称と沸点

構造式	IUPAC名	慣用名	沸点(℃)
アルデヒド類			
HCHO	メタナール	ホルムアルデヒド	21
CH_3CHO	エタナール	アセトアルデヒド	20
CH_3CH_2CHO	プロパナール	プロピオンアルデヒド	49
$CH_3CH_2CH_2CHO$	ブタナール	ブチルアルデヒド	76
シクロヘキシル-CHO	シクロヘキサンカルバルデヒド		
C6H5-CHO	ベンゼンカルバルデヒド	ベンズアルデヒド	178
ケトン類			
CH_3COCH_3	プロパノンまたはジメチルケトン	アセトン	56
$CH_3COCH_2CH_3$	ブタン-2-オンまたはエチルメチルケトン		80
$CH_3CH_2COCH_2CH_3$	ペンタン-3-オンまたはジエチルケトン		101
シクロヘキサノン	シクロヘキサノン	—	156
C6H5-COCH3	1-フェニルエタノンまたはメチルフェニルケトン	アセトフェノン	202
O=C6H4=O	ベンゼン-1,4-ジオン	p-ベンゾキノン	116

基 –CHO を，接頭語の"formyl-(ホルミル –)"で示すことがある[*1]．

ケトンを置換命名法で命名する場合は，母体となるアルカンの名前の語尾"e"を"-one(-オン)"に変える[*2]．たとえば，propane(プロパン)からは，propanone(プロパノン)となる[*3]．カルボニル基の位置番号は，最小となるように母体鎖に番号づけをして，-one の直前につける．たとえば，butan-2-one（ブタン-2-オン）となる．

基官能命名法では，化合物 R-CO-R′ に対して，二つの基名 R と R′ をアルファベット順に並べたあとに，独立語として ketone(ケトン)を置いて命名する．たとえば，ethyl methyl ketone(エチルメチルケトン)となる．

ケトン性のカルボニル基よりも命名の順位が上の官能基がある場合には，接頭語の oxo-(オキソ –)を使う[*4]．

(b) 性 質

カルボニル基の炭素は sp^2 混成軌道をもち，そのうち二つは水素あるいは置換基とのσ結合に，残り一つは酸素とのσ結合に使われている(図5.4)．このためカルボニル基とそれに結合する原子は，同一平面上にある．カルボニル基の炭素にはもう一つ電子があり，これは酸素とのπ結合に働く．このπ電子は，炭素より酸素のほうが電気陰性度が高いために，酸素のほうに偏っていて，その結果，$C(\delta+)=O(\delta-)$ のように分極している．この分極は，以下に述べるアルデヒドとケトンの性質を決定づけている．

カルボニル基は互いに双極子–双極子相互作用(3.2.3)をするため，カルボ

[*1] たとえば，2-formyl-benzoic acid(2-ホルミル安息香酸)がある．

[*2] カルボニル基が二つあるいは三つ存在する場合は，-dione(-ジオン)，-trione(-トリオン)とする．

[*3] ただし，慣用名の acetone(アセトン)の方がよく使われる．

[*4] たとえば，2-オキソペンタン二酸(2-oxopentanedioic acid，慣用名；2-オキソグルタル酸(2-oxoglutaric acid))がある．

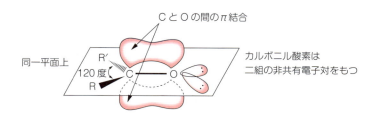

図 5.4　カルボニル基の構造

ニル基をもつアルデヒドとケトン(表 5.8)の沸点は炭化水素(表 5.2, 表 5.3)やエーテル(表 5.7)よりも高いが，水素結合できるアルコール(表 5.6)よりも低い．また，カルボニル基は水やアルコールと水素結合できるので，それらに対するアルデヒドとケトンの溶解性はよい．ただし，水に対しては炭素数が 3 まではよく溶けるが，4 では部分的にしか溶けない．

エタノール(CH_3CH_2OH)は，飲料用の酒類に含まれている．エタノールが体内に入ると，肝臓で酵素によってエタナール*(慣用名アセトアルデヒド，CH_3CHO)に酸化され，さらに別の酵素によって酢酸(CH_3COOH)に酸化された後，代謝される．

ある種のアルデヒドや環状ケトンは，よい香りの素として，香水や人工香料などに使われている．

* エタナールは，悪酔い(頭痛，吐き気)の原因となる物質で，酒の飲めない人はエタナールを酸化する酵素が不足しているか，酵素の活性が弱いためである．日本人は欧米人などに比べて，この酵素をもっていない人の割合が高い．

5.6　カルボン酸とその誘導体

カルボニル基(carbonyl group)とヒドロキシ基(hydroxy group)が結合した $-C(=O)-OH$ を，**カルボキシ基**(carboxy group)とよぶ．カルボキシ基をもつ化合物を，**カルボン酸**(carboxylic acid)とよぶ．カルボン酸誘導体は，**酸ハロゲン化物**(acid halide)，**酸無水物**(acid anhydride)，**エステル**(ester)，**アミド**(amide)，**ニトリル**(nitrile)がある．これらは，加水分解によってカルボン酸を生じる．カルボン酸とその誘導体は有機化学にとって重要な化合物であるとともに，自然界に多様な種類が存在して，生体内で重要な役割を果たしている．

R-C(=O)-OH	R-C(=O)-X	R-C(=O)-O-C(=O)-R'	R-C(=O)-O-R'	R-C(=O)-NH$_2$	R-C≡N
カルボン酸	(X：ハロゲン原子) 酸ハロゲン化物	酸無水物	エステル	アミド	ニトリル

5.6.1　カルボン酸

(a)　構造と名称

カルボキシ基の数によってモノカルボン酸，ジカルボン酸，トリカルボン酸とよぶ．代表的なカルボン酸を**表 5.9** と**表 5.10** に示す．

カルボン酸を置換命名法で命名する場合，鎖式炭化水素の末端 CH_3 がカルボキシ基に換わったものとみなして，母体となるアルカン(alkane)名の語尾 -e を -oic acid に換える．日本語名ではアルカン名の後に，「- 酸」をつける．

5.6 ● カルボン酸とその誘導体

表5.9 モノカルボン酸の構造と名称（英語名の acid は省略）

炭素数[a]	構造	IUPAC名	慣用名	由来	沸点(℃)
1	H–COOH	メタン酸（methanoic）	ギ酸（formic）	アリ（L. formica）	100
2	CH_3–COOH	エタン酸（ethanoic）	酢酸（acetic）	酢（L. acetum）	118
3	CH_3–CH_2–COOH	プロパン酸（propanoic）	プロピオン酸（propionic）	牛乳, バター, チーズ	141
4	CH_3–CH_2–CH_2–COOH	ブタン酸（butanoic）	酪酸（butyric）	バター（L. butyrum）	163
5	CH_3–CH_2–CH_2–CH_2–COOH	ペンタン酸（pentanoic）	吉草酸（valeric）	カノコソウの根（吉草根）	186
6	CH_3–CH_2–CH_2–CH_2–CH_2–COOH	ヘキサン酸（hexanoic）	カプロン酸[b]（caproic）	ヤギ（L. caper）	205
8	CH_3–CH_2–$(CH_2)_4$–CH_2–COOH	オクタン酸（octanoic）	カプリル酸[b]（caprylic）	ヤギ	239
10	CH_3–CH_2–$(CH_2)_6$–CH_2–COOH	デカン酸[c]（decanoic）	カプリン酸[b]（capric）	ヤギ	270

a) 炭素数が12以上のモノカルボン酸は, 7章の表7.1を参照.
b) IUPAC は, これらの慣用名を使用しないことを勧告.
c) 融点が31℃で室温では固体.

表5.10 ジカルボン酸とトリカルボン酸の構造と名称（英語名の acid は省略）

炭素数	構造	IUPAC名	慣用名	融点(℃)
2	HOOC–COOH	エタン二酸（ethanedioic）	シュウ酸（oxalic）	189.5
3	HOOC–CH_2–COOH	プロパン二酸（propanedioic）	マロン酸（malonic）	135〜136
4	HOOC–$(CH_2)_2$–COOH	ブタン二酸（butanedioic）	コハク酸（succinic）	185
5	HOOC–$(CH_2)_3$–COOH	ペンタン二酸（petanedioic）	グルタル酸（glutaric）	98〜99
6	HOOC–$(CH_2)_4$–COOH	ヘキサン二酸（hexanedioic）	アジピン酸（adipic）	153
4	(HOOC)(H)C=C(H)(COOH) cis	cis-ブテン二酸（cis-butenedioic）	マレイン酸（maleic）	138〜139
4	(HOOC)(H)C=C(H)(COOH) trans	trans-ブテン二酸（trans-butenedioic）	フマル酸（fumaric）	287
4	HOOC–CO–CH_2–COOH	2-オキソブタン二酸（2-oxobutanedioic）	オキサロ酢酸（oxaloacetic）	152, 184
6	HOOC–CH_2–C(COOH)(OH)–CH_2–COOH	2-ヒドロキシプロパン-1,2,3-トリカルボン酸（2-hydroxypropane-1,2,3-tricarboxylic）	クエン酸（citric）	156〜157

*1 たとえば，ブタン二酸〔butanedioic acid, 慣用名；コハク酸（succinic acid）〕がある．

*2 たとえば，2-ヒドロキシプロパン-1, 2, 3-トリカルボン酸〔2-hydroxypropane-1, 2, 3-tricarboxylic acid, 慣用名；クエン酸（citric acid）〕がある．

*3 たとえば，cyclohexanecarboxilic acid（シクロヘキサンカルボン酸）や，benzenecarboxylic acid〔ベンゼンカルボン酸，慣用名；benzoic acid（安息香酸）〕がある．

シクロヘキサンカルボン酸

ベンゼンカルボン酸
（安息香酸）

*4 たとえば，3-carboxy-1-methylpyridinium chloride とする．

3-カルボキシ-1 -メチルピリジニウム クロリド

たとえば，メタン（methane）からは，メタン酸（methanoic acid）となる．ジカルボン酸の場合は，語尾 -e はそのままにして -dioic acid をつける．日本語名はアルカン名の後に，「-二酸」をつける*1．

鎖状カルボン酸でカルボキシ基が 3 個以上ある場合は，カルボキシ基を独立語として"-carboxylic acid（カルボン酸）"で示し，3 個は -tricarboxylic acid，4 個は -tetracarboxylic acid とする*2．

カルボキシ基が環式炭化水素に直接結合している場合も，接尾語"-carboxylic acid（カルボン酸）"で示す*3．

一方，カルボン酸には発見に由来した慣用名がつけられており，系統名よりもよく使われるものもある（表 5.9 と表 5.10）．

カルボキシ基を置換基として示す場合は，接頭語カルボキシ（carboxy-）を使う*4．

カルボン酸から生じる**アシル基**（acyl group, R-CO-）の名称は，酸の系統名の接尾語 -oic acid を，-oyl に換える*5．たとえば，pentanoic acid → pentanoyl ペンタノイルにする

カルボン酸塩（carboxylate）の命名は，陽イオン名を先に示したあとに，カルボン酸名の -oic acid または -ic acid を，-oate または -ate に換える．たとえば，acetic acid → sodium acetate とする．ただし，日本語名では，酢酸ナトリウムのように，酸名のあとに陽イオン名を続ける．

(b) 性 質

カルボキシ基の炭素は sp^2 混成軌道をもち，二つの酸素と一つの炭素（ギ酸では水素）と結合しているので，これらカルボキシ基の原子は同一平面上にある〔図 5.5(a)〕．また，電気陰性度の差から，カルボニル炭素と酸素の間で，またヒドロキシ基の酸素と水素の間で，分極している．このため，カルボキシ基は互いに水素結合を形成できる（図 5.6）．その結果，ほとんどのカルボン酸は純粋な状態では二量体の形で存在し，比較的高い沸点をもつ（表 5.9 と表 5.10）．また，カルボキシ基は，水やアルコールとの間で水素結合を形成できる．このため，炭素数が 1～4 程度のカルボン酸は水と自由に混ざり合う．

カルボキシ基は，酸性の官能基である．つまり，水中でプロトン（H^+）を放出し，カルボン酸イオン（$R-COO^-$，カルボキシラートイオンともいう）を生じる．カルボン酸イオンは図 5.5(b) に示すように共鳴安定化するので，この

---

*5 カルボン酸名が慣用名である場合，酸名の -ic acid を，炭素数 5 個程度までは -yl とし，ほかは -oyl とする．たとえば，acetic acid → acetyl（アセチル -），myristic acid → myristoyl（ミリストイル -）とする．

$CH_3CH_2CH_2CH_2-\overset{\overset{O}{\|}}{C}-$　　$CH_3-\overset{\overset{O}{\|}}{C}-$　　$CH_3(CH_2)_{12}-\overset{\overset{O}{\|}}{C}-$　　$CH_3-\overset{\overset{O}{\|}}{C}-ONa$

　　ペンタノイル-　　　　アセチル-　　　　　ミリストイル-　　　　酢酸ナトリウム

HOOC-CO- 基は，慣用名として接頭語オキサロ-（oxalo-，または oxal-）で示される．たとえば，オキサロ酢酸〔oxaloacetic acid, 系統名：2-オキソブタン二酸（2-oxobutanedioic acid）〕がある．

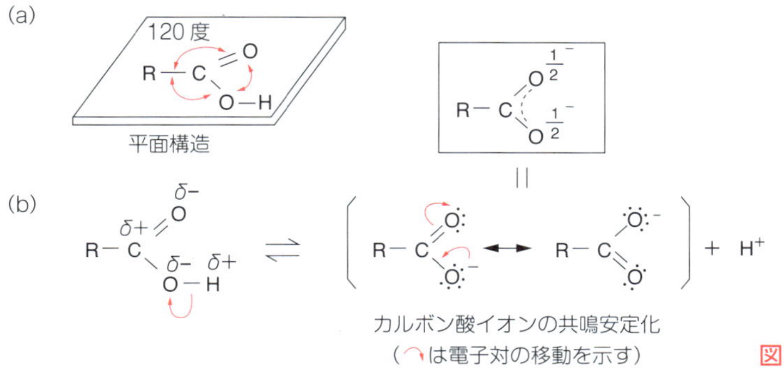

5.6 カルボン酸とその誘導体

図 5.5 カルボキシ基の構造

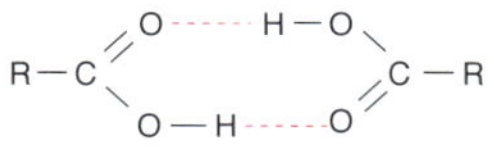

図 5.6 水素結合によるカルボン酸二量体

表 5.11 カルボン酸の酸性度の比較表

構造	名称	pK_a	酸の強さ
HCl	塩酸	−7	強い 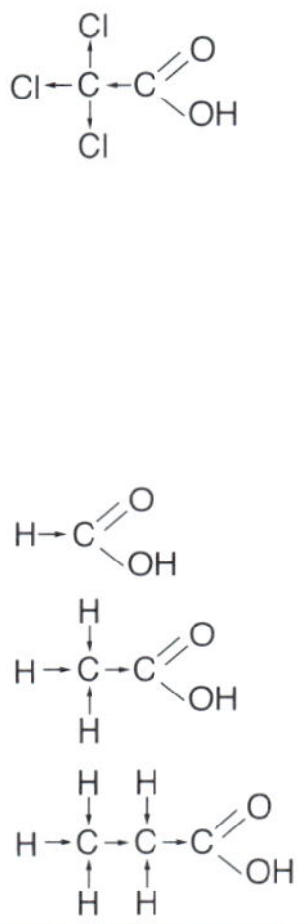
Cl₃C–COOH	トリクロロ酢酸	0.70	
Cl₂CH–COOH	ジクロロ酢酸	1.48	
ClCH₂–COOH	モノクロロ酢酸	2.85	
H–COOH	ギ酸	3.75	
CH₃–COOH	酢酸	4.75	
CH₃CH₂–COOH	プロピオン酸	4.88	弱い

解離反応は右側に進行することができる.

　カルボキシ基が水中で解離する程度は，カルボン酸イオンの共鳴安定化と，カルボキシ基に結合している炭化水素基の構造に依存している．図5.5(b)に示したように，カルボン酸イオンの負電荷は一つの酸素原子に局在するのではなく，二つの酸素原子に等しく分配されている．この負電荷が分散(非局在化)される程度は，フェノールのヒドロキシ基(図5.3)よりも大きい．このため，カルボキシ基のほうがフェノールのヒドロキシ基よりも解離する傾向が強い，つまり酸性が強い．カルボン酸イオンの負電荷が，さらに分散されるようになると，カルボン酸イオンはさらに安定化し，解離する傾向はもっと強まって，強い酸性を示すようになる．たとえば，酢酸の pK_a は 4.75 であるが，酢酸のメチル基の水素が三つとも塩素で置換されたトリクロロ酢酸では，pK_a は 0.70 となり，酢酸より強い酸性を示す(表5.11)．これは塩素原子の電気陰性度が大きいため，カルボキシ基から電子を引き寄せるので，結果的にカルボン酸イ

オンの負電荷がさらに分散化されるからである．逆に，電子をカルボキシ基のほうに押しやるアルキル基があると，カルボキシ基の酸性度は低下する．たとえば，ギ酸，酢酸，プロピオン酸の順に酸性度が低いのは，水素原子よりもメチル基，さらにエチル基が電子をカルボキシ基のほうに押しやる傾向が強いからである．

5.6.2 カルボン酸誘導体
(a) 構造と名称

酸ハロゲン化物の命名は，アシル基(5.6.1 参照)の名称の後に，halide(ハロゲン化物)の名称をつける*1．カルボキシ基が環構造に直接結合している酸の場合，-carboxylic acid を -carbonyl chloride に換える*2．

酸無水物の名称は，対称型無水物(R-CO-O-CO-R′，R = R′)の場合，酸名の acid を anhydride に換える*3．

エステルの命名は，アルコールのアルキル基の名称を先に示し，つぎにカルボン酸の名称の語尾"-oic acid"または"-ic acid"をカルボン酸塩の場合と同じように"-oate"または"-ate"に換える*4．

環状構造の一部に，エステル基 -CO-O- をもつ化合物を**ラクトン**(lactone)と総称する．カルボン酸の系統名の -oic acid の -ic acid 部分を，-lactone に換え，OH 基の位置番号(COOH 基の炭素が 1 番)を，-o と lactone の間に示す*5．

ニトリルの系統名は置換命名法の場合，母体となる炭化水素の名称のあとに，ニトリル(nitrile)をつける*6．

アミドの命名については，次章の 5.7.2 で説明する．

---

*1 たとえば，エタン酸〔ethanoic acid，慣用名；酢酸(acetic acid)〕の塩化物 CH₃-CO-Cl は ethanoyl chloride (エタノイルクロリド)または acetyl chloride(アセチルクロリドまたは塩化アセチル)となる．

$$CH_3-\overset{\overset{O}{\|}}{C}-Cl$$

*2 たとえば，benzenecarboxylic acid(ベンゼンカルボン酸)の酸塩化物は，benzenecarbonyl chloride とする．ただし，この化合物は慣用名 benzoic acid(安息香酸)のアシル基名 benzoyl を使って，benzoyl chloride とよばれることが多い．

*3 たとえば，propanoic acid (プロパン酸) → propanoic anhydride (プロパン酸無水物)とする．日本語名"-酸無水物"とする．

ethanoic anhydride(エタン酸無水物)の慣用名は acetic anhydride で，日本語名では"無水酢酸"となる．

混合酸無水物(R-CO-O-CO-R′，R ≠ R′)の場合は，ethanoic propanoic anhydride(エタン酸プロパン酸無水物)あるいは acetic propionic anhydride (酢酸プロピオン酸無水物)のように二つの酸名をアルファベット順に並べて命名する．

*4 たとえば下記化合物は，ethanol(エタノール)の ethyl 基と acetic acid(酢酸)に由来して ethyl acetate(酢酸エチル)となる．日本語では，酸の名称のあとにアルコールのアルキル基の名称をつける．

$$CH_3-\overset{\overset{O}{\|}}{C}-O-CH_2CH_3$$

*5 例として，下記化合物を示す．

butano-4-lactone〔ブタノ-4-ラクトン(旧慣用名，γ-ラクトン)〕．

pentano-5-lactone〔ペンタノ-5-ラクトン(旧慣用名，δ-ラクトン)〕．

*6 たとえば，CH₃CN は ethanenitrile(エタンニトリル)となる．基官能命名法では，炭化水素基の名称のあとに，"-cyanide(シアニド)"をつける．その場合，methyl cyanide となり，日本語名ではシアン化メチルとなる．慣用名では，加水分解によって酢酸(acetic acid)を生じることから，acetic acid の"-ic acid"を"-onitrile"に換えて，acetonirile(アセトニトリル)とする．

(b) 性　質

カルボン酸誘導体の反応性は，6.3.3 で解説する．カルボン酸誘導体は，解離するプロトンがないため中性である．エステルとアミドは天然に多く存在する．たとえば，タンパク質（8 章）はカルボン酸のポリアミドであり，脂質（7 章）は脂肪酸エステルである．また，ある種のエステルは果物や花の芳ばしい香りの成分である．14〜17 員環の大環状ラクトンには，ジャコウの香りがするものがある．

5.7　アミンとその関連化合物

アミンとその関連化合物は官能基に窒素を含む化合物で，生体の重要な成分であるホルモンやアミノ酸，ヌクレオチドなどに多く存在する．また，薬剤にはアミンの構造をとるものが多い．

5.7.1　アミン

(a)　構造と名称

アンモニア〔ammonia，NH_3，系統名は**アザン**（azane）〕の水素を，アルキル基などで置換したものを**アミン**（amine）とよぶ．その置換基の数によって，第一級アミン（primary amine），第二級アミン（secondary amine），第三級アミン（tertiary amine），第四級アンモニウムイオン（quaternary ammonium ion）に分類される．

　　アンモニア　　第一級アミン　　第二級アミン　　第三級アミン　　第四級アンモニウムイオン

置換基として $-NH_2$ を**アミノ基**（amino group）とよぶ．一つの炭化水素にアミノ基が 2 個，3 個ついたものを**ジアミン**（diamine），**トリアミン**（triamine）とよび，多数ついたものを**ポリアミン**（polyamine）とよぶ．

アミンの命名は特殊な伝統的方法に従って，母体となる炭化水素基名に接尾語 "-amine（アミン）" をつける[*1] ことが多い（表 5.12）．たとえば，$CH_3CH_2NH_2$ は ethylamine とよぶ．アミノ基より主基となる優先順位（表 5.1）が高い官能基がある場合は，接頭語 "amino-（アミノ）" を使う[*2]．一方，ピロリジン（表 5.12）などの環状アミンは，慣用名でよばれることが多い．

(b)　性　質

図 5.7 に示すように，アミンの窒素原子は sp^3 混成軌道をもち，そのうち三つの軌道を使って水素や炭化水素基と結合している．残る一つの軌道には，窒素の非共有電子対が入っている．この非共有電子対が，後述するアミンの塩基性を特徴づけている．

[*1] あるいは，母体の炭化水素名（末尾の e は除く）に "-amine（アミン）" をつけることもある．その場合は，ethanamine となる．

[*2] たとえば，下記化合物は 2-アミノエタノール（2-aminoethanol）となる．
$HO-CH_2CH_2-NH_2$

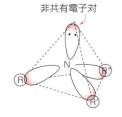

図 5.7　アミンの構造

表 5.12　アミンの構造と性質

アミン	構造式	沸点(℃)	溶解度(水100 g中)	pK_b
アンモニア(アザン)	NH_3	-33	可溶	4.75
メチルアミン	CH_3NH_2	-6	可溶	3.36
ジメチルアミン	$(CH_3)_2NH$	7	可溶	3.28
トリメチルアミン	$(CH_3)_3N$	3.5	可溶	4.30
エチルアミン	$CH_3CH_2NH_2$	17	可溶	3.25
ジエチルアミン	$(CH_3CH_2)_2NH$	56	可溶	3.02
トリエチルアミン	$(CH_3CH_2)_3N$	90	14 g	3.24
プロピルアミン	$CH_3(CH_2)_2NH_2$	49	可溶	3.33
ブチルアミン	$CH_3(CH_2)_3NH_2$	78	可溶	3.38
シクロヘキシルアミン	シクロヘキシル-NH_2	134	可溶	3.35
アニリン	フェニル-NH_2	184	3.5 g	9.42
ピロリジン	5員環 NH	88	可溶	2.73
ピペリジン	6員環 NH	106	可溶	2.88
ピロール	芳香族5員環 NH	130	難溶	約 15 (塩基ではない)
ピリジン	芳香族6員環 N	115	可溶	8.75

　アミンの N-H 結合は分極しているが，O-H 結合ほど強く分極していない．これは窒素原子のほうが酸素原子よりも電気陰性度が小さいからである．したがって，アミン間の水素結合は，ヒドロキシ基間の水素結合よりも弱い．このため，アミンの沸点は，アルカンとアルコールの中間くらいである (表 5.12)．また，第三級アミンは水素結合に働く水素をもたないので，同分子量の第一級および第二級アミンより，沸点が低い．

　アミンは水と水素結合を形成できるので，炭素数の少ないアミンはアルコールと同じように水に溶解する (表 5.12)．

　アミンは，一般的に下の反応式で示すようにアンモニアと同様，弱い塩基として働く．

$$R-NH_2 + H_2O \rightleftarrows R-NH_3^+ + OH^-$$
$$(R-)_2NH + H_2O \rightleftarrows (R-)_2NH_2^+ + OH^-$$
$$(R-)_3N + H_2O \rightleftarrows (R-)_3NH^+ + OH^-$$

　このときプロトン (H^+) は，アミン窒素の非共有電子対 (図 5.7) によって捕捉される．こうした塩基性度を pK_b (この値が小さいほど，塩基性が強い，11.3.3) で比較すると，アンモニアよりもアルキルアミン，ジアルキルアミン，トリアルキルアミンのほうがやや強い (表 5.12)．これは，アルキル基が電子を窒素原子のほうに押しやるため，プロトン付加によって生じたアンモニウム

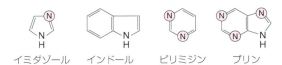

Ⓝが弱い塩基性を示す．ほかのNは塩基性を示さない．
図5.8　アミノ酸とヌクレオチドに存在する含窒素複素環

イオンの正電荷を少し減少させ，エネルギー的に安定化できるためである．

　アミンの塩基性は，非共有電子対の状態にも依存する．たとえば，アニリンとシクロヘキシルアミンを比較すると，アニリンの塩基性が著しく低い（表5.12）．これは，シクロヘキシルアミンの非共有電子対は窒素原子上に局在しているが，アニリンの窒素原子のsp^3混成軌道にある非共有電子対はベンゼン環のπ軌道との重なりによってベンゼン環のほうに非局在化して，プロトンと結合しにくくなっているからである．また，複素環（炭素以外の原子を1個以上含む環）の仲間であるピリジンは弱い塩基性を示し，ピロールは塩基性をほとんど示さない（表5.12）．これも，詳細は略すが，窒素の非共有電子対がプロトンと結合する傾向が弱いか，ほとんどその能力を失っているからである．このほかに，アミノ酸に含まれるイミダゾールとインドール，またヌクレオチドに含まれるピリミジンとプリンの窒素原子には，弱いながら塩基性を示すものと，示さないものがあることに注意しよう（図5.8）．

　アミンを扱う際にまず気づくのは，これらの独特の強い刺激臭である．低分子量のアミン（CH_3NH_2など）は，魚の腐ったような臭いがする．また，生物が死んで腐敗[*1]したときの臭いもアミンが関係している．

5.7.2　アミド

(a)　構造と名称

　アンモニア（NH_3）あるいはアミン（$R-NH_2$など）の窒素に，アシル基（R-CO-）がついた化合物を**アミド**（amide）と総称する．アシル基（R-CO-）の数が1個，2個，3個のアミドを，**第一アミド**（primary amide），**第二アミド**（secondary amide），**第三アミド**（tertiary amide）とよぶ．

第一アミド　R-CO-NH₂　R-CO-NHR′　R-CO-NR′R″　など

第二アミド　R-CO-NH-CO-R　R-CO-NR′-CO-R　など　　第三アミド　R-CO-N(CO-R)-CO-R　など

　第一アミドの命名は，対応するカルボン酸の系統名あるいは慣用名の語尾 -oic acid または -ic acid を amide に換えればよい[*2]．カルボン酸の名称の末

---

*1　腐敗（putrescence）にちなんで命名されたプトレッシン（putrescine）は，butane-1,4-diamine〔$NH_2(CH_2)_4NH_2$〕のことである．

*2　たとえば下記化合物の名称は，ethanoic acid または acetic acid（酢酸）に由来して，ethanamide あるいは acetamide（酢酸アミド）となる．

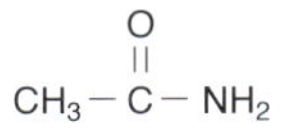

$CH_3-CO-NH_2$

窒素に置換基が結合していれば，たとえば，N,N-dimethylbutanamide（N,N-ジメチルブタンアミド）とする．

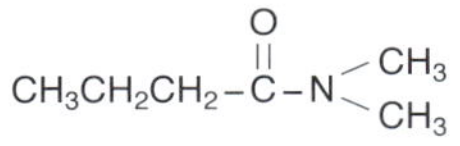

$CH_3CH_2CH_2-CO-N(CH_3)_2$

*1 たとえば, cyclohexane-carboxilic acid (シクロヘキサンカルボン酸) からは, cyclohexanecarboxamide (シクロヘキサンカルボキサミド) が導かれる.

*2 たとえば, succinic acid (コハク酸) のイミドは, succinimide (スクシンイミド, コハク酸イミド) となる.

*3 たとえば, ペニシリンはβ-ラクタム環をもつ抗生物質である.

penicillin G (ペニシリン G)

propano-3-lactam (プロパノ-3-ラクタム) または旧慣用名β-ラクタム

butano-4-lactam (ブタノ-4-ラクタム, ラクトンの命名法と似ている) または pyrrolidin-2-one (ピロリジン-2-オン, ピロリジンのオキソ誘導体として. 旧慣用名は, γ-ラクタム)

*4 H_2N-COOH carbamic acid (慣用名カルバミン酸) の"ic acid"を"-oyl"に換えると H_2N-CO- carbamoyl- (カルバモイル) となる.

*5 イミンのうち, アルデヒドと第一級アミンが脱水縮合して生じる R-CH=N-R' を, シッフ塩基 (Schiff base) とよぶ.

尾が, -carboxylic acid であるものは, -carboxamide (カルボキサミド) に換える*1.

第二アミドの -CO-NH-CO- 基をもつ化合物を**イミド** (imide) とよぶ. 慣用名をもつジカルボン酸のイミドの場合, 接尾語の"-ic acid"を"-imide"に換える*2. 第三アミドの命名法は, ここでは省略する.

環状構造の一部に -CO-NH- 基をもつものを**ラクタム** (lactam) とよぶ. ラクタム構造は微生物がつくる抗生物質*3 などに見られる.

基 -CO-NH_2 よりも主基となる順位が上の官能基がある場合は, これを置換基として**カルバモイル** (carbamoyl) 基とよび, 接頭語として示す*4.

H_2N-CO-CH_2-CH_2-CH_2-CH_2-COOH　　　5-carbamoylpentanoic acid
　　　　　　　　　　　　　　　　　　　　　　　　　(5-カルバモイルペンタン酸)

(b) 性　質

アミドはアミンと異なり, 中性である. これは, 窒素の非共有電子対が隣接するカルボニル基のπ軌道と重なることにより, 非局在化しているためである. このため, 窒素の非共有電子対は, 反応性や塩基性を失っている.

アミドは極性が高く, 分子間で複数個の水素結合を形成できるので, 高い融点や沸点をもつ化合物が多い. また, 分子量の小さい化合物は, 水に溶解しやすい.

5.7.3 その他の窒素含有化合物

カルボニル化合物とアミンが縮合してできる炭素-窒素二重結合基 >C=NH あるいは >C=NR をもつ化合物を**イミン** (imine)*5 と総称する. イミンの命名法は, 母体となる炭化水素名の末尾の e を除いて, "-imine"をつける.

CH_3-CH_2-CH_2-CH_2-CH=NH　　pentan-1-imine (ペンタン-1-イミン)

ほかに主基となるための優先順位が高い官能基がある場合は, 基 =NH を接頭語の"imino- (イミノ)"で示す.

5.8　硫黄化合物

(a)　構造と名称

硫黄を含むおもな有機化合物には, 以下の種類が存在する.

H-S-H	スルファン (sulfane)
R-SH	チオール (thiol)
R-S-R'	スルフィド (sulfide) 〔旧名はチオエーテル (thioether)〕
R-S-S-R'	ジスルフィド (disulfide)
R-S(=O)-R'	スルホキシド (sulfoxide)
R-S(=O)$_2$-R'	スルホン (sulfone)
R-S(=O)$_2$-OH	スルホン酸 (sulfonic acid)
R-S(=O)-OH	スルフィン酸 (sulfinic acid)
R-S-OH	スルフェン酸 (sulfenic acid)

チオール(thiol)という名前は，硫黄を示すチオ(thio)とアルコールを示すオール(-ol)からつくられた．チオールの置換命名法では，母体炭化水素名に接尾語"-thiol(チオール)"をつけて，その位置番号を基名の直前につける．たとえば，$CH_3CH(SH)CH_2CH_3$ は，buthane-2-thiol(ブタン-2-チオール)となる．

基官能命名法では，基-SHをアルコールの-OHに対応させて**ヒドロスルフィド**(hydrosulfide)[*1]とよび，炭化水素基名のあとにヒドロスルフィドをつける．その場合，前述化合物は sec-buthyl hydrosulfide(sec-ブチルヒドロスルフィド)となる．

ほかに主基となるための優先順位(表5.1)が高い官能基がある場合は，基-SH を接頭語**スルファニル**(sulfanyl)として表記する．たとえば，$CH_3COCH_2CH_2SH$ は 4-sulfanylbutane-2-one(4-スルファニルブタン-2-オン)となる．

エーテルの酸素原子を硫黄に置換した化合物を，**スルフィド**(sulfide)と総称する．命名方法はエーテル化合物と類似する．たとえば，CH_3CH_2-S-CH_3 は，methylsulfanylethane(メチルスルファニルエタン)，または ethyl methyl sulfide(エチルメチルスルフィド)となる．

硫黄原子が2個のものを**ジスルフィド**(disulfide)とよぶ．命名法は，たとえば CH_3CH_2-S-S-CH_2CH_3 は，diethyl disulfide(ジエチルジスルフィド)，または diethyldisulfane(ジエチルジスルファン)とする．

(b) 性　質

硫黄は周期表で酸素のすぐ下にあるので，チオールとアルコールは類似点がある．たとえば，硫化水素のH-S-Hの角度は92度で，水のH-O-Hの104.5度に近い．しかし，相違点のほうが顕著である．たとえば，チオールは強烈な臭いがする[*2]．

硫黄は酸素より大きな原子で，酸素より電気陰性度が小さい．この影響でチオール基はヒドロキシ基よりも，水素結合を形成する力が弱い．このため，チオールは相当するアルコール(表5.6)よりも沸点が低く(**表5.13**)，水にも溶解しにくい．また，チオール基はヒドロキシ基よりもプロトンを放出しやすい．たとえば，ベンゼンチオール(C_6H_5-SH, pK_a = 7.5)は，フェノール(C_6H_5-OH, pK_a = 10.0)よりも酸性度が強い．

チオールは金属と反応して，不溶性の化合物であるチオラート(thiolate)，

[*1] 旧名のメルカプタン (mercaptan)は廃止された．

[*2] スカンクの臭いの成分はチオールである．また，都市ガスには，ガス漏れに気づくように，エタンチオール(CH_3CH_2SH)が添加されている．

表5.13　チオール化合物の性質

化合物	名　称	融点(℃)	沸点(℃)
CH_3SH	メタンチオール (メチルヒドロスルフィド)	-123	6
CH_3CH_2SH	エタンチオール (エチルヒドロスルフィド)	-147	35
⌬-SH	ベンゼンチオール (フェニルヒドロスルフィド)	-14.8	169

* とくに，重金属とは安定な化合物をつくる．そもそも旧名のメルカプタンは，水銀 mercury と反応（捕捉 capture）して不溶性沈殿をつくるものということから，つけられた．これに関連して，チオールは体内に入ると金属酵素(8.2参照)の金属と反応して酵素活性を消失させるので，毒性を示すことがある．また，重金属（たとえば，水銀，鉛，銅，ヒ素など）による中毒の解毒剤として，チオール化合物が使われる．

別名メルカプチド(mercaptide)をつくる*．

$$2\ CH_3CH_2SH\ +\ HgO\ \longrightarrow\ CH_3CH_2S\text{-}Hg\text{-}SCH_2CH_3\ +\ H_2O$$
エタンチオール　　酸化水銀(II)　　　　水銀(II) エタンチオラート
　　　　　　　　　　　　　　　　　　　　（水銀メルカプチド）

チオールは容易に酸化されてジスルフィド(R-S-S-R')を与える．逆に，ジスルフィドは亜鉛やスズと酸により容易に還元されて，チオールを与える．

$$2\ CH_3CH_2SH\ \xrightarrow{\frac{1}{2}O_2\,(O_2,\,H_2O_2\,など)}\ CH_3CH_2S\text{-}SCH_2CH_3\ +\ H_2O$$
エタンチオール　　　　　　　　　　　　　　ジエチルジスルフィド

$$CH_3CH_2S\text{-}SCH_2CH_3\ +\ Zn\ +\ 2\ CH_3COOH\ \longrightarrow$$
$$2\ CH_3CH_2SH\ +\ Zn^{2+}\ +\ 2\ CH_3COO^-$$

スルフィドも容易に酸化され，**スルホキシド**(sulfoxide)や**スルホン**(sulfone)を与える．

$$R\text{-}S\text{-}R' \xrightarrow{\frac{1}{2}O_2} \underset{\text{スルホキシド}}{R\overset{O}{\underset{\|}{\text{-}S\text{-}}}R'} \xrightarrow{\frac{1}{2}O_2} \underset{\text{スルホン}}{R\overset{O}{\underset{\underset{O}{\|}}{\underset{\|}{\text{-}S\text{-}}}}R'}$$
スルフィド

5.9　有機化合物の立体異性体

分子式が同じで，構造が異なる化合物を**異性体**(isomer)という．有機化合物における異性体は，構造異性体，立体異性体，配座異性体に分類される(図5.9)．立体異性体はさらに鏡像異性体とジアステレオマーに分類される．ジアステレオマーには，メソ異性体と幾何異性体が存在する．構造異性体については，すでに述べた(5.3.1)．ここでは，立体異性体と配座異性体について述べ，立体構造の示し方についても触れる．

図 5.9　異性体の種類

5.9.1 立体異性体

立体異性体(stereoisomer)は，原子間の結合の順序は同じであるが，それらの三次元的な配列が異なるものをいう．以下の2種類の異性体に分類できる．

(a) 鏡像異性体

炭素原子に結合する四つの原子あるいは原子団がすべて異なる場合，その炭素を**不斉炭素**(asymmetric carbon)あるいは**キラル炭素**(chiral carbon)という．たとえば，グリセルアルデヒド(glyceraldehyde)には，不斉炭素が一つ存在する．この不斉炭素の結合方向を**立体構造式**(stereostructural formula)の一つである**透視式**(perspective formula)で示すと，図5.10のようになる．この図で，不斉炭素は四面体の中心に存在し，実線の結合は紙面上にあることを示す．くさび形の結合は，末端の広いほうが紙面より手前側に突き出ていることを示す．一方，破線の結合は紙面の向こう側に出ていることを示す．図5.10に示すように，グリセルアルデヒドには2種類が存在し，両者は互いに実像と鏡に写った像(鏡像)の関係になっている．この二つの化合物は立体的に重ね合わせることができないので，別の物質である．このように鏡像の関係にある物質を，**鏡像異性体**あるいは**エナンチオマー**(enantiomer)という．二つのグリセルアルデヒドを重ね合わせるには，どちらかのグリセルアルデヒドの不斉炭素の結合をいったん破壊し，原子・原子団を交換したあとに再結合させる必要がある．このような炭素原子の周りの立体的な原子の配列を，**立体配置**(configuration)という．

鏡像異性体は同じ物理的および化学的性質をもつが，偏光*面を回す向きが逆である．このことから鏡像異性体は，**光学異性体**(optical isomer)ともよばれる．偏光面を回す性質を**旋光性**という．偏光面を左側に回転させるものを**左旋性**(levorotatory, 記号の－で示す)，右側に回転させるものを**右旋性**(dextrorotatory, 記号の＋で示す)であるという．図5.10の二つのグリセルアルデヒドのうち，左側は左旋性のため(－)-グリセルアルデヒド，右側は右旋性であるので(＋)-グリセルアルデヒドと表記する．光学異性体の旋光性が左右どちらであるかは測定しないとわからない．左旋性と右旋性の光学異性体が同量存在する物質は旋光性を示さず，**ラセミ体**(racemate)という．

* 通常の光は，進行方向に対して垂直な面内のあらゆる方向に振動する電磁波の集まりである．これに対して偏光は一方向のみで振動する光であり，偏光面はその振動する平面をさす．偏光が光学異性体を通過すると偏光面の角度が変化するが，変化の方向(観測者から光源を見て右回転と左回転)が光学異性体によって逆になる．偏光面の変化した角度を，旋光度という．

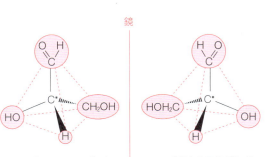

図5.10 鏡像異性体の例
両化合物は鏡像異性体の関係にある．＊は不斉炭素を示す．(－)と(＋)は旋光性の向きを示す．

(1) 不斉炭素に結合した原子は原子番号が大きいものほど順位は上である．
(2) 不斉炭素に結合した二つの原子が同一であるときは，その次に結合した原子で比較する．それでも決まらないときには違いがでるまで順次鎖をたどる．

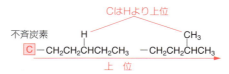

(3) 不飽和結合をもつ基の場合には，不斉炭素に結合した原子を以下に示すように単結合の基に置き換えたものを仮想する．

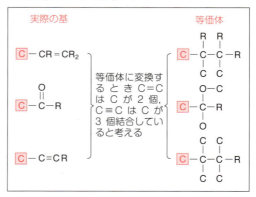

図 5.11 *R*, *S* 配置を決める順位則

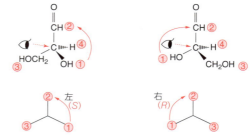

(a) (*S*)-グリセルアルデヒド　　(b) (*R*)-グリセルアルデヒド

図 5.12 グリセルアルデヒドの *R/S* 表示

*1 提案者にちなんで**カーン・インゴールド・プレローグ表示法**(Cahn-Ingold-Prelog convention)ともいう．

*2 ラテン語で右を意味する *rectus* に由来．

*3 ラテン語で左を意味する *sinister* に由来．

不斉炭素の立体配置を示す方法として，***R/S* 表示法**(*R/S* convention)*1 がある．この方法では，まず注目する不斉炭素に結合する四つの異なる原子や基に，**順位則**(priority rule，概略を**図 5.11** に示す)に従って順位をつける．

たとえば，グリセルアルデヒド(**図 5.12**)の場合，不斉炭素に結合する OH 基の O 原子が順位 1, CHO 基の C 原子が順位 2, –CH$_2$OH の C 原子が順位 3, 最後に H 原子が順位 4 になる．つぎに，最も順位の低い原子(順位 4)を不斉炭素の裏側に隠れるように配置すると，残り三つの原子は手前側に突きでているように見える．そこで不斉炭素を中心に，最も順位の高い原子(順位 1)から順位 2 の原子に向かって矢印をつける．この矢印が右方向(時計回り)の立体配置を ***R* 配置***2, 逆の左方向(反時計回り)の立体配置を ***S* 配置***3 とする．その結果，

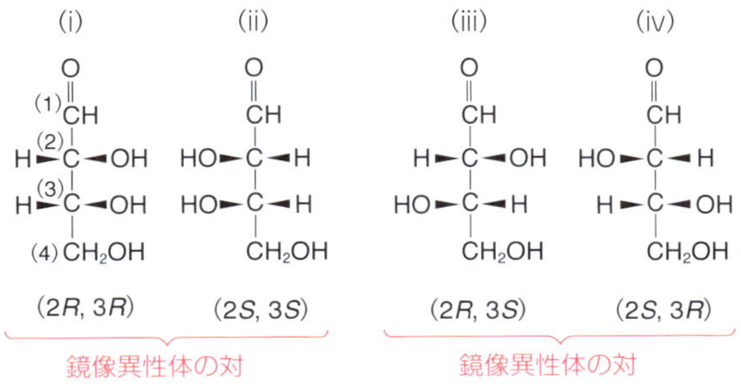

図 5.13 2, 3, 4-トリヒドロキシブタナールの立体異性体

立体異性は全部で四つ存在し、そのうち(i)と(ii)、(iii)と(iv)は互いに鏡像異性体の関係にある。その他の組合せは、鏡像異性体の関係ではないので、互いにジアステレオマーである。

図5.12(a)と(b)のグリセルアルデヒドは、それぞれS配置とR配置である。

一つの分子内に不斉炭素が複数存在する場合は、それぞれの不斉炭素についてR/Sを表示する。たとえば2, 3, 4-トリヒドロキシブタナール(図5.13)の場合、不斉炭素は2個存在するため、$(2R, 3R)$、$(2R, 3S)$、$(2S, 3R)$、$(2S, 3S)$の4種類が存在する。一般的にn個の不斉炭素をもつ分子では、メソ異性体(下記)の場合を除き、2^n個の立体異性体が存在する*。

(b) ジアステレオマー

立体異性体であるが、鏡像異性体の関係ではないものを**ジアステレオマー** (diastereomer)とよぶ。広義には幾何異性体(後述)を含むが、狭義には二つ以上の不斉炭素をもつ場合に生じる。たとえば、前述の2, 3, 4-トリヒドロキシブタナールの場合、$(2R, 3R)$と$(2S, 3S)$、$(2R, 3S)$と$(2S, 3R)$の組合せは鏡像異性体の関係であるが、それ以外の組合せはすべてジアステレオマーである。ジアステレオマーの物理的および化学的性質はまったく異なる。

(i) **メソ異性体**：一般的にn個の不斉炭素をもつ分子では2^n個の立体異性体が存在するが、必ずしもそうならない場合がある。その例として、酒石酸〔慣用名；tartaric acid、系統名2, 3-ジヒドロキシブタン二酸(2, 3-dihydroxybutanedioic acid)〕がある。図5.14に示すように、酒石酸は2個の不斉炭素をもつが、3個の立体異性体$(2S, 3S)$、$(2R, 3R)$、$(2S, 3R)$しか存在しない。理由として$(2S, 3R)$は分子内に対称面をもつため、鏡に映したときに見える$(2R, 3S)$は結局$(2S, 3R)$と同じ化合物である。このように分子内に対称面をもつ立体異性体を**メソ異性体**(mesoisomer)という。メソ異性体には旋光性がない。

(ii) **幾何異性体**：炭素-炭素間の単結合は自由に回転できるが、二重結合はπ結合により回転が制約されている(3.1.3)。このため、たとえばブタ-2-エン

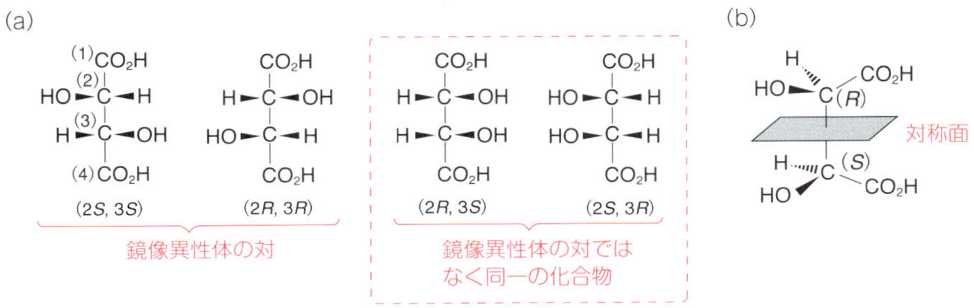

* 不斉炭素をもたなくても鏡像異性体が存在する場合がある。たとえば、右巻きと左巻のネジのように、分子内にねじれた構造があると、そのねじれ方が逆の鏡像異性体が存在する。

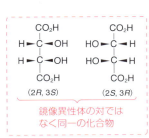

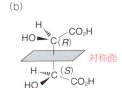

図5.14 酒石酸の立体異性体

(a) 酒石酸には三つの立体異性が存在する。そのうち$(2S, 3S)$と$(2R, 3R)$は互いに鏡像異性体の関係にある。$(2R, 3S)$はメソ異性体で、(b)に示すように分子内に対称面をもつ。

(but-2-ene, C₄H₈)には図 5.15(a)に示すように二つの異性体が存在する．二重結合の同じ側に二つのメチル基がある異性体を**シス体**(cis isomer)とよび，*cis*-ブタ-2-エンと示す．二つのメチル基が反対側にあるものを**トランス体**(trans isomer)とよび，*trans*-ブタ-2-エンと示す．こういった異性体を**幾何異性体**(geometric isomer)とよぶ．幾何異性体は旋光性をもたない別の化合物であり，異なる物理的および化学的性質を示す．

　二重結合をしている二つの炭素に，三つあるいは四つのアルキル基が結合している場合には，上述したシス-トランスの標記があいまいになる．そこで，より一般的な幾何異性体を示す方法として，***E*, *Z*命名法** * が考えられた．たとえば，図 5.15(b)に示す3-メチルペンタ-2-エンの場合で説明する．まず，二重結合をしている炭素のそれぞれに結合している水素や置換基の順位を *R*/*S* 表

＊　*Z*は一緒を意味するドイツ語の zusammen に由来し，*E* は反対を意味する entgegen に由来する．

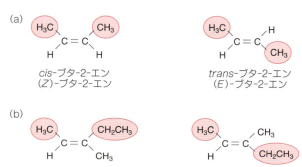

図 5.15　幾何異性体

Column

免疫抑制剤

　免疫抑制剤は，臓器移植を受けた人が拒絶反応を起こさないように自分の免疫力を抑える薬で，いろいろな種類が存在する．その代表格が，**タクロリムス**(FK506)（図参照）である．この薬は，1984 年，筑波山麓の土壌中から採取された放線菌 *Streptomyces tsukubaensis* の培養液中に発見され，その活性は従来の免疫抑制剤の 100 倍程度の強さがある．タクロリムスは T 細胞(リンパ球の一種)内でまず FKBP (FK506 binding protein)とよばれる標的タンパク質に結合し，この複合体はさらにカルシニューリンに結合する．カルシニューリンはカルシウム依存性の脱リン酸化酵素で，NFAT(nuclear factor of activated T-cell，活性化 T 細胞核内因子)とよばれる転写因子を脱リン酸化して核内に移行させ，サイトカインの一種であるインターロイキン 2 の発現を誘導することで免疫反応を活性化する働きがある．タクロリムスと FKBP の複合体はカルシニューリンを阻害することで，免疫反応を抑制する．

タクロリムスの構造

示法で用いた順位則で決める．図5.15(b)では，左側の炭素に結合する水素原子とメチル基で比べるとメチル基のほうが高順位である．右側の炭素では，メチル基よりもエチル基の方が高順位である．つぎに，順位の高い置換基が，二重結合の同じ側にある化合物を**Z体**とし，(Z)-3-メチルペンタ-2-エンと示す．順位の高い置換基が，二重結合の反対側にある化合物を**E体**とし，(E)-3-メチルペンタ-2-エンと示す．

5.9.2 配座異性体

エタンの場合，炭素-炭素間の単結合は回転が可能であるため，2個のメチル(CH_3)基間で水素原子の空間的な位置関係はさまざまに変化しうる．このように単結合の回転によって生じる原子・原子団のさまざまな空間的な位置を，**立体配座**(conformation)とよび，立体配座の異なる異性体を**配座異性体**(conformer)という．ここではブタンについて，次の二つの立体構造式を用いて説明する．**のこぎり台投影式**〔sawhorse projection，図5.16(a)〕では，注目する炭素-炭素間の単結合(ここではブタン分子中央の単結合)を斜めの角度から見たように表示することで，両炭素に結合する水素や置換基の空間的位置関係を示す．一方，**ニューマン投影式**〔Newman projection，図5.16(b)〕では，注目する炭素-炭素間の単結合に沿って見たように表示する．手前の炭素は，二つの水素とメチル基の結合を示す直線が互いに交わる点で表す．後方の炭素は円で表し，二つの水素とメチル基の結合を直線で示す．

ブタン分子中央の単結合の回転によって生じる立体配座のうち，図5.17に示す立体配座は二つのメチル基が重なり合い，互いの電子雲どうしが反発するため，エネルギー的に不安定である．つまり，二つのメチル基が立体障害となって，ブタンはこの立体配座をとりにくい．一方，図5.16ではメチル基が互いに最も離れた状態で，メチル基と水素原子の重なりも小さいため，ブタンはこの立体配座を最もとりやすいことがわかっている．

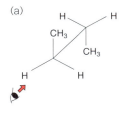

図5.16 ブタンののこぎり台投影式(a)とニューマン投影式(b)
(a)に示す眼の位置で眺めると(b)のように見える．

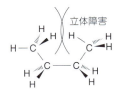

図5.17 ブタン分子内の立体障害

章末問題

1. 有機化合物の構造異性体について説明せよ．
2. つぎの化合物の系統名を答えよ．
   (a) $CH_2=CHC≡CCH_3$ (b) $(CH_3)_2CHCH_2OH$
   (c) $CH_3CH(CH_3)CH_2CH(OH)CH_3$ (d) $CH_3CH=C(CH_3)CH_2OH$
   (e) $CH_3CH_2CH_2-O-CH_3$ (f) $CH_3CH_2CH_2CH_2CHO$
   (g) $CH_3CH(CH_3)CH_2CHO$ (h) $CH_3CH_2C(=O)CH_2CH_2CH_3$
   (i) $CH_3CH_2CH(OCH_3)COOH$ (j) $CH_3CH_2C(=O)OC_6H_5$
   (k) $CH_3CH_2CONH_2$ (l) $CH_3SCH_2CH_2CH_3$
3. つぎの名称の化合物の構造式を答えよ．
   (a) 2,2-ジメチルプロパン (b) プロパン-2-オール
   (c) エタン-1,2-ジオール (d) エトキシエタン
   (e) エタナール (f) プロパノン

(g) エチルメチルケトン (h) ブタン酸
(i) ペンタン二酸 (j) ベンゼンカルボン酸
(k) エタン酸エチル (l) トリエチルアミン
(m) 2-アミノエタノール (n) エタンアミド
(o) エタンチオール (p) エチルメチルジスルフィド

4. つぎの文で正しいものはどれか.
(a) フェノールとアルコールでは,アルコールのほうが強い酸である.
(b) pK_a の値が小さいほど,弱い酸である.
(c) トリクロロ酢酸は,酢酸より強い酸である.
(d) 酢酸は,塩酸より強い酸である.

5. つぎの化合物の塩基性の強さは,どのような順になるか説明せよ.
(a) $C_6H_5NH_2$ (b) NaOH (e) $\underset{CH_3CNH_2}{\overset{O}{\parallel}}$
(c) $CH_3CH_2NH_2$ (d) NH_3

6. つぎの化合物にはどのような立体異性体が存在するか.立体構造式などを使って説明せよ.また,不斉炭素については,その立体配置を R/S 表示法で示せ.
(a) $CH_3CH(OH)CH_2CH_3$ (b) $H_2NCH(CH_3)C(=O)OH$
(c) HOOCCH=CHCOOH

第6章

有機化合物の性質，反応性

　前章では，有機化合物とその官能基について，その構造と性質を学んだ．本章では，有機化合物がどのように反応するかについて基本的な原理を学ぶ．生体中には多様な有機化合物があり，それぞれはさまざまな反応を介して合成，分解されているので，有機反応も無限に存在するかのように見える．しかし，有機反応の多くは有機化合物に含まれる官能基に由来する電荷の偏りを利用して行われているため，いくつかの種類に分類でき，その組合せとして理解できる．ここでは，有機反応の基本について紹介したあと，生体内に多く含まれるカルボニル化合物に着目し，その基本的な反応を説明していこう．

6.1　有機化合物の性質

6.1.1　電荷の偏り

　一般に有機化合物は共有結合でできているが，含まれるすべての原子が電気的に中性であるわけではない．有機化合物を構成している炭素，酸素，水素，窒素，ハロゲンなどの原子はそれぞれ異なる電気陰性度(2.6.4)をもっているので，異なる原子どうしによる共有結合のσ電子〔3.1.2(b)〕は電気陰性度の大きい原子に引きつけられる．これを極性という．図6.1に示すようにアルコール，エーテル，アミン，チオールは，炭素原子に電気陰性度の大きい原子が一重結合(σ結合)している．その結果，これらの一重結合には極性があり，炭素原子は電子欠損的で部分的正電荷($\delta+$)を帯び，それに対して電気陰性度の大きい原子は電子が豊富な状態にあり，部分的負電荷($\delta-$)を帯びている．このように正電荷と負電荷の偏りが非常に近い距離で存在している状態を分極という．ある一つの結合の分極が，隣接する結合に伝達されて分極を生じさせることがある．この効果を**誘起効果**(inductive effect，I効果)という．ただし，σ結合の電子は局在化しているため，あまり遠くの原子まで影響を及ぼさない．

図 6.1 さまざまな官能基と極性

アルコール　エーテル　アミン　チオール

アルデヒド　ケトン　カルボン酸　エステル

アルケン

カルボニル

図 6.2 非極性のアルケンと分極したカルボニルの π 結合

多くの官能基は二重結合を含んでいる．二重結合は一つの σ 結合ともう一つの π 結合〔3.1.3(b)〕からなる．π 結合は結合軸の上下に広がる電子雲に電子対が存在するため，σ 結合に比べると自由度が高い．アルケンの二重結合は炭素-炭素間にあるために非極性で，わずかに負電荷をもつ．一方，カルボニルの二重結合は炭素-酸素間にあるため，π 電子が電気陰性度の大きな酸素原子に引きつけられて非対称な電子分布となり，炭素原子と酸素原子はそれぞれ正電荷と負電荷を帯びて，大きく分極している（**図 6.2**）．このように，π 電子密度の偏りが生じ，化合物の反応性が高まることを**メソメリー効果**(mesomeric effect, M 効果)という．

6.1.2 酸と塩基

多くの有機化合物は酸や塩基の性質を示す．また，生体内で起こる多くの有機反応は酸や塩基で触媒される．したがって，酸と塩基について理解することはどのように有機反応が起こるのかを知るうえで重要である．**ブレンステッド・ローリーの酸塩基の理論**(Brønsted-Lowry acid-base theory, 11.3.2)によれば，酸はプロトン(水素イオン，H^+)を供与する物質，塩基はプロトンを受け取る物質である．一般的な酸 HA と塩基 B の解離平衡反応で生じる A^- を HA の共役塩基，HB^+ を B の共役酸とよぶ．また，酸の強さは酸性度指数(pK_a，11.3.3)で定量的に表すことができ，強い酸ほどその値は小さい．強い酸であるほどその共役塩基は弱い塩基であり，弱い酸であるほどその共役塩基は強い塩基といえる．したがって，pK_a を用いれば，酸の強弱のみならず塩基の強弱もその共役酸の pK_a から判断することができる．代表的な有機化合物の pK_a 値を**表 6.1** に示す．

カルボン酸やアミンの pK_a についてはすでに前章で述べたのでここでは取り扱わないが，アルカンやアルケン，アルキンなどの炭化水素にも大きいながら pK_a 値が存在する（表 6.1）．C-H 結合の解離によって**炭素アニオン**〔**カルボアニオン**(carbanion)〕*を生じるようなものを一般に**炭素酸**(carbonic acid)という．C-H 結合はほとんど酸性を示さないが，ベンゼンのようにカルボアニオンの負電荷が非局在化する場合や，エチン（アセチレン）のように炭素原子が sp 混成軌道をもつ場合には，炭素酸の酸性度も比較的強くなる．また，酢酸メチルやアルデヒド，ケトンなどカルボニル基が結合している C-H の酸性度

* 炭素原子に負電荷をもつ有機陰イオンのこと．

6.1 ● 有機化合物の性質　79

表 6.1　代表的な有機化合物の pK_a 値

酸		共役塩基	pK_a	酸		共役塩基	pK_a
H$_3$CH	メタン	H$_3$C$^-$	49	HOH	水	HO$^-$	15.74
H$_2$C=CH$_2$	エテン	H$_2$C=CH$^-$	44	C$_2$H$_5$-$\overset{+}{N}$H$_2$H	エチルアンモニウム	C$_2$H$_5$-NH$_2$	10.63
				C$_2$H$_5$-SH	エタンチオール	C$_2$H$_5$-S$^-$	10.33
C$_6$H$_5$-H	ベンゼン	C$_6$H$_5^-$	43	C$_6$H$_5$-OH	フェノール	C$_6$H$_5$-O$^-$	9.99
H$_2$NH	アンモニア	H$_2$N$^-$	36	H$_3\overset{+}{N}$H	アンモニウム	H$_3$N	9.24
HCH$_2$-C(=O)-OCH$_3$	酢酸メチル	$^-$CH$_2$-C(=O)-OCH$_3$	25	HO-C(=O)-OH	炭酸	HO-C(=O)-O$^-$	6.4
H-C≡C-H	エチン	H-C≡C$^-$	25	CH$_3$-C(=O)-OH	酢酸	CH$_3$-C(=O)-O$^-$	4.76
HCH$_2$-C(=O)-CH$_3$	アセトン	$^-$CH$_2$-C(=O)-CH$_3$	20	H$_2\overset{+}{O}$H	オキソニウムイオン	H$_2$O	-1.74
C$_2$H$_5$OH	エタノール	C$_2$H$_5$O$^-$	15.9	HCl	塩化水素	Cl$^-$	-7.0

も強くなっている．このことは後述する炭素-炭素間結合を形成する反応で重要な要素となっている．

　ルイス(G. N. Lewis)は，プロトンの受け渡しに基づくブレンステッド(J. N. Brønsted)の定義をさらに発展させ，化学反応における電子対の動きに着目して，より一般的な定義を提唱した．**ルイス酸**とは，電子対を受け取ることのできる物質と定義される．一方，**ルイス塩基**とは電子対を供与することのできる物質を指す．ルイスによる酸の定義はブレンステッドの定義よりもずっと広く，プロトン自体もルイス酸であり，金属イオンなども含まれる．ルイス塩基は，ブレンステッドの定義と同義で，どちらも酸と結合するための電子対をもっている．このルイス酸塩基の考え方は，有機化合物に含まれる官能基部分に対しても用いられるので，反応機構を合理的に説明する際に便利である．たとえば，カルボニル基(>C=O)の炭素-酸素二重結合の炭素原子は，電子不足で正電荷を帯びているのでルイス酸部位である．一方，アルケン(>C=C<)の二重結合のπ電子やアルコール(≧C-OH)の酸素原子上の非共有電子対*はルイス塩基部位である．

＊　孤立電子対(lone electron pair)，非結合電子対(nonbonding electrons)ともいう．

6.1.3　共有結合の切れ方

　有機化学反応のほとんどは，共有結合の開裂(切断)と形成を含んでいる．共有結合の切れ方には2種類ある．一つは2個の結合電子が両方の原子に1個ずつ均等に移る**均等開裂**(homolysis)である．もう一つは2個の結合電子が同時に片方の原子に移る**不均等開裂**(heterolysis)である．

　　　均等開裂　　A:B ────→ A・ + ・B
　　　不均等開裂　A:B ────→ A$^+$ + :B$^-$

　ここでは，電子1個の移動は半矢印(⤴，片鈎)で，電子2個の移動は矢印(⤴，両鈎)で示す．矢印の根元が電子の出発点で，先端が到着点である．

均等開裂は，光（可視光，紫外線）や放射線，電気，熱など，外からエネルギーを化合物に与えたときに起きる．均等開裂の結果生じるのは，結合電子を1個ずつもつ A・と B・で，これらは**ラジカル**(radical)または**遊離基**とよばれる．とくに，過酸化物の R-O-O-R 結合は，小さな熱エネルギーで容易に開裂して，R-O・で示されるラジカルを生じる．こうしたラジカルは不対電子をもつため反応性が高く，そのためさらに新たな反応を引き起こす．均等開裂を経由する反応を**ラジカル反応**(radical reaction)という．

不均等開裂は溶液中で起きる有機化学反応の大部分を占める反応である．不均等開裂の結果生じるのは，電荷をもったイオンである．上の式では，A^+ と B^- のイオンを生じているが，これは B が A よりも電気陰性度(2.6.4)が大きい場合である．不均等開裂を経由する反応は，**極性反応**(polar reaction)あるいは**イオン反応**(ionic reaction)とよばれる．

6.1.4 共有結合の形成

大部分の有機反応は極性反応であり，共有結合の形成では不均等開裂の逆が起きている．すなわち，ある化合物の電子豊富な部分（ルイス塩基）から，もう一つの化合物の電子不足な部分（ルイス酸）に電子対が供与されて，新たに結合が形成される．正電荷を帯びた反応中心原子に対し親和性をもつ化合物を**求核反応剤**(nucleophile)といい，これはルイス塩基として作用する非共有電子対をもつ中性分子または陰イオン（アニオン）のことで，一般に :Nu または :Nu^- で表される．極性反応のうち，求核反応剤が正電荷を帯びた反応中心原子を攻撃して開始される反応を**求核反応**(nucleophilic reaction)という．一方，負電荷を帯びた原子に対して親和性をもつ化合物を**求電子反応剤**(electrophile)といい，ルイス酸として作用する電子不足部分($\delta+$)をもつ分子もしくは陽イオン（カチオン）のことで，一般に E^+ で表される．極性反応のうち，求電子反応剤が負電荷を帯びた反応中心原子を攻撃して開始される反応を，**求電子反応**(electrophilic reaction)という．反応中心原子の非共有電子対やπ電子がかかわっている場合も，求電子反応である．有機反応では，結合の切断と生成が同時に起こることが多い．結合の切断によって元の化合物から離れる原子あるいは原子団を**脱離基**(elimination group)という．ここでは，X と表す．複雑に見える有機反応の多くはこのような極性反応なので，分子内の分極の状態を理解することは，反応機構を理解するうえで重要である．

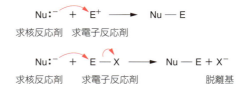

6.2 基本的な有機反応の種類

有機反応は，有機化合物の構造にどのような変化が生じるかによって以下の形式に分類できる．

6.2.1 置換反応

置換反応(substitution reaction)では，分子中の原子または官能基がほかの原子または官能基に置き換わる．

$$(CH_3)_3C-Cl + H-OH \longrightarrow (CH_3)_3C-OH + H^+ + Cl^-$$
$$CH_3-Br + OH^- \longrightarrow CH_3-OH + Br^-$$

アルカンの水素がハロゲンで置換された化合物をハロゲン化アルキルという．ハロゲン化アルキルの炭素-ハロゲン結合の電子は電気陰性度の大きなハロゲンに引きつけられて，炭素原子は部分的に正電荷を帯びている．このため電子豊富な求核反応剤と反応し，**求核置換反応**(nucleophilic substitution reaction)を起こす．このハロゲン化アルキルの求核置換反応は，大きく2種類に分けられる．一つは**一分子求核置換**(S_N1：unimolecular nucleophilic substitution)反応であり，もう一つは**二分子求核置換**(S_N2：bimolecular nucleophilic substitution)反応である．

S_N1 反応は二段階で進み，不安定なカルボカチオンが反応中間体(12.1.5)として生成する段階が律速段階(12.1.5)となるので，カルボカチオンを安定化する構造をもつハロゲン化アルキルでは S_N1 反応が起こりやすい．アルキル基は I 効果(6.1.1)として電子供与性をもつので，正電荷をもつ炭素原子に多くのアルキル基が結合しているほど，カルボカチオンは安定化する．したがって，第一級＜第二級＜第三級ハロゲン化アルキルの順で反応が起こりやすい．

S_N1反応

カルボカチオン中間体

一方，S_N2 反応は一段階で進む．すなわち，反応中心炭素原子に結合している脱離基の裏側から求核反応剤が近づいて直接攻撃し，反応中心炭素の結合数が5となった不安定な遷移状態を経て，脱離基と反応中心炭素原子の結合が切断される．その結果，反応中心炭素原子の立体配置の反転が起こる．この場合，立体障害が大きいほど遷移状態が不安定になって反応速度が低下するので，S_N2 反応では，S_N1 反応とは逆に第三級≪第二級＜第一級ハロゲン化アルキルの順で起こりやすい．また，S_N2 反応では，アニオンとして安定に存在できる脱離基ほど脱離しやすい．すなわち，脱離基が弱い塩基であるほど脱離する能力が高く[*1]，$F^- \ll Cl^- < Br^- < I^-$ の順で脱離しやすい[*2]．

[*1] 弱いルイス塩基ほど（共役酸としてプロトンを放出後）自分のもつ非共有電子対をなるべく保とうとして，その非共有電子対を使ってうまく共有結合をつくることができない（つまり，アニオンとして安定に存在する）．したがって，炭素と強い結合をつくれず，脱離しやすい．一方，強いルイス塩基ほど強い求核反応剤として働く．

[*2] ハロゲン原子のうち，ヨウ素は電気陰性度が最小であるが，原子の大きさが最大である．このため I^- は電子密度が小さく，安定に存在できるので，最も弱いルイス塩基である．言い方を換えると，HI はハロゲン化水素のうちで最も強い酸である．

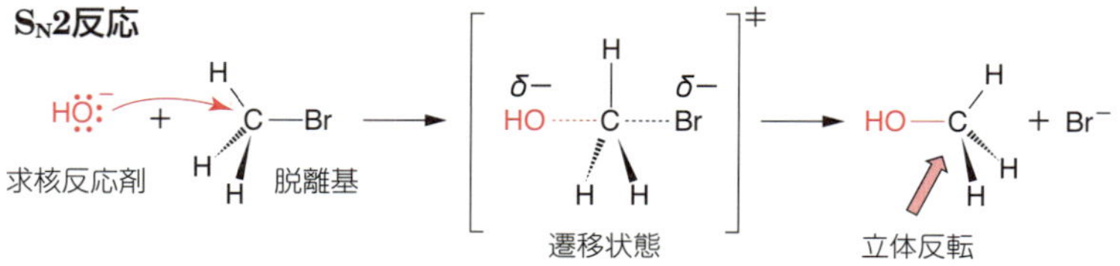

S_N2反応

求核反応剤　脱離基　　遷移状態　　立体反転

6.2.2 脱離反応

脱離反応(elimination reaction)では，分子中の2個の原子あるいは原子団が取り去られて，不飽和結合を生じる．

$$(CH_3)_3C-Br \longrightarrow (CH_3)_2C=CH_2 + H^+ + Br^-$$

ハロゲン化アルキルの脱離反応には，求核置換反応に対応する2種類の反応機構がある．**一分子脱離**(E1：unimolecular elimination)反応と**二分子脱離**(E2：bimolecular elimination)反応である．E1反応では，まずハロゲンが結合電子対をもって脱離してカルボカチオン中間体を生じる．S_N1反応と同様にこの段階が律速段階である．つぎに塩基が隣の炭素原子からプロトンを引き抜き，アルケンが生成される．

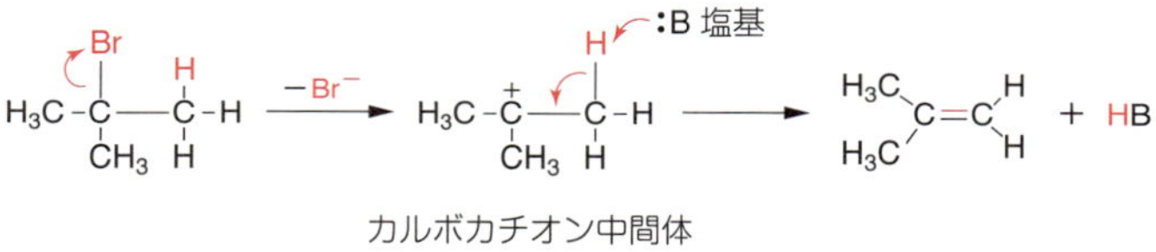

カルボカチオン中間体

一方，E2反応では，強い塩基によるプロトンの引き抜きとハロゲンの脱離が同時に起こる．この反応は中間体を生じない点でS_N2反応に類似しており，立体障害による影響を受けやすい．

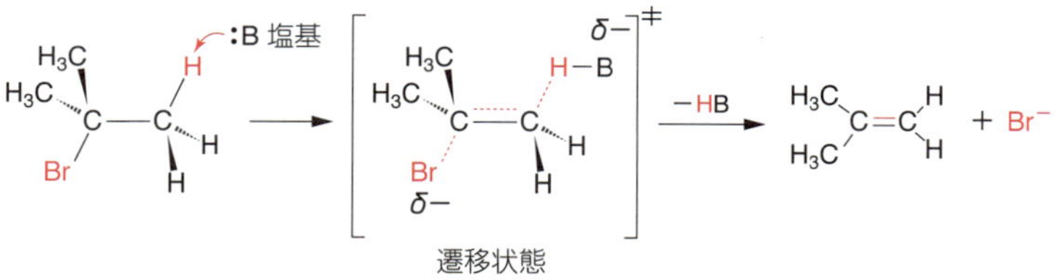

遷移状態

求核反応剤は電子豊富なルイス塩基であると同時にブレンステッド塩基としてプロトンを受け取ることもできるので，求核置換反応と脱離反応は競争して起こることが多い．どちらが優勢になるかは求核反応剤の構造や反応性，溶媒や温度などの条件が大きく影響してくる．

6.2.3 付加反応

付加反応(addition reaction)は，脱離反応とは逆に，二つの反応物が原子を余すことなく結合し合って一つの生成物を生成する反応で，不飽和結合に特徴的な反応である．

アルケンの二重結合は π 結合があるために電子に富み，ルイス塩基としての性質をもち，求電子反応剤と反応する．この反応は**求電子付加反応**(electrophilic addition reaction)とよばれ，二段階で進行する．まず二重結合の π 電子が臭化水素のプロトン(求電子反応剤)を攻撃して新しい C-H 結合を形成し，カルボカチオン中間体が生成する．それと同時に H-Br 結合の不均等開裂より臭化物イオン Br^- が生じる．次に臭化物イオンが求核反応剤となってカルボカチオンに電子対を供与して C-Br 結合を形成し，中性の付加生成物が生じる．

求電子付加反応ではカルボカチオン中間体の生成過程が律速段階となり，生じるカルボカチオンの安定性が反応の起こりやすさを決める．カルボカチオンの安定性は，正電荷をもった炭素原子上にアルキル置換基*が多いほど増加する．すなわち，第一級＜第二級＜第三級カルボカチオンの順で安定に存在する．したがって，左右非対称なアルケンにハロゲン化水素が付加する反応では，二重結合上の二つの炭素原子のうち，アルキル置換基の多いほうにハロゲンが結合し，置換基の少ないほうに水素が結合する．この経験則は**マルコフニコフ則**(Markovnikov rule)とよばれる．

* アルキル基は I 効果によって電子供与性がある．つまり，アルキル基が結合している原子に向かって電子を押しやる性質がある．

6.2.4 転移反応

転移反応(rearrangement reaction)では，分子中の原子団が別の位置へ移って結合の再編成が起こり，別の異性体が生じる．

$$\underset{H}{\overset{H_3C}{}}C=C\underset{H}{\overset{CH_3}{}} \longrightarrow \underset{H}{\overset{H_3C}{}}C=C\underset{CH_3}{\overset{H}{}}$$

6.2.5 酸化還元反応

有機化合物の場合，**酸化反応**(oxidation)とは，分子中の酸素の数が増加するか，あるいは水素の数が減少する反応である．また，**還元反応**(reduction)とは，分子中の酸素の数が減少するか，あるいは水素の数が増加する反応である．両者を合わせて**酸化還元反応**〔oxidation-reduction(redox reaction)〕という．たとえば，アルコールからアルデヒド，アルデヒドからカルボン酸が生成する反応は酸化反応，逆にカルボン酸からアルデヒド，アルデヒドからアルコールを生成する反応は還元反応である．

アルコール ⇌(酸化/還元) アルデヒド ⇌(酸化/還元) カルボン酸

6.3 生体分子の成り立ちを理解するための有機反応

有機化合物には前章で紹介したようにさまざまな種類があり，それらが関与する有機化学反応も多岐にわたるが，ここでは次章で扱う生体を構成する分子(生体分子)がいかにして組み立てられているかを理解することを目的に，生体分子に関連する基本的な有機反応に焦点を当てて見ていくことにする．重要な生体分子として，糖質，脂質，タンパク質，核酸があるが，これらの多くは，構造の類似した基本単位である単量体(モノマー)が共有結合で重合した高分子(ポリマー)である(表 6.2)．それぞれの結合にはおもにアルデヒドやケトン，カルボン酸などが関与しており，具体的には，ある単量体のカルボニル基の炭素原子がほかの単量体の酸素，窒素などのヘテロ原子と共有結合を形成している．そこで，まずカルボニル基の化学を通じて，ポリマーを生じる結合がどのように形成されるかを理解することにする．さらに，生体分子の構成単位をつくり上げるには炭素-炭素間結合の形成が不可欠であるが，そこでもカルボニ

表 6.2 生体高分子とその構成単位

高分子	構成単位(モノマー)	モノマーの結合様式
多糖	単糖	グリコシド結合
脂質(脂肪)	脂肪酸，グリセロール	エステル結合
タンパク質	アミノ酸	ペプチド(アミド)結合
核酸	ヌクレオチド	ホスホジエステル結合

6.3.1 カルボニル基の反応性：炭素-ヘテロ原子間の結合生成

アルデヒドやケトンまたはカルボン酸などのカルボニル化合物は自然界に豊富に存在しており，生体内反応でも重要な役割を演じている．上記に示した生体高分子を形成する反応でもカルボニル基が重要な役割を果たしている．カルボニル基では，酸素が炭素よりも電気陰性度が大きいため，二重結合のπ電子は酸素側に偏っており，酸素は部分的に負電荷($δ-$)を帯び，逆に炭素は部分的に正電荷($δ+$)を帯びている．この二重結合の分極は，酸素に負電荷，炭素に正電荷をもつ極限構造との共鳴式として表すことができる．したがって，カルボニル酸素は求電子反応剤と，カルボニル炭素は求核反応剤と反応する．

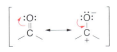

カルボニル基の共鳴

カルボニル基にアルキル基やアリール基が結合した官能基はアシル基(R-C=O, Ar-C=O)とよばれる．アルデヒドやケトンは，アシル基に水素原子(-H)あるいはアルキル基(-R)が結合した化合物とみなすことができる．一方，カルボン酸やその誘導体は，アシル基にヒドロキシ基(-OH)，アルコキシ基(-OR)，アミノ基($-NH_2$ など)，ハロゲン原子(-Cl など)が結合した化合物である．ここではアシル基に結合している原子や基を，Xで示す．以下に，アルデヒド・ケトンと，カルボン酸・カルボン酸誘導体の間に見られる反応性の違いについて，概略を述べる．

これらの化合物のカルボニル炭素を求核反応剤($Nu:^-$)が攻撃して結合すると，まず，不安定な中間体が形成される．この中間体は，それまでsp^2混成軌道だったカルボニル炭素がsp^3混成軌道に変わっているため，**四面体中間体** (tetrahedral intermediate)とよばれる．その後，カルボン酸やその誘導体の場合は，反応前のアシル基に結合していたX^-が脱離し，その結果，sp^2混成軌道のカルボニル炭素が再生され，最終的にXが$Nu:$で置換された生成物を与える．この反応は，求核置換反応である．生体分子の脂肪酸やアミノ酸がエステル結合やペプチド結合を形成する機構は，この求核置換反応によるものである．

一方，アルデヒドやケトンの場合は，Xが水素原子あるいはアルキル基であるため脱離せず，$Nu:$が付加した生成物を与える．この反応は，求核付加反応である．生体物質の糖はアルデヒドやケトンの構造をもち，その部分で求核付加反応を起こす．

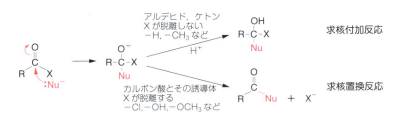

6.3.2 アルデヒドおよびケトンの求核付加反応

アルデヒドは一般的にケトンよりも求核反応剤に対する反応性が高い．それは水素と比較するとアルキル基は電子供与性なので，ケトンのカルボニル炭素の部分的な正電荷はアルデヒドのものより小さいためである．また，水素のほうがアルキル基よりも立体的に小さいために求核反応剤が近づきやすいことも理由にあげられる．したがって，アルデヒドのなかではホルムアルデヒドが最も反応性が高い．

(a) 水との反応：水和(カルボニル水和物)gem-ジオールの形成

アルデヒドやケトンは水と反応し，水和物を生成する．この水和物は二つのヒドロキシ基が一つの炭素に結合した**ジェミナル(gem)**[*1]**-ジオール**(1,1-ジオール)とよばれる分子で，一般に不安定で単離できない．この反応は可逆で，アルデヒドやケトンと gem-ジオールとの間の平衡は，アルデヒドとケトンの反応性に依存している．すなわち，水溶液中ではアセトンは 0.2% しか水和されていないが，ホルムアルデヒドは 99.9% が水和されている．これは上述したように，カルボニル基に結合している置換基の大きさと電子供与性が関係している．

[*1] ジェミナル geminal は，"一つの原子に 1 対の原子(団)が結合した"という意味．

$$\underset{R\ R(H)}{\overset{O}{\underset{\|}{C}}} + H_2O \rightleftharpoons R-\underset{\underset{OH}{|}}{\overset{\overset{OH}{|}}{C}}-R(H)$$

水和反応は純水中ではかなり遅いが，酸触媒または塩基触媒によって反応速度を上げることができる．一例として酸触媒による水和物生成の反応機構を下に示す．ここでは，まず酸触媒由来のプロトンが求電子反応剤としてカルボニル酸素に付加し，カルボニル炭素は大きい正電荷をもつことになる．このため，求核性の乏しい水でも攻撃することができる．この水の付加と同時にカルボニル基のπ電子はプロトン化[*2]したカルボニル酸素側に移動してヒドロキシ基となり，このときカルボニル炭素の軌道は sp^2 から四面体形の sp^3 に再混成する．ついで付加した水からプロトンがとれて酸触媒が再生され，中性の gem-ジオールが生成する．

[*2] 電子密度が大きいところに H^+ が付加すること．

[*3] ヘミアセタールとアセタールの形成を理解することは，単糖の環状構造やモノマーである単糖からいかにしてポリマーである多糖が形成されるかを理解するうえで重要である［7.1.1(b)〜(d)］．すなわち，グルコースは水溶液中で環状構造をとっているが，これは同一分子内のヒドロキシ基とアルデヒド基が反応して，環状ヘミアセタールを形成しているためである．環化したグルコースには二つのジアステレオマーが存在するが，それはヘミアセタールの形成を見れば理解できる．また，2分子のグルコースはつながることができるが，これは一つの環化したグルコースのヘミアセタール部分にもう一つのグルコースのヒドロキシ基がアセタール結合によってつながるからである．糖の場合，この結合をグリコシド結合という．

(b) アルコールとの反応：ヘミアセタールおよびアセタールの形成

アルデヒドやケトンは，1当量のアルコールの求核付加反応を受けて，**ヘミアセタール**(hemiacetal)[*3]を生じる．ヘミアセタールは，さらにもう1当量のアルコールと反応し，二つのエーテル性-OR基が一つの炭素に結合した**アセタール**と水が生成される．

アルコールは水と同様に弱い求核反応剤であるため，これらの反応の進行には酸触媒が必要である．ヘミアセタールが生じる反応は，水和物が生じる反応と同様である．ヘミアセタールからアセタールが生じる反応では，まずヒドロキシ基がプロトン化されて水が脱離し，生じるカルボカチオン中間体[*1]にアルコールが付加する．したがって，この反応は S_N1 機構で進行する．

*1 次のような構造をもつ．

(c) アミンとの反応：イミン（シッフ塩基）の生成

アルデヒドやケトンは第一級アミンと反応して，炭素と窒素間に二重結合（C=N）をもつイミン〔**シッフ塩基**(Schiff base)〕[*2]を生成する．この化合物は，カルボニル基にアミンが求核付加して生じる中間体（アミノアルコール）が酸触媒の作用により，脱水して得られる．

*2 ケトンからイミンの形成は，生体内ではアミノ酸の合成および分解を含む多くの代謝経路で見られる．窒素代謝の始まりであるアミノ酸のアミノ基転移反応で見られる．

(d) ヒドリドイオンとの反応：アルコールの生成

アルデヒドやケトンに求核反応剤として**ヒドリドイオン**（:H⁻）[*3]が付加すると，アルコキシドイオンが生じ，つぎに酸により H⁺ が付加（プロトン化）して，アルコールが生成する．全体としては，カルボニル基に二つの水素原子が付加しており，これは還元反応である．

*3 生体内では，NADPH〔ニコチンアミドアデニンジヌクレオチドリン酸（NADP⁺）還元型〕などの補酵素がヒドリドイオン供与体として働いている．

6.3.3 カルボン酸およびカルボン酸誘導体の求核置換反応

カルボン酸とその誘導体(5.6)は，アシル基に置換可能な原子または置換基が結合した化合物と見ることができる．その反応性は置換基の脱離しやすさに

深く関連しており，アミド＜エステル・カルボン酸＜酸無水物＜酸ハロゲン化物の順に高くなる．これは脱離しやすい置換基ほどカルボニル炭素から電子をより強く求引し(つまり弱い塩基で負電荷を帯びやすく)，そのためカルボニル炭素が求核攻撃を受けやすくなるからである．

　求核置換反応では，カルボニル炭素は求核反応剤により攻撃されると，炭素-酸素間のπ結合の電子がカルボニル酸素に移るため，遷移状態として四面体中間体が形成される．つぎにもともとアシル基についていた置換基 X^- が脱離して，カルボニル基が再生して新しい化合物となる．反応の進行とともにカルボニル炭素の混成軌道は sp^2 から四面体中間体の sp^3 に変化し，脱離によってまたもとの sp^2 に戻る．このとき求核剤 Nu^- が，X^- よりも弱い塩基であれば，Nu^- のほうが優先的に脱離し，もとのカルボン酸誘導体に戻ってしまう．したがって，置換反応が起こって新しい化合物が生成されるためには，X^- が Nu^- よりもより優れた脱離基，すなわち弱い塩基でなければならない．このことは，優れた脱離基をもつ反応性の高いカルボン酸誘導体から，より反応性の低いカルボン酸誘導体に変換することはできるが，その逆はできないことを意味している．

エステルは中性脂肪のなかにみられる．カルボン酸である脂肪酸は三価アルコールであるグリセロールとエステルを形成している．また，アミドはタンパク質中に見られる．これらについてその生成と分解を見てみよう．

(a) エステルの生成と分解

　酸ハロゲン化物および酸無水物はエステルよりも反応性が高いので，これらにアルコールを反応させると，容易にエステルを得ることができる．

-X：-Cl, -Br, -OCOR'

　また，カルボン酸にアルコールを反応させてもエステルが生成するが，カルボン酸とエステルの反応性は同等なので，その反応速度は非常に遅く，反応が平衡に達するとカルボン酸とエステルがほぼ等量含まれる混合物が得られることになる．

6.3 ● 生体分子の成り立ちを理解するための有機反応

したがって，平衡をエステル生成の方向に移動させる（右側に進行させる）ためには，アルコールを大過剰に用いるか，生成する水を反応系から取り除く必要がある．フィッシャー（E. Fischer）は，カルボン酸と酸触媒をアルコール溶媒中で加熱することにより，エステルが合成できることを発見した．この反応は**フィッシャーエステル化反応**（Fischer esterification）とよばれ，アルコールが過剰に存在するため，平衡はエステル生成側に傾いている．

この反応では，まずカルボン酸のカルボニル酸素がプロトン化することにより，カルボニル炭素の正電荷が増し，求核攻撃を受けやすくなる．そこに求核反応剤であるアルコールが付加し，四面体中間体を形成する．つぎにプロトンがアルコキシ基からヒドロキシ基に移り，水が脱離する．最後にプロトンの解離が起こり，エステルが生成する．

エステルはアルコールと反応して，新たなエステルを生成する．この反応は**アルコリシス**または**エステル交換反応**とよばれる．

酸触媒によるエステル化は可逆反応なので，エステルを酸性条件下で過剰の水と反応させると，平衡は右側に傾きカルボン酸とアルコールを生じる．これは酸触媒によるエステルの加水分解反応であり，反応機構としてはフィッシャーエステル化反応の逆反応である．

エステルは塩基によっても加水分解される．塩基性溶液中のエステルの加水分解は**けん化**（saponification）とよばれる．この反応では最終的にカルボン酸は脱プロトンされてカルボキシラートアニオンとなり，不活性であるため元に戻れないため，この反応は不可逆である．この反応では，エステルに対して当量の塩基（水酸化物イオン）が消費されるので，触媒反応ではない．このカルボン酸塩は**セッケン**（soap）とよばれる．

(b) アミドの生成と分解

アミドは，反応性の高い酸ハロゲン化物および酸無水物にアミンを反応させることによって得ることができる．

$$\underset{X\,:\,Cl,\,Br,\,OCOR'}{R-CO-X} + RNH_2 \longrightarrow R-CO-NHR + X^- + H^+$$

また，アミドはエステルよりも反応性が低いので，エステルはアミンと反応してアミドを生成する．この反応を**アミノリシス**とよぶ．

$$R-CO-OR' + RNH_2 \rightleftharpoons R-CO-NHR + R'OH$$

しかし，カルボン酸にアミンを混ぜただけでは，求核置換反応は行われず，アミドは生成しない．その理由は，ただちに酸塩基反応が起きて，カルボン酸のアンモニウム塩を生じるからである．しかし，この塩を加熱することによって脱水が起こり，アミドを得ることができる．

$$R-COOH + RNH_2 \longrightarrow R-CO-O^-\,^+NH_3R \xrightarrow{\text{加熱}} R-CO-NHR + H_2O$$

アミドはエステルおよびカルボン酸よりも反応性が低いので，アルコールおよび水とは反応しない．これらを求核反応剤としてアミドに作用させて求核置換反応を起こそうとしても，アミドの脱離基となるべき $-NHR$ 基は水やアルコールよりも強い塩基なので，容易に脱離しないからである．タンパク質はアミノ酸がアミド結合でつながったポリアミドであるが，このアミド結合の反応性の低さは，タンパク質が安定に存在するために重要である．アミドの安定性は，炭素-窒素間の二重結合性にあるが，これについてはあとで詳しく述べる (8.2.1)．しかし，アミドはエステルと同様に酸性条件下および塩基性条件下でカルボン酸とアミンに加水分解することができる．アミドの加水分解はエステルよりもはるかに遅いので，ふつう激しい条件が必要とされる．また，酸性条件下ではアンモニウムイオン，塩基性条件下ではカルボキシラートアニオンが生成するので，どちらの加水分解も本質的に不可逆である．

6.3.4　カルボニル化合物の α-炭素上での反応：炭素-炭素間の共有結合の生成

生体物質中の炭素-炭素間の共有結合の形成にもカルボニル化合物の二つの

反応性が深く関与している．一つは今まで述べてきたようにカルボニル炭素が求核反応剤の攻撃を受けやすいという性質，つまりカルボニル炭素の求電子性である．もう一つは，カルボニル基が隣接する炭素原子(α-炭素)に部分的な負電荷を誘起する作用である．これにより，カルボニル化合物は電子豊富な求核反応剤としても振る舞うことができる．その結果，同じカルボニル化合物が一方は求電子反応剤として，もう一方は求核反応剤として働き，炭素-炭素結合を形成する．これは，生体分子の炭素骨格をつくり上げる基本的な反応である．

(a) ケト-エノール互変異性

アルデヒドやケトン，エステルは，α-炭素に結合した水素原子(α-水素)をもっており，溶液中でカルボニル基をもつ**ケト形**と，α-水素がカルボニル酸素原子に移動して生じるヒドロキシ基と炭素間に二重結合をもつ**エノール**(enol, en + ol)**形**の平衡混合物として存在する．ケト形とエノール形は異性体であり，共鳴混成体の極限構造ではない．分子内のプロトン移動によって起こるこのようなすみやかな相互変換を**互変異性**(tautomerism)といい，各異性体は**互変異性体**(tautomer)とよばれる．通常，この平衡はケト形が優勢であり，エノール形はごくわずかにしか存在しないが，多くの反応で重要な中間体である．

ケト形互変異性体　　　エノール形互変異性体

エノール化は酸または塩基触媒によって起こる．塩基触媒では，まず塩基により α-水素が引き抜かれ，エノラートアニオンが生じる．すなわち，α-水素は弱い酸性を示す．これは，カルボニル基が電子求引性のため，α-炭素との結合電子を引きつけ，さらに α-炭素と α-水素との結合電子もカルボニル側に引き寄せられて，α-水素がプロトンとして引き抜かれやすくなっているためである．エノラートアニオンは，負電荷が α-炭素と酸素上に非局在化した共鳴混成体である(共鳴安定化)．このエノラートアニオンの酸素がプロトン化されることにより，エノール形への変換が起こる．一方，酸触媒では，プロトン化によってカルボニル基の電子求引性が増し，α-水素が弱塩基の水によって引き抜かれてエノール形となる．このとき酸(H_3O^+)が再生される．この過程はE1反応(6.2.2)において，カルボカチオンが隣の炭素のプロトンを失ってアルケンを生じる脱離反応とよく似ている．

(b) アルドール反応

エノラートアニオンのα-炭素は電子豊富で求核性があるので，カルボニル基に付加することができる．たとえば，アセトアルデヒドを希水酸化ナトリウム水溶液で処理すると，アルドール（3-ヒドロキシブタナール）を生じる．この反応は一般に**アルドール反応**（aldol reaction）とよばれ，炭素-炭素結合を形成するきわめて有用な反応の一つである．

この反応では，まず塩基により一部のアルデヒドのα-水素が引き抜かれ，わずかにエノラートアニオンが生成する．つぎに，エノラートアニオンが，大量に存在するアルデヒドのカルボニル炭素に求核攻撃する．最後に，アルコキシアニオンが水のプロトンを引き抜き，アルドールが生じるとともに塩基が再生する．アルドール付加反応は可逆であるが，アルドールを加熱するとさらに脱水反応が起こり，安定なα, β-不飽和アルデヒドが生成するため，全体としては不可逆となる．反応で水が失われるため，カルボニル化合物からα, β-不飽和アルデヒドが生成する反応は**アルドール縮合**（aldol condensation）とよばれる．

アルドール反応は生体分子の反応でもよく見られ，とくに糖代謝において，グルコースが分解してピルビン酸を与える解糖系と，その逆の過程である糖新

生で，6炭素分子と二つの3炭素分子を橋渡しする重要な段階(下記)として存在する．生体内ではこの反応はアルドラーゼという酵素によって触媒される．

[反応式: ヒドロキシアセトンリン酸 + グリセルアルデヒド-3-リン酸 ⇌(アルドラーゼ) フルクトース1,6-二リン酸]

(c) クライゼン縮合

α-水素をもつエステルでもエノラートアニオンが生成し，アルドール反応とよく似た炭素-炭素結合形成反応を起こす．たとえば，酢酸エチルのエタノール溶液に強塩基のナトリウムエトキシドを加えると，β-ケトエステル(1,3-ジカルボニル化合物)を生じる．この反応は一般に**クライゼン縮合**(Claisen condensation)とよばれる．

[反応式: 2 CH₃-C(=O)-OCH₂CH₃ →(1. CH₃CH₂O⁻Na⁺, 2. H⁺) CH₃-C(=O)-CH₂-C(=O)-OCH₂CH₃ + CH₃CH₂OH
酢酸エチル → アセト酢酸エチル (β-ケトエステル)]

この反応では先に見たアルドール反応と同様に，まずエステルからエノラートアニオンが生成し，これがもう1分子のエステルを求核攻撃する．アルデヒドやケトンとの違いは，このあとカルボン酸誘導体の求核置換反応(6.3.3)で見られたように四面体中間体からエトキシドアニオンが脱離することである．ここまでの反応は可逆だが，生じたアセト酢酸エチル(3-オキソブタン酸エチル)はβ-ケトエステル(1,3-ジカルボニル化合物)であるため二つのカルボニル基にはさまれたα-水素の酸性度が高く，強塩基条件下でただちにα-水素の引き抜きが起こり，ほぼ完全にアセト酢酸エチルのエノラートアニオンに変換される．最後に酸で処理することにより，アセト酢酸エチルを再生することができる．

[反応機構図]

クライゼン縮合反応は生体内の代謝でも重要な役割を果たしている．脂質の主成分の脂肪酸は，クライゼン縮合反応で2炭素ずつアルキル基を伸ばすことにより生合成されている．そのため，多くの脂肪酸は偶数個の炭素鎖をもっている．

章末問題

1. 水酸化物イオンはアセチレン（エチン）と反応するか. 表6.1を参考にして答えよ．

   H–C≡C–H + $^-$O–H ⟶ H–C≡C$^-$ + H–O–H

2. S_N1 反応と S_N2 反応について，それらの反応過程における自由エネルギー変化と反応様式との関係（12.1.5）を説明せよ．

3. 塩基触媒によるヘミアセタールの生成を説明せよ．また，アセタールが塩基に対して安定である理由を述べよ．

4. 酸性条件下および塩基条件下によるアミドの加水分解機構を示せ．

5. 次の化合物について，エノール互変異性体の構造を示せ．

   a. $H_3C-\overset{\overset{O}{\|}}{C}-CH_3$ b. シクロヘキサノン   c. $C_6H_5-\overset{\overset{O}{\|}}{C}-CH_3$

6. アルドラーゼによって触媒される反応で，ジヒドロキシアセトンリン酸とグリセルアルデヒド-3-リン酸からフルクトース-1,6-ニリン酸を生成する反応〔6.3.4 (b)〕の機構を示せ．

7. 生体内クライゼン縮合である脂肪酸合成反応では，2炭素ずつアルキル基を伸長するために3炭素中間体のマロニル補酵素A（マロニルCoA）が使われている．この利点は何か．

   $HO-\overset{\overset{O}{\|}}{C}-CH_2-\overset{\overset{O}{\|}}{C}-S-CoA$
   マロニルCoA

第7章

糖質と脂質

糖質と脂質は生体内でエネルギーの貯蔵体として使われるとともに，細胞をはじめとする生体構造の形成・維持に働く重要な生体分子である．本章では糖質と脂質の構造について述べ，機能との関連性についても触れる．

7.1 糖　質

糖質(saccharide)は**炭水化物**(carbohydrate)*ともよばれ，地球上で最も豊富に存在する生体分子である．糖の基本単位は**単糖**(monosaccharide)で，3個以上の炭素原子から構成され，特徴的な官能基としてアルデヒド基(-CHO)あるいはケトン基($>$C=O)と，複数のヒドロキシ基(-OH)をもつ．単糖どうしは脱水縮合することで重合し，単糖が2個つながった**二糖**(disaccharide)や，20個程度までつながった**オリゴ糖**(oligosaccharide)，さらに多数つながった**多糖**(polysaccharide)に分類される．

* **炭水化物**：炭素と水からなる化合物を意味しており，$(C \cdot H_2O)_n$ ($n \geq 3$)の組成をもつ．

7.1.1　単糖の種類と性質

単糖は炭素原子の数が3以上の分枝のないポリヒドロキシアルデヒドあるいはポリヒドロキシケトンである．無色で，水によく溶け，有機溶媒にはほとんど溶けない．単糖はそのカルボニル基がアルデヒドかケトンかによって，また炭素原子の数によって分類される．アルデヒドである場合(カルボニル基が炭素鎖の末端にある)，**アルドース**(aldose)とよばれ，ケトンの場合(カルボニル基が末端以外の位置にある)，**ケトース**(ketose)とよばれる(**図7.1**)．一番小さい単糖は炭素原子3個の三炭糖(トリオース)で，炭素原子数が4，5，6，7個の単糖は，それぞれ四炭糖(テトロース)，五炭糖(ペントース)，六炭糖(ヘキソース)，七炭糖(ヘプトース)とよばれる．官能基と炭素数を組み合わせて，アルドヘキソース，ケトペントースなどとよぶ．

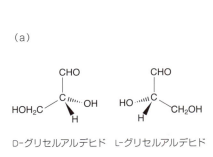

図 7.1 アルドースとケトースの構造(不斉炭素を＊で示す.)

最も単純な単糖は，アルドトリオースのグリセルアルデヒドとケトリオースのジヒドロキシアセトンである．このうちグリセルアルデヒドは1個の不斉炭素〔5.9.1(a)〕をもつため，二つのエナンチオマー〔5.9.1(a)〕が存在する．グリセルアルデヒドの立体配置についてはあとで詳しく述べる．アルドヘキソースでは，炭素原子6個のうち，4個が不斉炭素なので，16個の立体異性体が存在する．一般に炭素原子 n 個のアルドースには 2^{n-2} 個の立体異性体がある．ケトースは同じ炭素数のアルドースよりも不斉炭素が一つ足りないので，炭素数 n 個のケトースには 2^{n-3} 種の立体異性体がある．

(a) 単糖の D, L-立体異性体

糖の立体化学を理解するために，最も簡単な単糖であるグリセルアルデヒドの立体構造を見てみよう(図7.2)．ここでは，2種類の表し方を示している．透視式(5.9.1)では，紙面の奥に向かう結合を点線で表し，手前に向かう結合をくさび形で表す．**フィッシャー投影式**(Fischer projection formula)では，分子内の炭素鎖を縦に並べ，酸化度の高い炭素(ここではカルボニル炭素)が上に

フィッシャー(E. H. Fischer, 1852～1919. ドイツの有機化学者. 1902年ノーベル化学賞受賞).

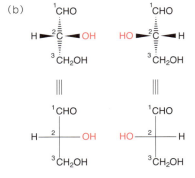

図 7.2 グリセルアルデヒドの立体構造
(a) 透視式．(b) フィッシャー投影式．

なるようにする．そして一番上の炭素から順に位置番号を与える．次に不斉炭素を紙面上に置き，縦方向の結合が紙面の裏側に向かい，横方向の結合が紙面の手前に向かうように配置する．そして手前から光を当てて，その影を記録したのがフィッシャー投影式である．このとき炭素鎖の一番上と一番下の炭素以外は原子記号のCで示さず，結合を示す直線の交点として示すことが多い．グリセルアルデヒドの場合，図7.2(b)のようになる．そして不斉炭素原子に結合しているヒドロキシ基が右側にあるものをD-グリセルアルデヒド，反対に左側にあるものをL-グリセルアルデヒドと定義する．不斉炭素が二つ以上ある単糖では，カルボニル基から最も離れた位置の不斉炭素に結合したヒドロキシ基が右側にあればD体，左側にあればL体と定義する．

図7.3にD-アルドース（トリオース，テトロース，ペントース，ヘキソース）の構造を示す．このうち，横に並んだ単糖どうしはジアステレオマー〔5.9.1(b)〕の関係にある．たとえば，D-アルドテトロースは2位と3位の炭素（C2, C3）が不斉であり，D-エリトロースとD-トレオースでは，そのうち2位の炭素（C2）の立体配置が異なる．ジアステレオマーのうち，1か所の不斉炭素の立体配置のみが異なるものを**エピマー**（epimer）とよぶ．D-グルコースとD-マンノース，

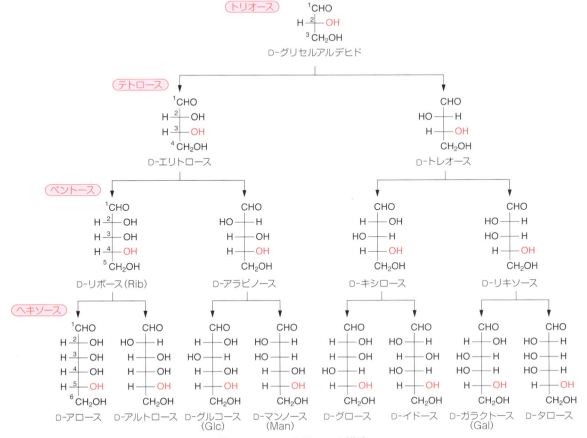

図7.3　D-アルドースの構造

あるいは D-グルコースと D-ガラクトースは互いにエピマーである．

生体を構成する単糖の多くは D 体であり，L 体はイズロン酸やフコースなどごく少数である．図7.3 には多くの単糖を示しているが，生体内で重要なのはグリセルアルデヒド，リボース，グルコース，マンノース，ガラクトース，フルクトースである．

(b) 単糖の環状構造

ペントース以上の単糖は，水溶液中ではおもに環状構造をとっている．環化したときに五員環となる糖を**フラノース**(furanose，フランに似ているため)，六員環となるものを**ピラノース**(pyranose，ピランに似ているため)という*[1]．これは，同一分子内にあるヒドロキシ基とカルボニル基が反応して，ヘミアセタールを形成することによる〔6.3.2(b)〕．代表的なアルドースである D-グルコースの環化を図7.4 に示す．D-グルコースは溶液中では，炭素間の結合の回転により，アルデヒド基の1位炭素(C1)と5位炭素(C5)のヒドロキシ基が近づく．そして分極によって部分的に正電荷を帯びたカルボニル炭素(C1)に，C5 のヒドロキシ基が，求核攻撃することによって分子内環化反応が起きる．このとき，C1 は不斉炭素になり，新たな立体異性体が生じる．この立体異性体を互いに**アノマー**(anomer)とよび，新たに不斉炭素となった C1 を**アノマー炭素**(anomeric carbon)という．

*[1]

フラン　ピラン

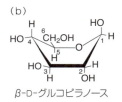
(a)
α-D-グルコピラノース

β-D-グルコピラノース

(b)
β-D-グルコピラノース

図7.5 D-グルコースの (a) いす形配座, (b) 舟形配座

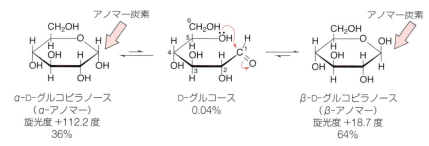

α-D-グルコピラノース
(α-アノマー)
旋光度 +112.2 度
36%

D-グルコース
0.04%

β-D-グルコピラノース
(β-アノマー)
旋光度 +18.7 度
64%

図7.4 D-グルコースの環化構造

図7.4 のように糖の環状構造を平板状に示す方法を**ハース投影式**(Haworth projection formula)*[2] という．このとき C1 のヒドロキシ基が環に対して C5 に結合している -CH$_2$OH と反対側にあるものを α-D-グルコピラノース(α-アノマー)，同じ側にあるものを β-D-グルコピラノース(β-アノマー)という．実際の糖の環状構造は，炭素原子が sp^3 混成軌道をとることから平板状にはならず，図7.5 に示すようにいす形配座と舟形配座をとる．このうち，いす形配座のほうが舟形配座に比べて置換基(-OH)どうしの反発が少ないため，エネルギー的により安定である．また，図7.5(a) に示す二つのいす形配座のうち，C1 のヒドロキシ基がエクアトリアルにある β-アノマーのほうが，アキシアルにある α-アノマーより，立体障害がないため安定である．

D-グルコースを水に溶かすと，鎖状構造を介してアノマーの間で相互に変換し，平衡に達する．水溶液中では，鎖状構造は 0.1% にも満たず(0.04%)，

*[2] **ハース投影式**：ヘミアセタール環を平面上に表し，酸素原子が右上に来るように表記する．ハース式では環状化合物は平面に見えるが，糖のピラノース環は平らではなく，シクロヘキサン環と同様にいす形か舟形の構造を形成する．いす形では置換基が横向きあるいは縦向きに配向し，それぞれの位置をエクアトリアル位とアキシアル位という．

大部分は環状構造をとり，α-アノマーは36%，β-アノマーは64%の(α：β= 36：64)比率で存在する．この比率は溶媒の種類や温度によって変わるため，結晶化条件を工夫すれば，α-アノマーとβ-アノマーの結晶を別々に取りだすことができる．しかし，どちらか一方のアノマーを水に溶かしても，あるいは両者を任意の割合で混合しても，水溶液中では相互変換が起こり，最終的には平衡に達し，上述のα-アノマーとβ-アノマーの比率になる．このとき水溶液の旋光度を測定すると，α-アノマーとβ-アノマーは異なる旋光度をもつため，平衡に達するまでの間，旋光度は徐々に変化する．この現象を**変旋光**という．

(c) 単糖の反応と誘導体

単糖は分子内のカルボニル基やヒドロキシ基に由来する化学的性質をもち，化学変化を受け，新たな誘導体を生じる．図7.6には，単糖のさまざまな誘導体を示している．

還元性：すべての単糖類はアルデヒド基またはケトン基をもっているので，その水溶液はこれらに由来した還元性を示す．この還元性は**フェーリング溶液**(Fehling's solution)[*1]によって確認できる．

酸性糖：アルドースのC1が酸化されてカルボキシ基になった誘導体をアルドン酸という．D-グルコースのアルドン酸はD-グルコン酸である．C6がカルボキシ基まで酸化されると，ウロン酸とよばれる誘導体が生じる．D-グルコースのウロン酸はグルクロン酸[*2]という．酸性糖はヘテロ多糖〔7.1.4(b)〕に含まれる．

糖アルコール：アルドースのアルデヒド基が還元されると，糖アルコール(アルジトール)とよばれる誘導体となる．D-グルコースから生じるのはD-グルシトール(D-ソルビトール)で，食品の甘味料として使われている．

アミノ糖：単糖のヒドロキシ基がアミノ基に置換された誘導体をアミノ糖という．最も一般的なアミノ糖は，D-グルコサミンおよびD-ガラクトサミンで

*1 還元糖やアルデヒド類の検出と定量に用いられる．硫酸銅水溶液に，酒石酸ナトリウムカリウムの水酸化ナトリウム溶液を加えたもので，銅(Ⅱ)イオン(Cu^{2+})が錯化合物として存在するので青紫色である．還元糖とともに煮沸するとCu^{2+}が還元されて酸化銅(Ⅰ)Cu_2Oの赤色沈殿を生じる．

*2 D-グルクロン酸は体内でビタミンC(L-アスコルビン酸)の原料となる．ただし，ヒトやモルモットなどは合成できないので栄養として摂る必要がある．

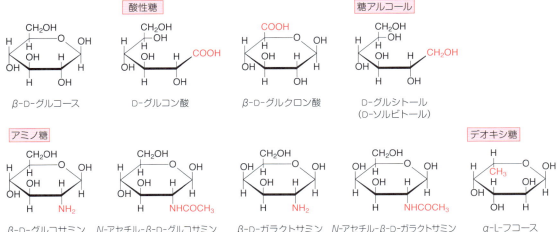

図7.6　さまざまな単糖の誘導体

ある．通常これらの糖のアミノ基はアセチル化されて，*N*-アセチル-D-グルコサミンと *N*-アセチル-D-ガラクトサミンとなり，ヘテロ多糖グリコサミノグリカン〔7.1.4(b)〕の構成成分として存在する．

デオキシ糖：単糖のヒドロキシ基の酸素原子が除去された誘導体をデオキシ糖という．DNA に含まれるデオキシリボース(9章)などがある．

(d) グリコシド(配糖体)の形成

環状構造を形成している単糖のアルデヒド基やケトン基はヘミアセタールとなっている．このヘミアセタールはさらにほかのアルコールのヒドロキシ基と反応して脱水縮合し，アセタールを形成する〔6.3.2(b)〕．糖の場合，これを**グリコシド**〔**配糖体**(glycoside)〕といい，この際生じる結合を**グリコシド結合**(glycoside linkage)という．ヘミアセタールはヒドロキシ基以外にもアミノ基，イミノ基，チオール基などとも反応してグリコシド結合を形成する．アノマー炭素原子が結合する相手の原子によって，*O*-，*N*-，または *S*-グリコシド結合とよぶ．

7.1.2 二糖の種類と構造

二つの単糖が *O*-グリコシド結合を介してつながったものが二糖である(図7.7)．この結合は，一方の単糖のアノマー炭素と，もう一方の単糖のヒドロキシ基の間で形成される．単糖が2個以上結合している場合，アノマー炭素がグリコシド結合に使われている糖(図7.7の左側の糖)を非還元末端，アノマー炭素が結合に使われずヘミアセタールのままの糖(図7.7の右側の糖)を還元末端という．代表的な二糖として，**マルトース**(maltose，麦芽糖)*，**セロビオー**

* **マルトース**：一つの α-D-グルコースの C1(アノマー炭素)ともう一つの D-グルコースの C4 ヒドロキシ基の酸素原子がグリコシド結合でつながったものである．これを α1→4' 結合(左右の単糖を区別するために右側の糖の番号にプライムをつける)と表す．還元末端側の D-グルコースは，環が開いて鎖状構造となってアルデヒド基を生じるので，還元性を保持する．したがって，マルトースは還元糖である．また，マルトースはマルターゼによって分解され，2分子のグルコースを生じる．麦芽には β-アミラーゼが含まれ，それによってデンプンが消化されてマルトースが生じる．麦芽糖の名前はこれに由来する．

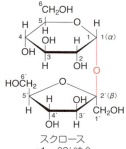

図7.7 代表的な二糖類

ス(cellobiose)*1，**ラクトース**(lactose，乳糖)*2，**スクロース**(sucrose，ショ糖)*3 などがある(図 7.7)．

7.1.3　オリゴ糖

　細胞の表面には数個から数十個の単糖からなるオリゴ糖が存在し，細胞どうしの認識や浸入してきたウイルスや細菌との相互作用に働いている．これらは糖タンパク質あるいは糖脂質の糖鎖部分を構成しており，タンパク質あるいは脂質と共有結合している．ABO 式血液型は，赤血球の外表面にあるタンパク質や脂質に結合しているオリゴ糖の種類により決まる．図 7.8 に，それぞれの血液型の糖鎖構造を示す．

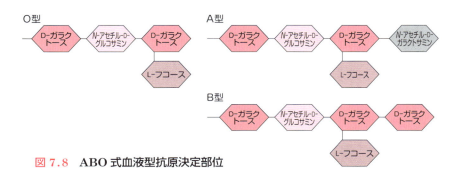

図 7.8　ABO 式血液型抗原決定部位

7.1.4　多糖の種類と構造

　多糖は**グリカン**(glycan)ともよばれ，数十から数千個の単糖がグリコシド結合によって結ばれた化合物である．多糖には，生体エネルギーの貯蔵体として働く**貯蔵多糖**(storage polysaccharide)や，生体の構造・形態の維持に働く**構造多糖**(structural polysaccharide)がある．また，構造の面から，1 種類の単糖からなる**ホモ多糖**(homoglycan)と，2 種類以上の異なる単糖からなる**ヘテロ多糖**(heteroglycan)に分類される．多糖はその繰り返し単糖単位の性質や鎖長，グリコシド結合の結合様式，分枝の程度によって性質や機能が異なる．

(a)　ホモ多糖

　デンプン(starch)は植物のつくりだす貯蔵多糖で，動物の主要な栄養素である．デンプンは α-D-グルコースの重合体で，**アミロース**(amylose)*4(重量で 20%)と**アミロペクチン**(amylopectin)*5(80%)の二つのタイプがある(図 7.9)．

　グリコーゲン(glycogen)は動物の貯蔵多糖で，肝臓や筋肉の細胞内に顆粒として存在する．グリコーゲンは，アミロペクチンよりも分枝の多いグルコースの重合体(図 7.10)で，およそ 10 グルコース単位ごとに $\alpha 1 \to 6'$ グリコシド結合で分枝している．ヨウ素により赤褐色を呈する．

　セルロース(cellulose)は，植物の細胞壁を構成する構造多糖で，地球上で最も豊富に存在する有機化合物の一つである．セルロースは，$\beta 1 \to 4'$ グリコシド結

---

*1　**セロビオース**：二つの D-グルコースが $\beta 1 \to 4'$ 結合したもので，セルロースの加水分解物から得られる．ヒトにはこれを分解する酵素がない．還元糖である．

*2　**ラクトース**：牛乳などに含まれ，D-ガラクトースと D-グルコースが $\beta 1 \to 4'$ 結合した還元二糖である．この結合はラクターゼによって加水分解される．

*3　**スクロース**：日常使われている砂糖であり，サトウキビなどから抽出される．α-D-グルコースと β-D-フルクトースのアノマー炭素どうしがグリコシド結合したもので，$\alpha 1 \to \beta 2'$ 結合をもつ．スクロースはヘミアセタールをもたないので環が開かず，還元性を示さない．スクラーゼによって分解される．

*4　**アミロース**：数百個の D-グルコースが $\alpha 1 \to 4'$ グリコシド結合によって結合した，分枝のない直鎖状をしている．立体的には中空のらせん構造を形成する．分子量は 15〜60 万で，ヨウ素により青色を呈する．

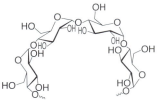

*5　**アミロペクチン**：$\alpha 1 \to 4'$ グリコシド結合のほかに，平均 24〜30 個のグルコース単位ごとに $\alpha 1 \to 6'$ グリコシド結合で分枝しており，非常に複雑な三次元構造をとっている(図 7.10)．分子量は数十万から数百万に及び，ヨウ素により青紫色を呈する．

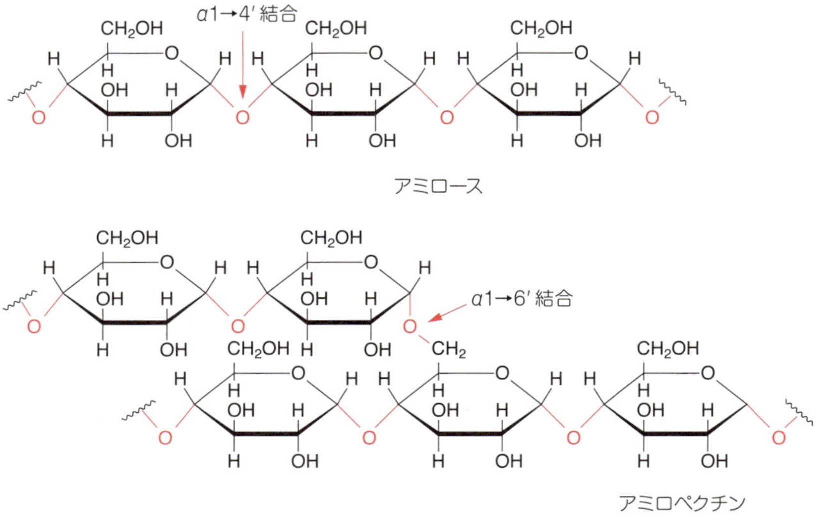

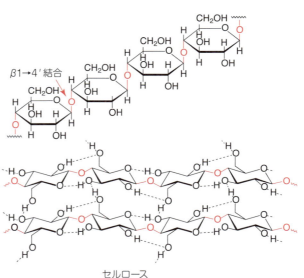

図 7.9 デンプンの構造

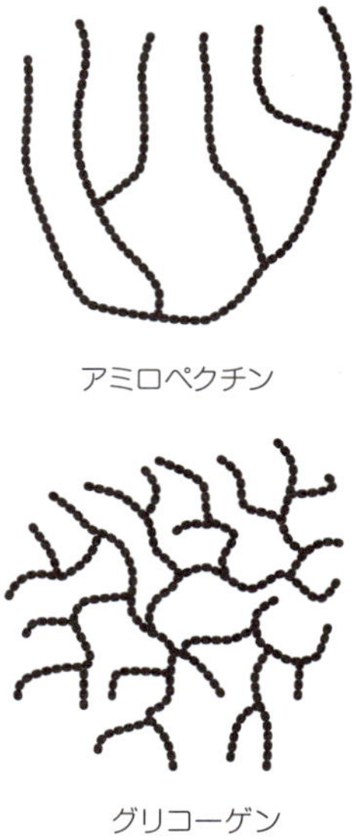

図 7.10 アミロペクチンとグリコーゲンの構造
●は1個のグルコースを示す．

図 7.11 セルロースの構造

合によって結びつけられた分枝のないグルコースの重合体(分子量約 200 万)である(図 7.11)．この結合のため，セルロース鎖は真っ直ぐに伸びた状態となって同じ鎖内で水素結合が形成されるとともに，さらに複数の鎖の間でも水素結合で結ばれるため強固な構造体となる．水に不溶でヨウ素により呈色しない．

キチン(chitin)は昆虫，エビ，カニなどの節足動物の堅い外骨格の主成分である．その構造は，$\beta 1 \rightarrow 4'$ グリコシド結合した N-アセチルグルコサミンからなる直鎖状のホモ多糖である(図 7.12)．セルロースとよく似た構造をしており，グルコースの C2 のヒドロキシ基がアセチルアミノ基に置き換わっているだけである．セルロース同様自然界に豊富に存在する．キチンを脱アセチ

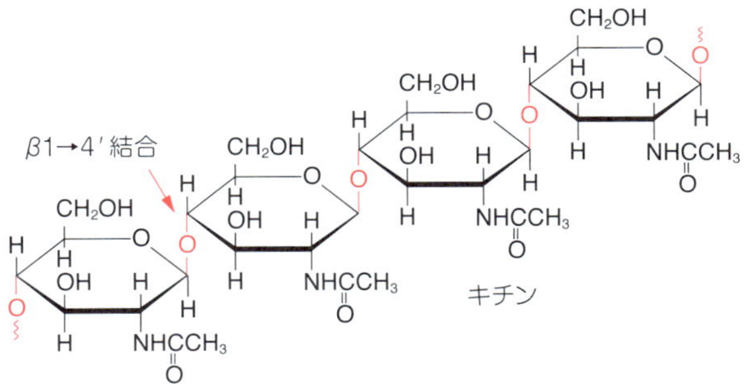

図7.12 キチンの構造

化したものが**キトサン**(chitosan)である．

(b) ヘテロ多糖

動物細胞の間隙は，**細胞外マトリックス**(extracellular matrix)というゲル状の構造体で満たされ，細胞どうしを保持し，個々の細胞へ栄養物や酸素が拡散する通り道になっている．**グリコサミノグリカン**〔ムコ多糖(glycosaminoglycan)〕は代表的なヘテロ多糖で，動物細胞間に多く存在し，コラーゲン，エラスチン，フィブロネクチン，ラミニンなどの繊維状タンパク質と組み合わさって細胞外マトリックスを形成している．グリコサミノグリカンは，ウロン酸とアミノ糖の二糖単位の繰り返しからなる直鎖状の構造をしており，その構成単位の違いにより，**ヒアルロン酸**(hyaluronic acid)[*1]，**コンドロイチン**(chondroitin)[*2]，**ヘパリン**(heparin)[*3]，**デルマタン硫酸**(dermatan sulfate)[*4]，**ケラタン硫酸**(keratan sulfate)[*5]などがある（図7.13）．これらはしばしば硫酸化されており，ウロン酸のカルボキシ基の組合せにより，強い負電荷を帯びており，内部に大量の水分を含むことができる．分子量が大きく，互いに反発する負電荷の

[*1] **ヒアルロン酸**：D-グルクロン酸と N-アセチル-D-グルコサミンが $\beta 1 \to 3'$ 結合した二糖ユニット（単位）が，$\beta 1 \to 4'$ 結合によって数百から数万個連結した巨大な分子である．二糖単位約三つごとにカルシウムが結合し，左巻きらせん構造をしている．

[*2] **コンドロイチン**：D-グルクロン酸と N-アセチル-D-ガラクトサミンの二糖単位が50～1000個つながった多糖である．とくに，N-アセチル-D-ガラクトサミン部分が硫酸化されたコンドロイチン硫酸は，軟骨，血管，腱などの弾力をもたらす．

[*3] **ヘパリン**：マスト細胞でつくられる抗血液凝固因子である．ヘパリンは知られている生体物質のなかで最も強い負電荷をもつ．血液中に放出され，血液凝固因子の生理的阻害物質であるアンチトロンビンⅢと結合・刺激することにより，血液凝固を阻害する．

[*4] **デルマタン硫酸**：おもに皮膚に存在する．

[*5] **ケラタン硫酸**：角膜，軟骨，骨，角，毛，爪などに存在する．

糖質ゼロ？　糖類ゼロ？

最近のダイエット食品や飲料によく見られる「糖質ゼロ」や「糖類ゼロ」などの表記については注意が必要である．本書では糖質と炭水化物は同義と説明したが，販売される食品については，厚生労働省の定める「栄養表示基準」に基づいているからである．この栄養表示基準によると，「炭水化物」，「糖質」，「糖類」は以下のようになる．

「炭水化物」とは，「糖質」および「食物繊維」のことで，言い換えると，食品の総重量から「水分」，「たんぱく質」，「脂質」，「ミネラル」，「アルコール」を差し引いたもの．

「糖質」とは，「炭水化物」から「食物繊維」を除いた総称で，「糖類」と「三糖類以上の多糖類」，「糖アルコール」などからなる．

「糖類」とは，単糖と二糖類の総称．

このように学術的に用いられる用語と生活のなかで用いられる用語には，若干の隔たりがあるので，場合に応じて的確に解釈する必要がある．ちなみに「糖質ゼロ」という表現も，食品100 g中（液体であれば100 mL中）含有量が0.5 g未満であれば，その成分は「0 g(ゼロ)」と表示できることになっているので，「糖質」がまったく含まれていないわけではない．

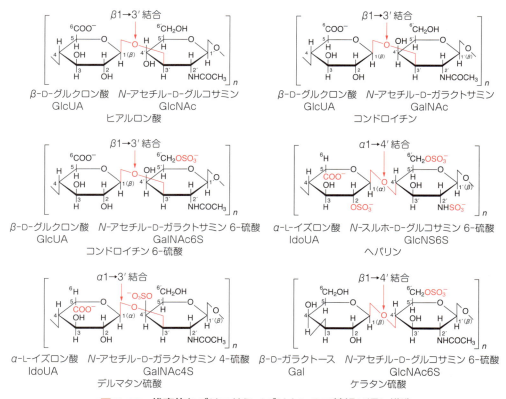

図 7.13 代表的なグリコサミノグリカンの二糖繰り返し構造

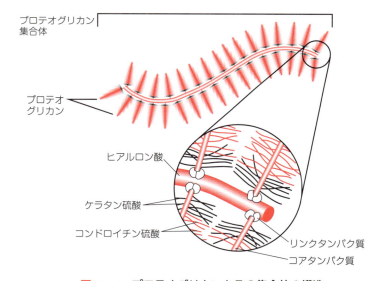

図 7.14 プロテオグリカンとその集合体の構造

ため水溶液中では乾燥状態の 1000 倍もの体積を占め，伸びてしっかりしているが，高度に水和された分子となり，弾性が大きく，粘液状となり，潤滑剤として機能する．

一つ以上のグリコサミノグリカン鎖が共有結合または非共有結合によってタンパク質と結合して，**プロテオグリカン**（proteoglycan）という巨大な分子を形成し（図7.14），細胞表面や細胞外マトリックスに存在する．具体的には，プロテオグリカンはコアタンパク質とそれに共有結合した少なくとも1本のグリコサミノグリカン鎖（多くの場合はケラタン硫酸かコンドロイチン硫酸またはその両方）からなる．一般的にはグリコサミノグリカン部分はプロテオグリカンの大部分を占めている．軟骨のおもなプロテオグリカンであるアグリカン（aggrecan）は，ヒアルロン酸鎖に瓶ブラシのように20〜30 nmの間隔でリンクタンパク質を介して非共有結合し，さらに巨大なプロテオグリカン集合体を形成している（図7.14）．

7.2 脂 質

脂質（lipid）とは，生体に存在する有機化合物のうち水にほとんど溶けず，クロロホルムやエーテルなどの有機溶媒に溶ける生体物質の総称である．すなわち，脂質は構造でなく性質として定義されるため，その構造はじつに多様である．多糖やタンパク質は構成単位（モノマー）の単糖やアミノ酸がそれぞれ共有結合によって重合した高分子ポリマーであるのに対し，脂質は，構造単位が共有結合せず，重合体としては存在しない．しかし，水溶液中において非共有結合によって自己集合する特徴がある．脂質は，構成単位別に以下のように分類できる．

単純脂質（simple lipid）：脂肪酸といろいろなアルコールのエステルで，炭素，水素，酸素より構成される．一般にアセトンに可溶である．脂肪酸とグリセリンのエステルである中性脂肪や，脂肪酸と一価長鎖アルコールのエステルであるロウがある．コレステロールエステルやビタミンA，Dなどの脂肪酸エステルもこれに含まれる．

複合脂質（compound lipid）：脂肪酸とアルコール，およびそれ以外の化合物からなる脂肪酸エステルのことをいい，ほかの物質としてリン酸を含むリン脂質，糖を含む糖脂質などがある．

誘導脂質（derived lipid）：単純脂質や複合脂質を加水分解することによって得られる化合物のうち，脂溶性のものを指す．脂肪酸，高級アルコール，ステロイド，脂溶性ビタミン（ビタミンA，D，E，K）などがある．

脂質は構造が多様なだけでなく，生体内における役割も多岐にわたっている．生体内における脂質の役割を機能別に分けると以下のようになる．

貯蔵脂質（reserve lipid）：中性脂肪はエネルギー源として生体内に貯蔵される．生体内は水の多い環境なので，親水性物質よりも疎水性物質のほうが集合体を形成しやすく，かぎられた容積内に多く貯蔵できる．すなわち，親水性のグリコーゲンは，その重量の2倍以上の水が水和して体積が増えるが，中性脂肪は水和しないので，貯蔵するのに都合がよい．

構造脂質（structured lipid）：リン脂質や糖脂質は，細胞膜や細胞内小器官膜

などの生体膜を形成する．また，ろうは，生体の表層を保護している．

機能脂質(functional lipid)：コレステロールは，生体膜の成分として存在する以外に，ステロイドホルモン，胆汁酸，ビタミンDの生合成原料（前駆体）としても利用される．また，多価不飽和脂肪酸アラキドン酸からは，プロスタグランジン（強い生理活性をもった化合物）がつくられる．

7.2.1 脂肪酸

脂肪酸(fatty acid)は，分枝のない直鎖状の炭化水素鎖をもつカルボン酸である．炭素数は通常偶数で12～20個のものが多く，その鎖に二重結合を含まない**飽和脂肪酸**(saturated fatty acid)と，二重結合を一つ以上含む**不飽和脂肪酸**(unsaturated fatty acid)に分けられる．代表的な脂肪酸の構造と名称を，表7.1および図7.15に示す．

脂肪酸は炭素数2個（酢酸）の単位が縮合することによって生成されるので，偶数個の炭素をもつ脂肪酸ができる．生体中では大部分の脂肪酸はグリセロー

表7.1　生体内によく見られる脂肪酸（慣用名，系統名，融点，構造式）

炭素数	二重結合の数	慣用名	IUPAC名	融点（℃）	構造式
飽和脂肪酸					
12	0	ラウリン酸	ドデカン酸	44	$CH_3(CH_2)_{10}COOH$
14	0	ミリスチン酸	テトラデカン酸	54	$CH_3(CH_2)_{12}COOH$
16	0	パルミチン酸	ヘキサデカン酸	63	$CH_3(CH_2)_{14}COOH$
18	0	ステアリン酸	オクタデカン酸	70	$CH_3(CH_2)_{16}COOH$
20	0	アラキジン酸	エイコサン酸（イコサン酸）	75	$CH_3(CH_2)_{18}COOH$
不飽和脂肪					
16	1	パルミトレイン酸	cis-9-ヘキサデセン酸	0	$CH_3(CH_2)_5CH=CH(CH_2)_7COOH$
18	1	オレイン酸	cis-9-オクタデセン酸	13	$CH_3(CH_2)_7CH=CH(CH_2)_7COOH$
18	2	リノール酸	cis-9, 12-オクタデカジエン酸	-9	$CH_3(CH_2)_4CH=CHCH_2CH=CH_2(CH_2)_7COOH$
18	3	α-リノレン酸	cis-9, 12, 15-オクタデカトリエン酸	-17	$CH_3(CH_2CH=CH)_3(CH_2)_7COOH$
20	4	アラキドン酸	cis-5, 8, 11, 14-エイコサテトラエン酸	-50	$CH_3(CH_2)_3(CH_2CH=CH)_4(CH_2)_3COOH$
20	5	チムノドン酸	cis-5, 8, 11, 14, 17-エイコサペンタエン酸（EPA）	-54	$CH_3(CH_2CH=CH)_5(CH_2)_3COOH$
22	6	セルボン酸	cis-4, 7, 10, 13, 16, 19-ドコサヘキサエン酸（DHA）	-44	$CH_3(CH_2CH=CH)_6(CH_2)_2COOH$

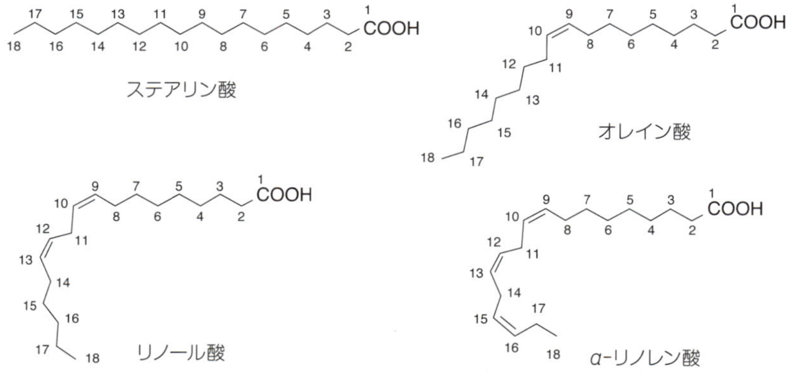

図7.15　脂肪酸の構造

ステアリン酸

オレイン酸

リノール酸

α-リノレン酸

ルとエステルを形成して中性脂肪(あるいはリン脂質)として存在し,遊離型としてはほとんど存在しない.血中ではアルブミンという血清タンパク質に結合して運搬される.

脂肪酸の名称には慣用名と系統的命名法に基づく IUPAC 名がある(5.3.1 および 5.6.1 参照).一般には慣用名がよく用いられているが,EPA(eicosapentaenoic acid, エイコサペンタエン酸)や DHA(docosahexaenoic acid, ドコサヘキサエン酸)のように系統名の略称が使われることもある.系統的命名法(5.3.1 および 5.6.1 参照)では,炭化水素の名称の末尾の -e を -oic で置き換える.たとえば飽和脂肪酸は**オクタデカン酸**(octadecanoic acid)のように -anoic となり,不飽和脂肪酸では**オクタデセン酸**(octadecenoic acid, オレイン酸)のように -enoic となる.なお,炭素原子はカルボキシ炭素(C1)から数える.また,カルボキシ炭素に隣接する炭素原子 C2, C3, C4 はそれぞれ α-, β-, γ-炭素ともいう.

脂肪酸の物理学的および生理学的性質は,鎖長(炭化水素鎖の長さ)と不飽和度(二重結合を含む割合)によってほぼ決まる.炭化水素鎖の長さが長いほど,融点が高くなる.その理由は,鎖長が長くなるほど,隣り合った炭化水素鎖間のファンデルワールス相互作用(3.2.4)が強くなり,それを断ち切って融解するためには,より多くのエネルギーが必要になるからである.また,二重結合の数が増えるに従って,融点は下がる.天然に存在する不飽和脂肪酸の二重結合はほとんどすべてシス形(図 5.15 参照)の立体配置になっており,分子は二重結合の位置で折れ曲がっており(図 7.15),飽和脂肪酸のように密に充填されない.複数の二重結合がある場合は必ずメチレン基 CH_2 基で隔てられており(非共役),さらに折れ曲がりが激しくなる.その結果,不飽和脂肪酸どうしの分子間相互作用が減少し,分子量がほぼ同じ飽和脂肪酸に比べて低い融点を示す(同じ鎖長の飽和脂肪酸に比べて著しく融点が低くなる).たとえば,炭素数 18 の飽和脂肪酸ステアリン酸の融点は 70 ℃ だが,同じ炭素数で二重結合を一つもつ不飽和脂肪酸オレイン酸の融点は 13 ℃,二つのリノール酸では -9 ℃,三つの α-リノレン酸では -17 ℃ である.このため,飽和脂肪酸は室温(25 ℃)で固体だが,不飽和脂肪酸は室温で液体である.

動物で最も多い脂肪酸は,オレイン酸,パルミチン酸,ステアリン酸などで,哺乳動物は二重結合が二つ以上の不飽和脂肪酸を合成できない.一方,植物油には,オレイン酸,リノール酸,α-リノレン酸などの不飽和脂肪酸が多く含まれる.不飽和脂肪酸のなかでも二重結合を二つ以上含む多価不飽和脂肪酸であるリノール酸,α-リノレン酸,アラキドン酸,EPA,DHA などはヒトの体内では合成されず,生体にとって必須であるので,**必須脂肪酸**(essential fatty acid)とよばれる.

7.2.2 中性脂肪(トリアシルグリセロール)

中性脂肪(neutral fat)は,脂肪酸と三価アルコールのグリセロール(グリセリン)が脱水縮合した脂肪酸トリエステルで,**トリアシルグリセロール**

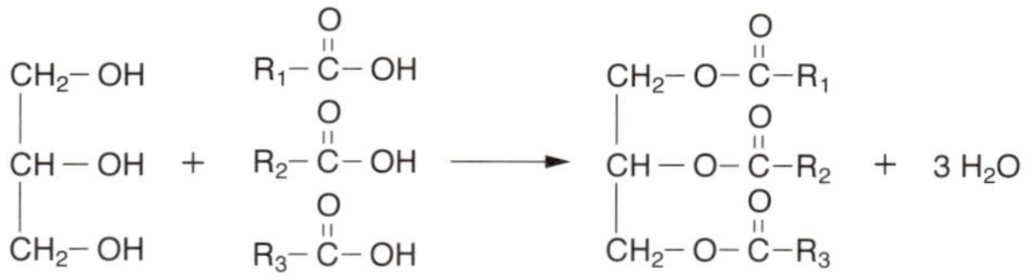

図 7.16 トリアシルグリセロールの構造

$$\begin{array}{c}CH_2-OH \\ CH-OH \\ CH_2-OH\end{array} + \begin{array}{c}R_1-\overset{O}{\underset{}{C}}-OH \\ R_2-\overset{O}{\underset{}{C}}-OH \\ R_3-\overset{O}{\underset{}{C}}-OH\end{array} \longrightarrow \begin{array}{c}CH_2-O-\overset{O}{\underset{}{C}}-R_1 \\ CH-O-\overset{O}{\underset{}{C}}-R_2 \\ CH_2-O-\overset{O}{\underset{}{C}}-R_3\end{array} + 3H_2O$$

(triacylglycerol)とよばれる(図 7.16).別名,トリグリセリドともよばれる.生体内には脂肪酸の数が 1 個,または 2 個のモノアシルグリセロール,ジアシルグリセロールも存在する.トリアシルグリセロールは,非極性で疎水性を示し,水に不溶である.動植物のエネルギー源として貯蔵されており,生体中に最も多く存在する脂質である.

油脂はトリアシルグリセロールの混合物であり,その脂肪酸の組成によって固体(脂,fat)になるか液体(油,oil)として存在するかが決まる.すなわち,体温(常温)では,長鎖飽和脂肪酸が多ければ固体になりやすく,不飽和あるいは短い脂肪酸を多く含んでいると液状である.

7.2.3 ろ う

ろう(wax)は長鎖脂肪酸と長鎖一級アルコールが脱水縮合したエステルである.融点は 60〜100 ℃で,トリアシルグリセロールより一般的に高い.ろうは化学的にも安定しており,動物では皮脂として分泌され,外表面の保護物質として働いている.

7.2.4 リン脂質

リン脂質(phospholipid)は,分子内にリン酸を含む複合脂質で,分子内に疎水性部分と親水性部分を併せもつ両親媒性物質である.この性質が,生体膜を形成するうえで重要である.リン脂質は,大きく**グリセロリン脂質**(glycerophospholipid)と**スフィンゴリン脂質**(sphingophospholipid)に分類される.

(a) グリセロリン脂質

グリセロールの C1 と C2 のヒドロキシ基に二つの脂肪酸のカルボキシ基がエステル結合し,C3 にリン酸がホスホエステル結合しているものを**ホスファチジン酸**(phosphatidic acid)という.これを基本骨格としてさらにリン酸にアルコール類が結合したものをグリセロリン脂質という(図 7.17).グリセロリン脂質の多くは C1 に飽和脂肪酸,C2 に不飽和脂肪酸が結合している.生体膜の主成分であるホスファチジルコリン(レシチン)は,ホスファチジン酸のリン酸にコリンがエステル結合したものである.このほか,ホスファチジルエタノールアミン,ホスファチジルセリン,ホスファチジルイノシトールなどがある(図 7.17).

(b) スフィンゴリン脂質

スフィンゴシン(sphingosine)に脂肪酸がアミド結合した**セラミド**(ceramide)を基本骨格とし,そのヒドロキシ基にリン酸とアルコール類が結合したもので

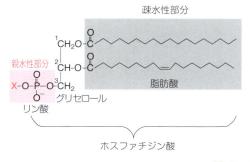

図7.17 グリセロリン脂質

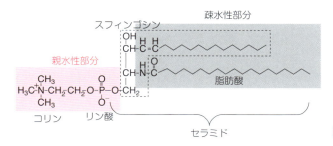

図7.18 スフィンゴミエリンの構造

ある．全体的な性質はグリセロリン脂質によく似ている．とくにコリンが結合したものを**スフィンゴミエリン**(sphingomyelin)という．生体中に広く分布し，とくに脳神経系(神経細胞の軸索を取り囲んでいるミエリン鞘)に多い．図7.18にスフィンゴミエリンの構造を示す．

(c) 生体膜の形成

リン脂質は中性脂肪とは異なり，分子中に親水性のリン酸エステル部分と疎水性の長鎖アルキル部分の両方をもつ(図7.17)．このように同一分子中に親水性部分と疎水性部分の両方をもつ分子を**両親媒性物質**(amphiphilic compound)とよぶ．そのため，一定濃度以上(臨界ミセル濃度)以上では，親水性部分を水相へ，疎水性部分を内側に向けた**脂質二重層**(lipid bilayer，図7.19)を形成する．脂質二重層の厚みは5〜8 nmであり，脂質1分子は膜表面の2〜2.5 nm^{2}を占める．この二次元構造では，疎水性アルキル鎖部分が水との接触を最小限にしようとする疎水性相互作用によって安定化されるが，端の疎水性領域は水相と接触するので，比較的不安定である．よって，この端の疎水性部分をなくして水性環境で最大の安定化を達成するため，最終的に二重層は自己閉環して，**小胞**(vesicle)または**リポソーム**(liposome)とよばれる内部に水を内包した球体を形成する．この内部は，膜を介して外部の環境と仕切られており，これが細胞の原型といわれている．

リン脂質分子は円筒形(極性の頭部と疎水性のアシル側鎖の横断面の大きさがほぼ等しい，図7.19)に近い構造をとるため，脂質二重層のような二次元のシート構造を取りやすい．一方，脂肪酸やリゾリン脂質(脂肪酸が一つになっ

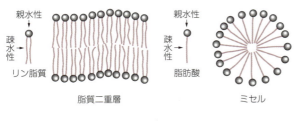

図 7.19　脂質二重層とミセルの構造

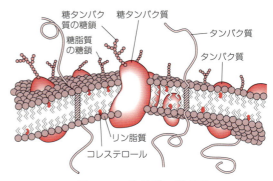

図 7.20　生体膜の模式図

たリン脂質）などは，親水性頭部の断面積がアシル側鎖の断面積よりも大きいくさび状をしているため，**ミセル**(micelle)を形成しやすい．ミセルでは，脂肪酸の疎水性アルキル鎖が水から排除されて球の内部に凝集し，親水性頭部が水と接する表面に向いた構造をとっている．疎水性内部には水は存在しない．

実際の生体膜は上述した脂質二重層が基本になり，リン脂質のほかに糖脂質，コレステロール，タンパク質なども構成成分となっている．生体膜構造の研究から，膜中の脂質やタンパク質の動きを説明する**流動モザイクモデル**(fluid mosaic model)が提唱されている（図 7.20）．このモデルでは，リン脂質や糖脂質，コレステロールは比較的自由に動き回って流動的である．タンパク質は脂質二重層に埋め込まれており，タンパク質の疎水性ドメインと脂質との間の疎水性相互作用によって膜に保持されている．タンパク質には，膜の片側に突きだしているものもあれば，膜の両側に露出しているものもある．タンパク質や糖鎖の配向性は非対称であり，膜に表裏の違いができている．

7.2.5　糖 脂 質

分子内に糖をもつ脂質を**糖脂質**(glycolipid)とよび，グリセロールを骨格にもつ**グリセロ糖脂質**(glyceroglycolipid)とスフィンゴシンを基本骨格にもつ**スフィンゴ糖脂質**(glycosphingolipid)がある．細菌や植物にはおもにグリセロ糖脂質が，動物にはおもにスフィンゴ糖脂質が多く含まれる．

図 7.21 に示すように，セラミドのヒドロキシ基に1個あるいは数個の糖鎖（オリゴ糖）が結合したものをスフィンゴ糖脂質という．セラミドにヘキソースがついたものをセレブロシドという．ヘキソースがグルコースであればグルコ

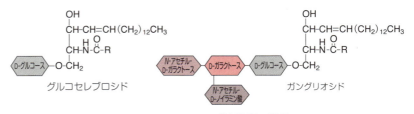

図 7.21　スフィンゴ糖脂質の構造

セレブロシド，ガラクトースであればガラクトセレブロシドという．ガングリオシドはセラミドにオリゴ糖が結合しており，そのなかにはシアル酸とよばれる酸性糖が含まれる．スフィンゴ糖脂質は脳白質に多いが，ほかの組織にも存在する．大部分のスフィンゴ糖脂質は神経細胞膜に存在し，細胞表面の認識部位となっている．

7.2.6 ステロイド

ステロイド（steroid）は，炭素原子からなる三つの六員環（A, B, C 環）と一つの五員環（D 環）がつながって構成されるステロイド核をもつ化合物の総称である（図 7.22）．ステロイド核はほとんど平面構造をしており，環がつながっているため C–C 結合間で回転できず，強固（剛直）な構造をもつ．**コレステロール**（cholesterol）は動物に最も多く含まれるステロールである．コレステロールはその構造中に疎水性部分と親水性部分を併せもつ両親媒性であるため，リン脂質とともに生体膜の構成成分として，膜に剛直性を与える．また，コレステロールは，胆汁酸やステロイドホルモン，ビタミン D などの前駆体として利

コレステロール低下剤

ヒトを含む哺乳動物においてコレステロールは細胞膜の重要な成分であり，また脂質の吸収に働く胆汁酸の原料でもあることから，必要不可欠な生体物質である．しかし，コレステロールの血中濃度が高くなりすぎると血管内部に付着して血管を狭くしてしまい，その結果，心筋梗塞や脳梗塞などを引き起こす原因となる．スタチンは血液中のコレステロール濃度を低下させる薬で，1973 年に遠藤 章*によって最初に発見された．彼はラットの肝臓細胞にカビやキノコの培養液を加え，コレステロールの合成を阻害する物質がないか調べた．その結果，アオカビの一種である *Penicillium citrinum* の培養液中から，世界初のスタチンとなる**メバスタチン**（別名**コンパクチン**）(a)を発見した．この薬は，コレステロール合成の律速酵素である HMG-CoA レダクターゼを阻害する．1978 年アメリカの医薬品メーカーがコンパクチンの類縁物質を発見し，1987 年に**ロバスタチン**として商品化した．1989 年には日本の医薬品メーカーがコンパクチンを一部改良して**プラバスタチン**(b)として商品化した．現在では世界で 7 種類のスタチン系コレステロール低下薬が販売されており，およそ 3000 万人が利用し，世界で最も売れている薬といわれている．

* 微生物学者（1933 〜）．

(a) コンパクチン　　　**(b) プラバスタチンの構造**

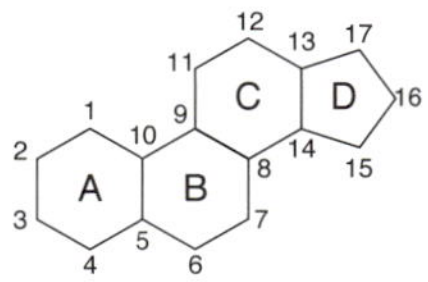

用される．コール酸などの胆汁酸は胆汁に含まれ，大部分はグリシンやタウリン（$H_2NCH_2CH_2SO_3H$）のアミノ基に結合して抱合型として存在している．これらは強い乳化作用をもち，脂肪の消化吸収を助けている．ステロイドホルモンは血流を介して標的組織に運ばれる化学伝達物質で，生体の成熟と生殖を調節する性ホルモンと，さまざまな代謝過程を調節する副腎皮質ホルモンがある．ビタミンDは生体内のカルシウム調節因子として重要で，骨形成や骨吸収に関与している．

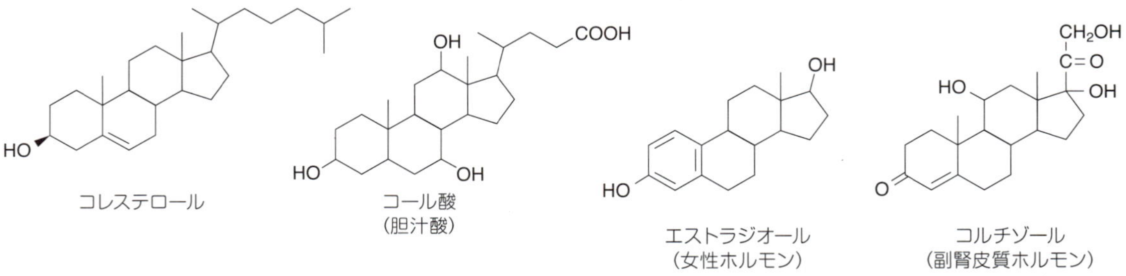

ステロイド環

コレステロール　　コール酸（胆汁酸）　　エストラジオール（女性ホルモン）　　コルチゾール（副腎皮質ホルモン）

図 7.22　ステロイドの構造

章末問題

1. D-グリセルアルデヒドとL-グリセルアルデヒドの不斉炭素をR/S表記法で示せ．
2. D-マンノースのエピマーを示せ．
3. トレハロースは二糖である．これは還元性を示さず，加水分解するとD-グルコースのみを生成する．トレハロースの構造としてどのようなものが考えられるか．ハース投影式を用いて示せ．
4. β-D-グルコースが最も安定なD-アルドヘキソースである理由を述べよ．
5. デンプンやグリコーゲンの構造がエネルギー貯蔵や産生に適している理由を述べよ．
6. 脂質を機能別に分類し，その役割について説明せよ．
7. アラキドン酸を構造式で示し，分子が折れ曲がっていることを説明せよ．
8. 次の脂肪酸から生成されるトリアシルグリセロールの構造を示せ．また，どちらの融点が低いか，その理由を述べよ．
   a. 3分子のパルミチン酸
   b. 2分子のパルミチン酸と1分子のパルミトレイン酸
9. リン脂質が両親媒性であることを分子構造から説明せよ．また，リン脂質がどのように生体膜を構成しているか図を用いて説明せよ．

第8章

アミノ酸とタンパク質

　タンパク質(protein)は**アミノ酸**(amino acid)が鎖状に重合した高分子で，一般的にアミノ酸の数が100以上のものをさし，それ以下のものを**ペプチド** (peptide)という．タンパク質は細胞の主要成分であり，さまざまな生命活動で重要な役割を果たすため，その種類も豊富である．漢字で「蛋白」と書くと卵白のことを指すので，本書では広義の意味でカタカナ表記を使う．ちなみに英語名のproteinは，ギリシャ語の"主要な"という単語 *proteios* に由来している．

　生体が多種多様なタンパク質をつくりだせる理由は，基本構成単位のアミノ酸が20種類もあるからである．かりにアミノ酸が100個からなるタンパク質の場合，存在可能な種類は20^{100}という天文学的な数になる．タンパク質に存在するアミノ酸の種類や並べ方が違うと，タンパク質の立体構造や機能も異なるものになる．こうしたタンパク質の多様性は，複雑な生体の形成や維持，進化や免疫などにとって大切な意味をもっている．ここではアミノ酸，ペプチドおよびタンパク質の構造と性質などについて説明する．

8.1 アミノ酸

8.1.1 アミノ酸の基本構造

　アミノ酸は，分子内にアミノ基($-NH_2$)とカルボキシ基($-COOH$)をもつ有機化合物である．これら二つの官能基は**α-炭素**とよばれる中央の炭素に結合しており，α-炭素にはそのほかに水素と側鎖($-R$基)が結合している(図8.1)*．

　α-炭素に結合する四つの原子・原子団がすべて異なる場合，α-炭素が不斉炭素となり，その結果，二つの鏡像異性体が存在する．鏡像関係にあるアミノ

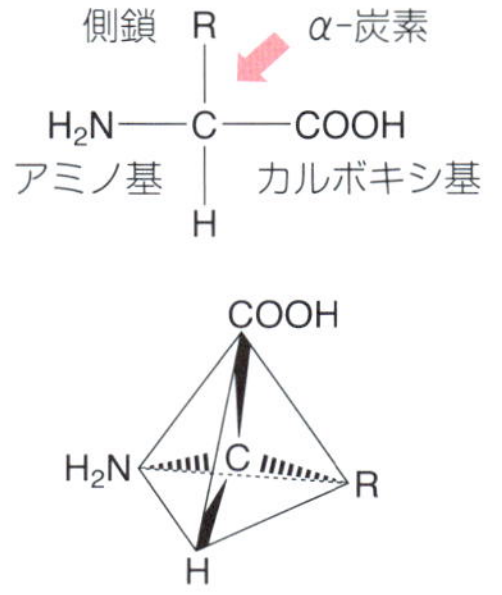

図8.1　アミノ酸の構造

---

*　このアミノ酸はα-アミノ酸とよばれる．このほかには，カルボキシ基がα位に結合し，アミノ基がβ位に結合したβ-アミノ酸がある．
　例　β-アラニン(α-アラニンの構造異性体)：$^+H_3N-CH_2-CH_2-COO^-$

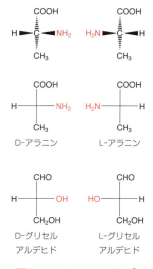

図 8.2 アラニンとグリセルアルデヒドのフィッシャー投影式

酸は，**DL 異性体**（DL isomer）ともよぶ．このことを側鎖にメチル基をもつアラニンを例として説明する．アラニンの立体配置をフィッシャー投影式〔7.1.1 (a)〕で表記した場合（図 8.2），アミノ基が右側にあるものを D 体，逆にアミノ基が左側にあるものを L 体とする．これはグリセルアルデヒドの立体配置をもとにしている〔7.1.1(a)〕．なお，正常なタンパク質中に含まれるアミノ酸はグリシン以外すべて L 体である．なぜ，タンパク質に含まれるアミノ酸が D 体ではなくて L 体であるのか，その理由は不明である．

天然タンパク質に含まれるアミノ酸は 20 種類（表 8.1）あり，**標準アミノ酸**（standard amino acid）とよばれる．それぞれのアミノ酸は側鎖の構造が異なるため，特有の性質をもっている．これらは，側鎖に電荷をもたない**中性アミノ酸**（neutral amino acid），側鎖に負電荷をもつ**酸性アミノ酸**（acidic amino acid），側鎖に正電荷をもつ**塩基性アミノ酸**（basic amino acid）に分類される．このうち中性アミノ酸は，側鎖の構造によってさらに細かく分類される（表 8.1）．なお，アミノ酸の名称を簡略して表中の 3 文字または 1 文字で表記することがある〔8.2.2(a)〕．

中性アミノ酸のうち，アラニン，バリン，ロイシン，イソロイシンは側鎖に脂肪族炭化水素をもち，極性がないので電気的に中性である．このうち，バリン，

表 8.1 タンパク質を構成する 20 種のアミノ酸

分類		名称 3文字(1文字)	構造式 a)	pK_1 b) α-COOH	pK_2 b) α-NH$_3^+$	pK_3 b) 側鎖
中性アミノ酸	脂肪族アミノ酸	グリシン Gly(G)		2.35	9.78	
		アラニン Ala(A)		2.35	9.87	
	分枝アミノ酸	バリン Val(V)		2.29	9.74	
		ロイシン Leu(L)		2.33	9.74	
		イソロイシン Ile(I)		2.32	9.76	
	ヒドロキシアミノ酸	セリン Ser(S)		2.19	9.21	
		トレオニン Thr(T)		2.09	9.10	
	含硫アミノ酸	システイン Cys(C)		1.92	10.70	8.37 (チオール基)
		メチオニン Met(M)		2.13	9.29	

つづく

8.1 ● アミノ酸

分類		名称 3文字(1文字)	構造式[a]	pK_1[b] α-COOH	pK_2[b] α-NH$_3^+$	pK_3[b] 側鎖
中性アミノ酸	酸アミドアミノ酸	アスパラギン Asn(N)		2.14	8.72	
		グルタミン Gln(Q)		2.17	9.13	
	イミノ酸	プロリン Pro(P)		1.95	10.64	
	芳香族アミノ酸	フェニルアラニン Phe(F)		2.20	9.31	
		チロシン Tyr(Y)		2.20	9.21	10.46 (フェノール基)
		トリプトファン Trp(W)		2.40	9.41	
酸性アミノ酸		アスパラギン酸 Asp(D)		1.99	9.90	3.90 (β-COOH)
		グルタミン酸 Glu(E)		2.10	9.47	4.07 (γ-COOH)
塩基性アミノ酸		リシン(リジン) Lys(K)		2.16	9.06	10.54 (ε-NH$_3^+$)
		アルギニン Arg(R)		1.82	8.99	12.48 (グアニジノ基)
		ヒスチジン His(H)		1.80	9.33	6.04 (イミダゾール基)

a) 構造はpH 7.0におけるイオン形で示す. 側鎖の不斉炭素には*印をつけた. また, 複素環には有機化合物命名法による番号をつけた. b) 酸解離指数を(pK_a, 11.3.3)を示す. この値が小さいほど, H$^+$を放出する傾向(酸性)が強い.

ロイシン, イソロイシンは分枝炭化水素鎖をもっているので, 分枝アミノ酸とよばれる. グリシンは側鎖が水素であるが, 脂肪族アミノ酸に含むことにする. セリンとトレオニンは側鎖に-OH基をもつヒドロキシアミノ酸である. フェニルアラニン, チロシン, トリプトファンは側鎖に芳香環をもつので, 芳香族アミノ酸とよばれる. システインとメチオニンは側鎖に硫黄を含むので, 含硫アミノ酸である. アスパラギンとグルタミンは, それぞれ酸性アミノ酸であるアスパラギン酸とグルタミン酸の側鎖のカルボキシ基が酸アミドとなった構造をもっている. プロリンは環状イミノ酸(第二級アミノ酸)であるが, 通常アミノ酸に含める. 塩基性アミノ酸には, リシンとアルギニン, ヒスチジンがある.

アミノ酸は水への親和性の違いによって, **疎水性アミノ酸**(hydrophobic amino acid)と**親水性アミノ酸**(hydrophilic amino acid)にも分類される. 疎水性アミノ酸はバリン, ロイシン, イソロイシン, フェニルアラニン, メチオニ

ン，トリプトファンなどに代表される．これらの側鎖は水に馴染まない性質をもっているので，水を避けて互いに集まる疎水性相互作用(3.2.5)を示す．親水性アミノ酸の代表的なものとしては，酸性および塩基性アミノ酸のアスパラギン酸，グルタミン酸，リシン，アルギニン，ヒスチジンがあげられる．中性アミノ酸のセリン，トレオニン，システイン，チロシン，アスパラギン，グルタミンなども親水性を示す．

一方，栄養学の立場から，**必須アミノ酸**(essential amino acid)という分類がある．これは生体が必要とする量を体内で合成できないために，不足分を体外から食物として摂取する必要のあるアミノ酸である．成人では，バリン，イソロイシン，ロイシン，メチオニン，トレオニン，トリプトファン，リシン，フェニルアラニン，ヒスチジンの9種類が相当する(幼児の場合は，これにアルギニンを加える)．

生体に存在するアミノ酸は，20種類だけではない．遺伝子にコード(9.7.1)されていないアミノ酸が，タンパク質やペプチドを構成する場合もある．また，タンパク質中には存在しないが，代謝経路の中間体や生理活性物質として働く遊離のアミノ酸も存在する*．そのほか，まれにではあるが，ある種の両棲類動物，植物，カビ，細菌などから，D体のアミノ酸を含むペプチドが見つけられている．

* たとえば，シトルリン(尿素生成中間体)，オルニチン，ホモシステイン，δ-アミノレブリン酸(δ-aminolevulinic acid：δ-ALA，ヘム生合成中間体)，γ-アミノ酪酸(γ-aminobutyric acid：GABA，神経伝達物質)．

8.1.2 アミノ酸の性質

(a) アミノ酸の解離

アミノ酸は同一分子内に塩基性のアミノ基と酸性のカルボキシ基をもっている**両性電解質**(ampholyte)である．そのため，水に溶けると，中性付近では正と負の両方の電荷をもつ**両性イオン(双性イオン)**(zwitterion)として存在する．アミノ酸の酸-塩基滴定曲線については，11.3.7で詳しく述べる．

$$H_3N^+-\underset{\underset{H}{|}}{\overset{\overset{R}{|}}{C}}-COOH \underset{+H^+}{\overset{-H^+}{\rightleftarrows}} H_3N^+-\underset{\underset{H}{|}}{\overset{\overset{R}{|}}{C}}-COO^- \underset{+H^+}{\overset{-H^+}{\rightleftarrows}} H_2N-\underset{\underset{H}{|}}{\overset{\overset{R}{|}}{C}}-COO^-$$

酸性pH　　　　　　中性pH　　　　　　塩基性pH

(b) アミノ酸の反応

アミノ酸はアミノ基とカルボキシ基をもっているため，両方の基に由来する性質や反応を示す．また，側鎖の官能基も特有の反応を示す．アミノ酸にニンヒドリンを加えて熱すると赤紫色を呈する．このニンヒドリン反応はアミノ酸の検出や比色定量に広く用いられている．

$$H_2N-\underset{\underset{H}{|}}{\overset{\overset{R}{|}}{C}}-COOH + 2\,(ニンヒドリン) \rightarrow (赤紫色物質) + CO_2 + R-CHO + 3H_2O$$

アミノ酸　　　ニンヒドリン　　　　　　赤紫色物質

(c) 紫外吸収

芳香族アミノ酸は芳香環をもつために280 nm付近の紫外線を吸収する(トリプトファン：280 nm，チロシン：275 nm，フェニルアラニン：260 nm)．このことを利用して，試料中に含まれるタンパク質の検出や濃度決定に280 nmの吸光度測定を行うことがある．ちなみに核酸は塩基の芳香環に由来して260 nm付近に特徴的な吸収をもつ．

8.2 タンパク質

タンパク質はその組成別に，アミノ酸のみからなる**単純タンパク質**(simple protein)とアミノ酸以外の物質を含む**複合タンパク質**(conjugated protein)に分類できる(表8.2)．複合タンパク質には，リポタンパク質，糖タンパク質，金属タンパク質，色素タンパク質，核タンパク質などがある．

表8.2 複合タンパク質の種類

名称	構成	例
糖タンパク質	炭水化物が結合したタンパク質．糖含量が4%以上のもの．細胞膜に存在．	ほとんどの分泌タンパク質は糖鎖をもつ．
リポタンパク質	脂質に結合したタンパク質．血漿中に存在し，脂肪やコレステロールを運搬する．	キロミクロン，VLDL，LDL，HDL
金属タンパク質	金属イオン(Zn^{2+}, Mn^{2+}, Fe^{2+}, Cu^{2+})に結合したタンパク質．	フェリチン，ヘモシアニン，シトクロムcオキシダーゼ
色素タンパク質	ヘム，フラビンなどの生体色素と結合したタンパク質．	シトクロム類，ヘモグロビン
核タンパク質	核酸(DNA，RNA)と結合したタンパク質．	ヒストン，リボソーム

またタンパク質はさまざまな形状をしており，大きくは**球状タンパク質**(globular protein)と**繊維状タンパク質**(fibrous protein)に分けることができる．球状タンパク質は一般に水に可溶で，細胞のなかを移動できる．酵素のほとんどが球状である．一方，繊維状タンパク質はポリペプチド鎖が束状に集まりやすく，そのような状態では水に溶けないので，生体の構造を維持する役割がある．

さらに，タンパク質の分類法として，機能に基づくものがある．タンパク質は生体内で多くの機能を果たしており，代表的なものを表8.3に示す．

8.2.1 ペプチド

(a) ペプチド結合の形成

一つのアミノ酸のカルボキシ基ともう一つのアミノ酸のアミノ基が脱水縮合して**ペプチド結合**(peptide bond)が形成される(図8.3)．二つのアミノ酸で構成されるペプチドはジペプチドとよばれ，アミノ酸が増えるごとにトリペプチ

表8.3　タンパク質の機能別分類

種類	機能	例
酵素	生体触媒ともいわれ，生体内のさまざまな反応を触媒する．	ペプシン，カタラーゼ，アルドラーゼ，リボヌクレアーゼ
構造タンパク質	生体や細胞の構造を維持したり，生物体を外界から保護したりする．	コラーゲン，ケラチン，エラスチン
輸送タンパク質	体液中に存在し，小分子やイオンの運搬を行う．	ヘモグロビン，アルブミン，トランスフェリン
貯蔵タンパク質	小分子やイオンを貯蔵する．	オボアルブミン，カゼイン，フェリチン
モータータンパク質	細胞や生物体の収縮，変形，運動に関係する．	ミオシン，キネシン，ダイニン
防御タンパク質	ほかの生物による侵略から自己を防御する．	抗体（免疫グロブリン），毒素タンパク質
調節タンパク質	生理活性を調節したり，遺伝情報の発現を担う．	インスリン（ペプチド性ホルモン），受容体タンパク質，転写因子

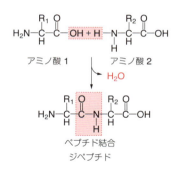

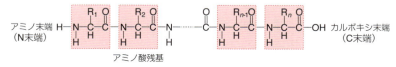

図8.3　ペプチド結合の形成とオリゴペプチドの配列

ド，テトラペプチド，ペンタペプチドとなり，数個のアミノ酸からなるものはオリゴペプチドとよばれる．多数のアミノ酸が結合した場合，その生成物はポリペプチドとよばれる．ペプチド中のアミノ酸部分は**アミノ酸残基**（amino acid residue）とよばれ，ペプチド結合に関与しないアミノ基をもつ末端は**アミノ末端**（N末端，amino terminal），カルボキシ基側は**カルボキシ末端**（C末端，carboxy terminal）とよばれる．一般的にペプチドは左側にアミノ末端を，右側にカルボキシ末端を書く．ポリペプチドの構造中，ペプチド結合で連結されたα-炭素を含む直鎖状の部分を**主鎖**（main chain）といい，各アミノ酸の側鎖は主鎖から分枝している．タンパク質には数千のアミノ酸残基を含むものもある．タンパク質とポリペプチドという用語は，同じ意味に使われる場合もある

が，一般的にアミノ酸残基数が 100 以上になるとタンパク質とよばれることが多い．

ペプチド結合は，図 8.4(a) のように共鳴構造 [5.3.4(b)] をとっており，酸素原子は部分的に負電荷を帯び，窒素原子は部分的に正電荷を帯びるので，両者は弱い双極子 (3.2.3) となっている*．また，ペプチド結合の C-N 間は共鳴により単結合ではなく二重結合性を帯びているため，回転できない．そのため，ペプチド結合を構成する原子とそれに結合する α-炭素 (C_α) を合わせた 6 個の原子 (C_α-CO-NH-C_α) は同一平面上に存在し，ふつうカルボニル基の酸素原子とアミド基の水素原子はトランスの位置にある．その結果，ペプチドの主鎖は図 8.4(b) に示すように，ペプチド結合による平面構造が C_α の位置で連結された構造とみなすことができる．そして連結されたペプチド結合の平面が互いにどのような角度でならぶかは主として C_α-C 結合と N-C_α 結合の回転によって決まり，これらの結合角は二つ合わせて二面角という．これにより，ペプチド鎖のとりうる立体構造の自由度は制約を受け，結果的に 8.2.2 で述べる規則的な構造を産む一因となっている．

* このことは 8.2.2(b) の欄外にあるように，タンパク質の立体構造の形成に影響を及ぼすことがある．

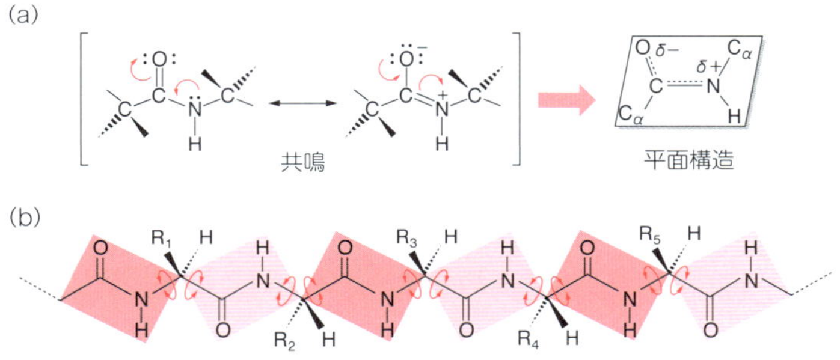

図 8.4　ペプチド結合の共鳴と平面性

(b) 生理活性ペプチド

ペプチドは一般的なタンパク質に比べると分子量が小さいが，生体内でさまざまな働きをしている．表 8.4 に代表的なものをあげる．ペプチドの立体構造は後述するタンパク質に比べると自由度が高い場合が多いが，生理活性を発現するために受容体とよばれるタンパク質などに結合するときには，ある特定の立体構造をとることが知られている．

8.2.2 タンパク質の構造

タンパク質の構造は四段階に分けることができ，それぞれ**一次構造** (primary structure)，**二次構造** (secondary structure)，**三次構造** (tertiary structure)，**四次構造** (quaternary structure) とよばれ，階層的に形成される．

(a) 一次構造

ペプチド結合によって連結されているアミノ酸の配列のことをさす．遺伝子にコードされている遺伝情報とはまさにこのアミノ酸配列であり，DNA の塩基配列は転写，翻訳を経てアミノ酸配列に読み替えられる．また，システイン

表8.4　天然生理活性ペプチドの種類

ペプチド名	アミノ酸数	生理活性
ホルモンペプチド		
オキシトシン	9	子宮収縮
インスリン	51	血糖低下
抗生物質		
ペニシリン	2	抗菌作用
グラミシジンS	10	抗菌作用
神経伝達物質		
β-エンドルフィン	31	鎮痛作用
エンケファリン	5	鎮痛作用
酵素阻害ペプチド		
ペプスタチン		酵素（ペプシン）阻害
膵臓トリプシンインヒビター		酵素（トリプシン）阻害
毒ペプチド		
α-アマニチン	8	キノコ毒（RNAポリメラーゼ阻害）
コブラ α-トキシン	62	ヘビ毒（神経-筋肉間の刺激伝達抑制）
その他		
グルタチオン	3	酵素活性化，解毒作用
アスパルテーム	2	人工甘味料

＊　2分子のシステインのチオール基どうしが酸化されて，ジスルフィド結合したアミノ酸をシスチン（システインの二量体）という．シスチン自体は遺伝子にコードされていないので，標準アミノ酸には含まれない．シスチンは還元されるとジスルフィド結合が切れて，再び2分子のシステインになる（5.8節参照）．

シスチン

残基の側鎖間で形成される**ジスルフィド結合**（disulfide bond, S-S 結合）＊の位置も一次構造に含まれる．

　アミノ酸配列を示すのに，アミノ酸の名前を全部書いていたのでは大変である．そこで各アミノ酸に決められている3文字表記や1文字表記（表8.1）を使って，図8.5のように示す．タンパク質のアミノ酸配列の表記には1文字表記が多用される．

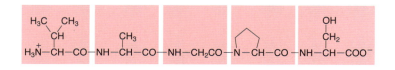

フルネーム：バリル アラニル グリシル プロリル セリン
三文字表記：Val-Ala-Gly-Pro-Ser
一文字表記：ＶＡＧＰＳ

図8.5　ペプチドの構造の表し方

(b)　二次構造

　先に述べたようにペプチド結合は自由に回転できず，平面性を保っている．さらに側鎖の立体障害などがあると各アミノ酸残基のとりうる二面角の値は制限され，その結果，ペプチド鎖中のある領域に規則的な立体構造が形成されることがある．これを二次構造とよび，主要なものとして，**αヘリックス**（α-helix），**β構造**（β-structure），**βターン**（β-turn）がある．これらの二次構造中には，後述するように，ペプチド主鎖内および主鎖間のカルボニル酸素 C=O

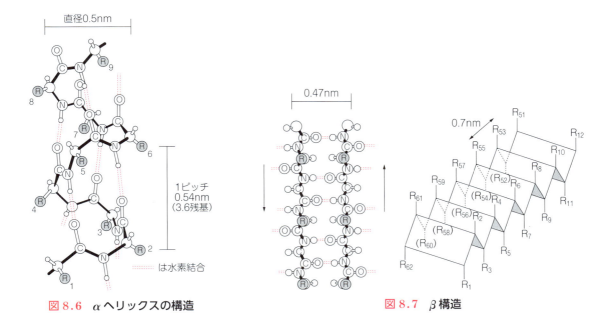

図 8.6 αヘリックスの構造

図 8.7 β構造

とアミド水素 N-H 間で多数の水素結合が形成されており，その構造の安定化に寄与している．

αヘリックスは最も多く見られる二次構造で，1回転（ピッチ）が 0.54 nm の右巻きらせん構造で，らせん1回転当たり 3.6 残基のアミノ酸が含まれている（図 8.6）．そして各 i 番目のアミノ酸の C=O と $(i+4)$ 番目のアミノ酸の N-H の間で水素結合が形成されており，αヘリックスの円筒形の構造の安定化に大きく貢献している*．一方，側鎖は円筒形の表面に突きでており，側鎖間に生じる相互作用（引力や反発）も，αヘリックスの安定性に影響している．つまり，アミノ酸の配列によって，αヘリックスになりやすいか否かが決まる．

β構造を構成するペプチド鎖は，αヘリックスを引き伸ばしたジグザグ状の構造をしている（図 8.7）．このポリペプチド鎖は互いに隣どうしに並んで，C=O と N-H の主鎖間で水素結合を形成し，"ひだ"に似たシート構造をつくっている．β構造を構成している一本鎖部分を **βストランド**（β-strand）という．図 8.7 には，ペプチド鎖が逆平行に走る様子を示したが，平行なものもある．各アミノ酸の側鎖はシート面を挟んで一つおきに反対の方向に突きでている．したがって，αヘリックスの場合と同様に，側鎖間の相互作用がβ構造の安定性に影響する．

βターン構造は，αヘリックスやβストランドが折り返している部分であり，とくにタンパク質分子の表面近くに見られる．この構造はアミノ酸4残基で形成され，ペプチド鎖の方向が 180° 回転する．i 番目のアミノ酸残基の C=O と $i+3$ 番目のアミノ酸残基の N-H の間で水素結合を形成し安定化している（図 8.8）．折れ曲がり部分にはグリシンとプロリンがよく見られる．なお，βターン以外で比較的緩やかにαヘリックスやβストランドをつないでいる部分は

* そのほかにも，ペプチド結合の酸素原子と窒素原子はそれぞれ部分的に負電荷と正電荷を帯び〔図 8.4(a)〕，このため両者は弱い双極子（3.2.3）となっている．この双極子は水素結合によってαヘリックスの軸方向に連続的につながることになり，αヘリックス全体を双極子にしている．そしてαヘリックスの安定化やαヘリックス間の相互作用に影響を与えている．

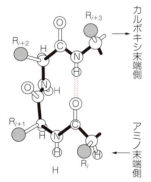

図8.8 βターンの構造

ループとよばれる.

現在では，それぞれの二次構造に頻度よく出現するアミノ酸の種類が統計的にわかっており，その結果を使って一次構造（アミノ酸配列）から二次構造を予測する方法も開発されている．一方，ペプチド鎖の不規則な構造をランダムコイルとよんで，上述の規則的な構造と区別する．

いくつかの二次構造が組み合わさった特徴的な構造をとくに**超二次構造**（super-secondary structure）とよぶ．互いに関係のないタンパク質の間で類似した超二次構造が見られる場合，とくにモチーフという用語が用いられている．たとえば，ヘリックス-ターン-ヘリックス構造は多くのDNA結合タンパク質に見いだされている代表的なモチーフである．

(c) 三次構造

三次構造とは，一本のポリペプチド鎖全体の立体構造である（図8.9）．タンパク質の二次構造はおもにアミノ酸側鎖間の相互作用によってさらに折りたたまれて，それぞれのタンパク質に固有な立体構造をとる．タンパク質の構造の安定化をもたらす相互作用には，図8.9に示す水素結合（3.2.2），静電的相互作用（3.2.1），双極子-双極子相互作用（3.2.3）および疎水性相互作用（3.2.5）などがある．このほか，共有結合のジスフィルド（S-S）結合も立体構造の安定化に働いている．

最初にタンパク質の三次構造が，X線結晶解析によって明らかにされたのは，ミオグロビン[1]（アミノ酸数 n = 153）である．この偉業はケンドルー（J. C. Kendrew）[2]らによって，1957年に達成された．つぎに，1959年にはペルツ（M. F. Perutz）[3]らによって，ヘモグロビンの三次構造（図8.10）が報告された．

[1] ミオグロビンとヘモグロビンはどちらも酸素と結合するタンパク質である．ミオグロビンは筋肉に，ヘモグロビンは赤血球に存在する．

[2] イギリスの化学者（1917～1997）．1962年ノーベル化学賞受賞．

[3] イギリスの化学者（1914～2002）．1962年ノーベル化学賞受賞．

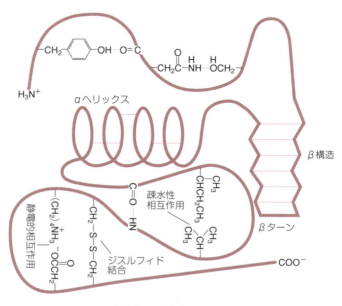

図8.9 三次構造に安定化をもたらす相互作用
---------：水素結合．

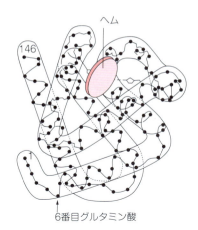

図8.10　ヘモグロビンのβ鎖の三次構造

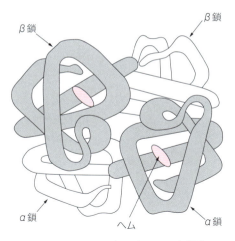

図8.11　ヘモグロビンの四次構造

ヘモグロビンは，鉄イオン(Fe^{2+})をもつ補欠分子族ヘムと，タンパク質グロビン〔2種類のポリペプチド鎖，α鎖($n = 141$)とβ鎖($n = 146$)〕から構成されている．図8.10にはβ鎖の構造を示すが，1本のポリペプチド鎖中に，αヘリックスを形成する領域が8か所存在し，それらが折り畳まれて，全体としては球状である．このとき，それぞれのαヘリックスは，疎水性アミノ酸残基の側鎖を分子の内部に向けるように，互いに寄り添っている．ミオグロビンとヘモグロビンは親戚関係のタンパク質で，ミオグロビンの三次構造も図8.10によく似ている．

(e)　四次構造

タンパク質のなかには，複数のポリペプチド鎖が集まって機能しているものがある．それぞれのポリペプチド鎖は，三次構造をもっており**サブユニット**(subunit)とよばれる．四次構造とは，それら複数のサブユニットが，疎水性相互作用，静電的相互作用，水素結合などによって，特定の空間的配置で非共有結合的に会合した構造をいう．サブユニットは1個では機能しないが，決まった数が規則正しく集合してはじめて機能するようになる．前出のペルツらはヘモグロビンの三次構造とともに，四次構造も報告した(図8.11)．それによると，α鎖2本とβ鎖2本の各サブユニットが，ほぼ正四面体の各頂点に位置するように集合している．現在では，ヘモグロビンの四次構造は，ヘモグロビンが肺でO_2をヘムに結合させ，末端組織では逆にO_2を放出することを効率よく行ううえで重要であることが知られている．なお，二次から四次までの構造をまとめて，**高次構造**[*1](higher-order structure)とよぶ．

[*1] タンパク質の立体構造のデータはプロテインデータバンク(PDB, http://www.rcsb.org/)に登録され，無償で公開されている．

8.2.3　タンパク質の変性

タンパク質には**変性**(denaturation)という現象がある．たとえば，卵をゆでると中味が固まる現象である．これは，熱によってタンパク質の一次構造は変

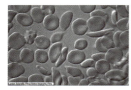

図8.12 鎌状赤血球
(「エンカルタ百科事典'99」, マイクロソフト. © London Scientific/Oxford Scientific Films).

正常な赤血球の形は, 中央にくぼみのある直径約8μmの円板状である. しかし, ヘモグロビンS(HbS)をもつ赤血球の場合は, まわりの酸素濃度が低くなると, この図のように鎌状(三日月状)へと変化する. この変形は, 赤血球のなかでHbSが異常に会合して, 不溶性の繊維を多数つくることによる.

化しないが, 高次構造が変化した結果である. 変性の原因としては熱のほかに, 極端な酸性や塩基性, 有機溶媒, 尿素などの変性剤, 界面活性剤などがある. 変性したタンパク質には, 変性させる要因を除けばふたたびもとの高次構造をとる場合と, 不規則構造のままでもとに戻らない場合がある.

遺伝病のいくつかは, タンパク質の一次構造の変化の結果, 立体構造が変化して, そのために機能を失った場合がある. その例として, 異常ヘモグロビンであるヘモグロビンS〔HbS, ポーリング(L. C. Pauling)により1949年発見〕を説明する. この場合, β鎖の6番目のグルタミン酸(親水性, 図8.10)がバリン(疎水性)に置換されている. この位置のアミノ酸側鎖は分子表面に露出しているので, バリンへの置換によって分子表面の性質が変化し, 正常な四次構造がつくれなくなってしまう. その結果, 酸素濃度が低くなると, サブユニットが多数集まった会合体をつくり, さらには繊維状の沈殿をつくってしまう. この状態のヘモグロビンをもつ赤血球は鎌状(図8.12)になり, 正常な赤血球より壊れやすいので患者は貧血になりやすく, また細い血管を詰まらせてしまうので体のあちこちの痛みや各種臓器に障害を起こすことになる. ほかにもアミノ酸置換が起きた異常ヘモグロビンがいくつか見つかっている.

章末問題

1. セリン, ロイシン, トレオニン, イソロイシンの立体異性体をすべてフィッシャー投影式で示せ.
2. アラニンの例を参考にしてアスパラギン酸とリシンの水溶液中における解離平衡を示せ.

    〈アラニン〉

    $$H_3\overset{+}{N}-\underset{H}{\overset{CH_3}{C}}-COOH \underset{}{\overset{pK_1=2.35}{\rightleftarrows}} H_3\overset{+}{N}-\underset{H}{\overset{CH_3}{C}}-COO^- \underset{}{\overset{pK_2=9.87}{\rightleftarrows}} H_2N-\underset{H}{\overset{CH_3}{C}}-COO^-$$

3. ペプチド結合の平面性がタンパク質の構造にどのような影響を与えるか述べよ.
4. βターンの折れ曲がり部分にはグリシンやプロリンがよく見られるが, その理由を述べよ.
5. 次のアミノ酸の組合せでは, 側鎖間にどのような相互作用または共有結合が生じるか述べよ.

    GlnとThr　　IleとVal　　LysとAsp　　CysとCys
6. タンパク質の四次構造とは何か. ヘモグロビンを例に用いて説明せよ.

第9章 ヌクレオチドと核酸

核酸(nucleic acid)は,細胞の核に含まれる酸性の物質として発見されたことから命名された物質で,**デオキシリボ核酸**(deoxyribonucleic acid:DNA)と**リボ核酸**(ribonucleic acid:RNA)が存在する.核酸は,**ヌクレオチド**(nucleotide)とよばれる化合物が単位となって直鎖状に多数連結した構造をもつため,**ポリヌクレオチド**(polynucleotide)ともよばれる.DNAは,地球上のすべての生物において親から子へ,あるいは細胞分裂により生じた新しい細胞へ遺伝情報を伝え,各世代で保管する役割を担っている.一方,RNAは,各細胞において遺伝情報を読みだし,タンパク質の合成などに利用するための役割をおもに担っている.

9.1 ヌクレオチドの構造

DNAおよびRNAの構成単位であるヌクレオチド(図9.1)は,五炭糖に**塩基**(base)とよばれる特有の化学基とリン酸基が結合した構造をもつ.塩基は窒素を含む芳香環の構造をしており(図9.2),DNAには,**アデニン**(adenine, A),**シトシン**(cytosine, C),**グアニン**(guanine, G),**チミン**(thymine, T)の4種類が存在する.一方,RNAの場合には,上記のチミンのかわりに**ウラシル**(uracil, U)が含まれる.塩基は化学構造の類似性から,アデニンとグアニンは**プリン塩基**(purine base),シトシン,チミン,ウラシルは**ピリミジン塩基**(pyrimidine base)として分類される(図9.2).

五炭糖と塩基の結合により生じた化合物を**ヌクレオシド**(nucleoside)とよぶ(図9.1).五炭糖部分に**リボース**(図9.3)をもつものは**リボヌクレオシド**(ribonucleoside)とよばれ,RNAの構成成分となる.一方,リボースの2位のヒドロキシ基が欠けた**2-デオキシリボース**(図9.3)をもつものは**デオキシリボヌクレオシド**(deoxyribonucleoside)とよばれ,DNAの構成成分となる.それ

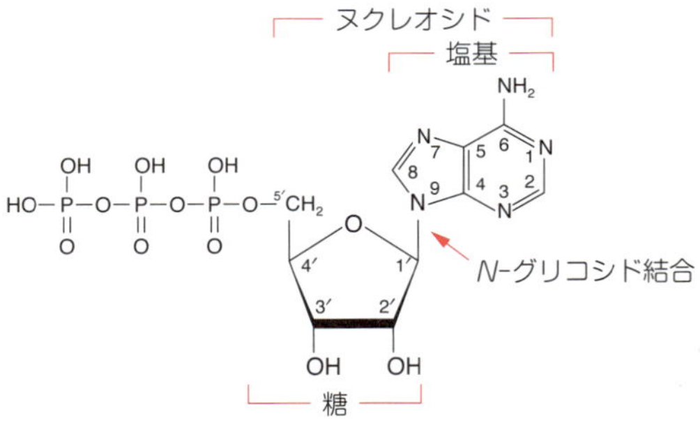

9章 ● ヌクレオチドと核酸

図9.1 ヌクレオチドの構造の例

アデニン塩基，リボース，三つのリン酸基からなるアデノシン5′-三リン酸（ATP）の構造を示す．

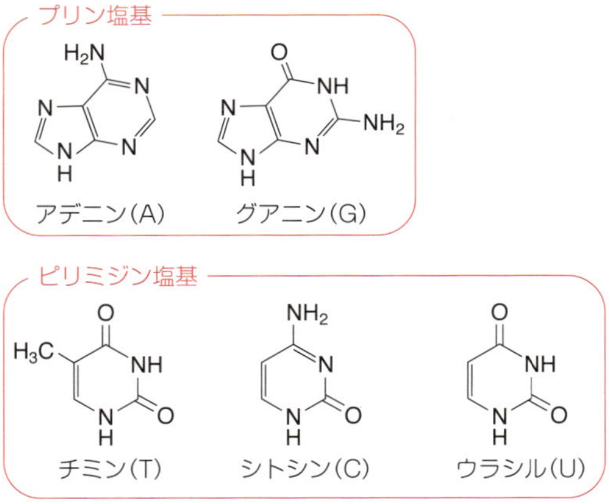

図9.2 核酸を構成する塩基の構造と分類

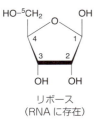

リボース
（RNAに存在）

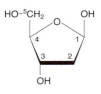

2-デオキシリボース
（DNAに存在）

図9.3 核酸を構成する糖の構造

表9.1 糖と塩基の組合せにより生じるヌクレオシドの名称

糖	塩基	化合物名
リボース	アデニン（A）	アデノシン
〃	シトシン（C）	シチジン
〃	グアニン（G）	グアノシン
〃	ウラシル（U）	ウリジン
デオキシリボース	アデニン（A）	デオキシアデノシン
〃	シトシン（C）	デオキシシチジン
〃	グアニン（G）	デオキシグアノシン
〃	チミン（T）	デオキシチミジン

それの塩基が糖と結合して生じるヌクレオシドの化合物名を，**表9.1**に示す．

ヌクレオチドは，ヌクレオシドに1個以上のリン酸基が結合した化合物である（図9.1）．多くの場合，リン酸基は五炭糖の5位の炭素のヒドロキシ基と脱水縮合しているため，**ヌクレオシド5′-リン酸**ともよばれる〔′（プライム）は，塩基部分の位置番号と区別するために添えられる〕．リン酸基の数としては1～3個の分子種が存在し，それぞれ，**ヌクレオシド5′-一リン酸**（nucleoside 5′-monophosphate：NMP），**-二リン酸**（nucleoside 5′-diphosphate：NDP），**-三リン酸**（nucleoside 5′-triphosphate：NTP）とよばれる．五炭糖と塩基とリン酸基の組合せにより生じる化合物の名称の例を，**表9.2**にまとめて示す．

表9.2 ヌクレオシドとリン酸の組合せにより生じるヌクレオチドの名称の例

糖	ヌクレオシド	リン酸基の数	化合物名	略号
リボヌクレオチド	アデノシン	1	アデノシン5′-一リン酸	AMP
	〃	2	アデノシン5′-二リン酸	ADP
	〃	3	アデノシン5′-三リン酸	ATP
デオキシリボヌクレオチド	デオキシアデノシン	1	デオキシアデノシン5′-一リン酸	dAMP
	〃	2	デオキシアデノシン5′-二リン酸	dADP
	〃	3	デオキシアデノシン5′-三リン酸	dATP

ヌクレオチドの名称には，一般に英字の組合せによる略号が利用される（表9.2）．

9.2　DNAとRNAの一次構造

DNAおよびRNAは，それぞれデオキシリボヌクレオシドおよびリボヌクレオシドが1個のリン酸基を介して直鎖状に多数結合した構造をもつ（図9.4）．すなわち，ヌクレオシド一リン酸（dNMPまたはNMP）のポリマーといえる．このとき，各ヌクレオシドは，5′位と3′位のヒドロキシ基がリン酸とエステル結合を形成することにより連結されている．このように隣接する2個のヌクレオシド間をリン酸基が橋渡しする結合を**リン酸ジエステル結合**（phosphodiester linkage）という．こうして形成された核酸の鎖状分子は，リン酸と五炭糖の繰返しからなる主鎖と，その主鎖から塩基が側方に突きだした構造をもつ（図9.4）．直鎖状の核酸分子の両末端にはほかのヌクレオチドと結合していないヒドロキシ基が存在し，5′位のヒドロキシ基あるいはそれに結合したリン酸基が遊離状態となっている側を**5′末端**（5′-terminal），3′位のヒドロキシ基が遊離状態となっている側を**3′末端**（3′-terminal）とよぶ．生体内での生合成過程において，核酸は例外なく5′末端から3′末端に向かってヌクレオチドが連結されて合成されるため，"5′末端＝始点"" 3′末端＝終点"として扱われることが多い．

DNAとRNAの5′末端から3′末端へ，4種類の塩基をもつヌクレオチドがどのように並んでいるか，その配列を一次構造あるいは**塩基配列**とよぶ．通常は各塩基の一文字表記の記号（A，T，G，Cなど，表9.1）を，5′末端が左側になるように並べて示す．

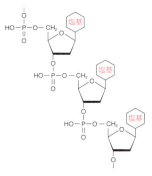

図9.4　DNA鎖の構造
リン酸とデオキシリボースが交互に結合した主鎖と，各デオキシリボースに結合した塩基からなる．RNA鎖の場合には，すべての五単糖の2′位にOH基が存在する．

9.3　DNAとRNAの立体構造と塩基対合の規則

生体内のDNA分子は，**二重らせん構造**（double helix structure）という特有な立体構造をとっている（図9.5）．このとき，逆平行（5′→3′の向きが互いに逆向き）に並んだ2本のDNA鎖が，向かい合う位置の塩基間で水素結合を組むことにより，通常右巻きの均一ならせん構造を形成している．塩基間の水素結合は，アデニン（A）-チミン（T），およびグアニン（G）-シトシン（C）の対でのみ，適切に形成される（図9.6）．DNAの二重らせん構造は鎖に沿ったすべての塩基間の対合により形成されているため，一方の鎖の塩基配列が決まれば，もう一方の鎖の塩基配列は一義的に決まる．このような2本のDNA鎖の塩基配列どうしの関係を"**相補的**（complementary）である"という．DNAは，このような塩基対合の規則により，細胞分裂の際の複製において，正確な遺伝情報のコピーを娘細胞*に引き継ぐことができる（9.5.1参照）．

一方，RNA分子は通常一本鎖で存在するが，その場合でも分子内の適切な部分間で塩基対合を形成し，それが元となって分子全体が特有の立体構造に折り畳まれる．この場合には，アデニン-ウラシル，グアニン-シトシンに加えて，

* ある1個の細胞（これを娘細胞に対して母細胞という）が分裂して生じた2個の新しい細胞のこと．

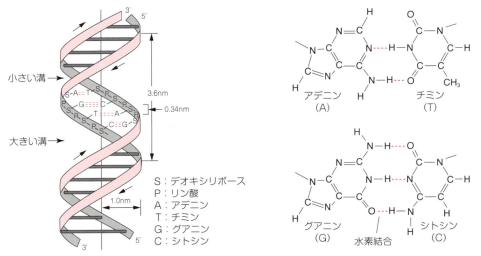

図9.5　DNAの二重らせん構造

図9.6　DNAを構成する塩基間の水素結合

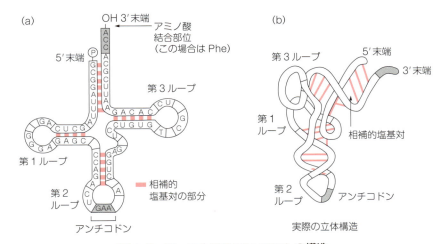

図9.7　フェニルアラニンtRNAの構造

グアニン-ウラシル間でも塩基対合は可能である．たとえば，**転移RNA**（transfer RNA：**tRNA**）は分子内の塩基対合によってクローバーの葉にたとえられるような形状で存在している〔図9.7(a)〕．実際にはさらに折り畳まれて，L字型の立体構造〔図9.7(b)〕をとることによって機能を発揮することが知られている．

　水素結合は熱により容易に切断されるため，DNAやRNAの塩基対合は高温で解離する．たとえば，二重らせんのDNAやtRNAのように折り畳まれた分子は，70～90℃に加熱することによりほどけた一本鎖の状態に変化する．これを**核酸の熱変性**（thermal denaturation）とよぶ．その後，温度を下げれば塩基対合が再生し，本来の立体構造が自発的に再生される．

　水素結合の形式は塩基の組合せにより異なり，図9.6に示すように，A-T

およびA-Uの塩基対では2本の水素結合が形成されるのに対し，G-Cの塩基対では3本の水素結合が形成される．このため，G-Cの塩基対合がより安定であり，解離させるためにより大きなエネルギーを要する．実際に，A-T塩基対を多く含むDNAは比較的低温(約70℃)で十分に変性するが，G-C塩基対に富むDNAは比較的高温(約90℃)にしなければ変性しない．

9.4　RNAの機能による分類

生体にはさまざまな種類のRNAが存在し，その機能によりいくつかに大別される．代表的なものとして，次のものがあげられる．

伝令RNA(messenger RNA：mRNA，図9.11参照)：DNA上の遺伝子の転写(9.6節参照)により生じ，その塩基配列自体がタンパク質合成の際のアミノ酸配列を指定する役割をもつ．

転移RNA(transfer RNA：tRNA，図9.7)：タンパク質合成の材料となるアミノ酸をリボソームに運搬する機能をもつ．20種類のアミノ酸に対応したtRNAが存在し，塩基配列や立体構造の違いにより生体内で識別される．

リボソームRNA(ribosomal RNA：rRNA)：タンパク質合成の場である**リボソーム**(ribosome，図9.17参照)を構成するRNAである．rRNAはリボソームの骨格を形成するとともに，アミノ酸間のペプチド結合の形成を触媒する役割も担っている．

細胞内には，このほかに核内低分子RNA(small nuclear RNA：snRNA)，マイクロRNA(micro RNA：miRNA)などが存在し，それぞれ細胞のプロセスにかかわる重要な役割を担っている．情報媒体であるmRNA以外は，すべてそれ自身が細胞内の生理的な機能を担っているため**機能性RNA**(functional RNA)と総称される．細胞の全RNAに占めるmRNAの割合はおよそ2～5%であり，残る95～98%は機能性RNAである．

9.5　DNAの複製

生体の細胞1個に含まれるDNA全体を**ゲノムDNA**(genomic DNA)という(厳密には，ヒトなどの2倍体細胞の場合には，片親に由来するDNA全体のことを指す)．生体において遺伝情報を担うゲノムDNAは，細胞分裂の際に**複製**(replication)とよばれる機構により，まったく同一のコピーが合成され，二つの娘細胞に均等に分配される．このしくみにより，生物の同一個体を構成するすべての細胞は，基本的に同一のゲノムをもつ．ここでは，親細胞から娘細胞へゲノムDNAの情報を忠実に伝える複製の原理について解説する．

9.5.1　相補的塩基対と半保存複製

細胞がもつDNAが複製される際には二重らせん構造がほどかれ，それぞれの一本鎖DNAが鋳型となって相補的な鎖が合成される(図9.8)．その結果生じる新たな二つの二重らせんは，いずれも一方の鎖は複製前の二重らせんから

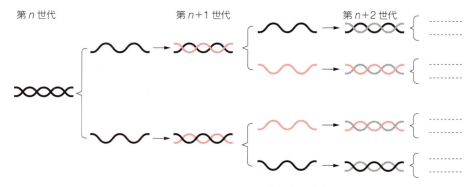

図9.8　DNAの半保存的複製

引き継がれたものであり，他方は新しく合成されたものであることから，この形式によるDNAの複製のことを**半保存的複製**(semiconservative replication)という．複製により生じた二つのDNA二重らせんは，互いに完全に同一である．DNAがこの形式で複製されることは，1958年に**メセルソンとスタールの実験**(Meselson-Stahl experiment)により証明された．彼らは窒素の安定同位体^{15}Nを含む培養液中で大腸菌を培養し，そのDNAの質量を測定することにより半保存的複製を証明した．

9.5.2　複製開始点と複製バブル

複製はゲノムDNA上の**複製開始点**(replication origin：*ori*)という部位から開始される（図9.9）．複製の初期には*ori*の部分からDNA二重らせんがほどかれ，**複製バブル**(replication bubble)という構造を形成する[*1]．これは**DNAヘリカーゼ**(DNA helicase)という酵素の作用であり，ATPのエネルギーを必要とする．ほどかれた各一本鎖部分に相補的なDNAの合成が進行するとともに複製バブルは両側へ向かって拡大する．それに伴い，近接した二重らせん部分の巻きが強くなり，構造にひずみを生じる．これに対して，**DNAトポイソメラーゼ**(DNA topoisomerase)は二重らせん部分のDNAを一時的に切断してひずみを解消させる役割をもつ．複製完了期には，隣接する複製バブルどうしがすべて融合し，完成した二つの二重らせんが完全に分離する．

9.5.3　DNA鎖の合成

DNAの複製反応を担うのは**DNAポリメラーゼ**(DNA polymerase)[*2]という酵素である（図9.10）．これは既存のDNA鎖の伸長反応は触媒するが，新規DNA鎖の合成を開始する能力はもたない．そこで，合成開始時には**プライマーゼ**(primase)という酵素が*ori*の鋳型DNAに相補的な10〜60ヌクレオチドのRNA鎖〔**プライマー**(primer)〕を合成し，その続きをDNAポリメラーゼが合成する〔図9.9(a)〕．DNAポリメラーゼは，基質である4種のdNTP[*3]からピロリン酸[*4]を遊離させると同時に，残った一リン酸を介して5′→3′方向

[*1]　複製バブルの両端で，DNAの二本鎖が丁度分離した部分は，DNA複製が盛んに行われている．この部分はその形から複製フォークとよばれる．

[*2]　DNAポリメラーゼには複数の種類が存在し，原核細胞と真核細胞でも異なる．ここでは区別せず，単にDNAポリメラーゼとする．

[*3]　図9.1と表9.2を参照．

[*4]　
$$\text{HO-}\overset{\overset{\displaystyle O}{\|}}{\underset{\underset{\displaystyle OH}{}}{P}}\text{-O-}\overset{\overset{\displaystyle O}{\|}}{\underset{\underset{\displaystyle OH}{}}{P}}\text{-OH}$$
PP$_i$と略記されることもある．

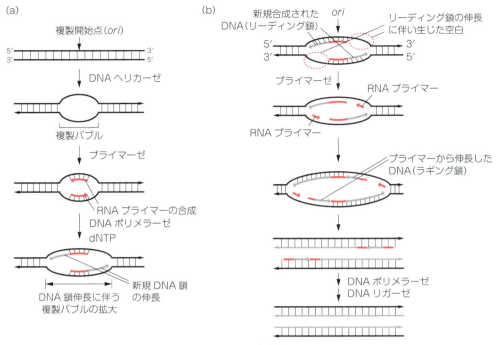

図 9.9　DNA の複製
(a) 複製開始点と複製バブル，(b) リーディング鎖とラギング鎖の合成．

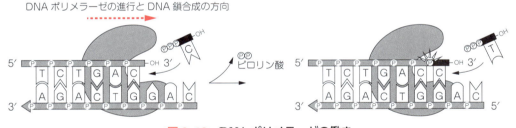

図 9.10　DNA ポリメラーゼの働き

に連結することにより，DNA 鎖を伸長させる（図 9.10）．

　DNA ポリメラーゼによる DNA 合成は 5′→3′ 方向にかぎられるため，*ori* を起点とした DNA 合成は一方の DNA 鎖のみを鋳型として進行する〔図 **9.9 (b)**〕．

　複製バブルが拡大していく方向と同じ方向に伸長される DNA 鎖を**リーディング鎖**（leading strand）といい，これは隣接する複製バブルから生じた DNA 鎖の 5′ 末端に到達するまで，連続的に伸長される．一方，これと対をなす側の DNA 鎖は**ラギング鎖**（lagging strand）とよばれ，複製バブルの拡大に伴いある程度の長さの一本鎖鋳型 DNA 領域が出現すると，それを鋳型として複製バブルの拡大方向とは逆向きに伸長される．ラギング鎖の合成は複製バブルの拡大に伴って繰り返され，多数の不連続な短い DNA 断片を生じる．これらの

* 広島県生まれ．分子生物学者(1930～1975)．

DNA断片は，ラギング鎖における不連続なDNA合成を発見した岡崎令治博士*にちなんで**岡崎フラグメント**(Okazaki fragment)とよばれる．

DNA合成が隣接する複製断片の5′末端に到達すると，DNAポリメラーゼは隣接断片のRNAプライマー部分を分解しながらDNAの伸長を続ける．隣接断片のDNA部分の5′末端に到達すると，両断片は**DNAリガーゼ**(DNA ligase)の働きにより連結されて複製反応は終了する．

9.6 転写とプロセシング

DNAのうち，タンパク質や，rRNA，tRNAなどの一次構造を規定している部分を**遺伝子**(gene)という．遺伝子の塩基配列は，細胞内の需要に応じてRNA分子に写し取られるが，この過程は**転写**(transcription)とよばれる．ここではmRNAへの転写と，mRNAの成熟に必要な**プロセシング**(processing)について述べる(図9.11)．

9.6.1 プロモーター

それぞれの遺伝子において，転写の開始と終結は特定の部位で起こり，それぞれ**転写開始点**(transcription start site)および**転写終結点**(transcription termination site)とよばれる(図9.11)．一般に，転写開始点の数十ヌクレオチド上流(5′末端)側には転写を指示する**プロモーター**(promoter)とよばれる配列因子が存在する(図9.12)．たとえば，真核生物の多くの遺伝子では，転写開始点から約35ヌクレオチド上流にプロモーターとして"TATAAA"という共通配列が存在しており，その配列から**TATAボックス**(TATA box)とよばれる．プロモーターは，転写を触媒するRNAポリメラーゼをDNA上の転写開始点上に正確に誘導する役割を担っている．

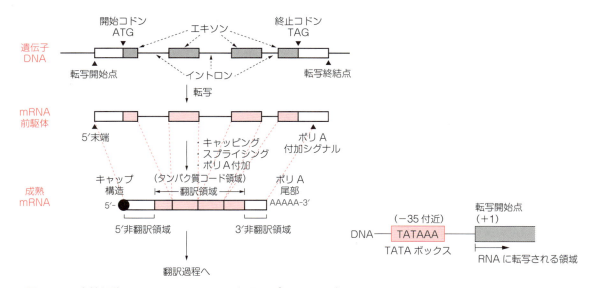

図 9.11 真核細胞における mRNA への転写とプロセシング

図 9.12 真核細胞の TATA ボックス

9.6.2 RNA ポリメラーゼ

転写，すなわち遺伝子 DNA を鋳型とした RNA 合成は，**RNA ポリメラーゼ**(RNA polymerase)とよばれる酵素により触媒される．RNA 合成の鋳型として働くのは遺伝子 DNA の二重らせんのうち一方の鎖のみであり，これを**アンチセンス鎖**(antisense strand)とよぶ．一方，鋳型にならない鎖は，合成される RNA 鎖と同じ塩基配列をもち，**センス鎖**(sense strand)*とよばれる．RNA ポリメラーゼは DNA の二重らせんをほどき，アンチセンス鎖と正しく塩基対を形成するようにリボヌクレオチドを連結して，RNA 鎖を合成する(図 9.13)．

* センス鎖の 5′→3′ 方向の配列に，9.7.1 で示すコドンが記述されている．

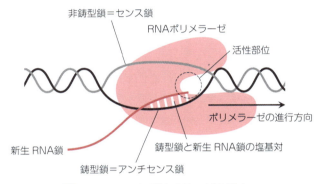

図 9.13　RNA ポリメラーゼの働き

9.6.3　転写後プロセシング

原核生物では，遺伝子の転写によって生じた mRNA は即時に翻訳されることが可能であり，転写の完了を待つことなく最初の翻訳が開始される．一方，真核生物の場合には，転写により生じた mRNA 分子は未成熟であり，**mRNA 前駆体**(pre-mRNA)とよばれる(図 9.11)．mRNA 前駆体は，引き続き核内でいくつかの修飾を受けることにより**成熟 mRNA**(mature mRNA)となり，その後細胞質へ輸送されてから翻訳に用いられる．mRNA 前駆体に施される一連の修飾過程は，一般に**プロセシング**(図 9.11)とよばれ，真核生物の場合には，次の三つの主要な過程が含まれる．

(a) キャップ構造の付加(キャッピング)

mRNA 前駆体の 5′ 末端には，**キャップ**(cap)とよばれる特殊なヌクレオチドが付加される(図 9.14)．キャップはグアニン塩基の 7 位がメチル化されたグアノシン(**7-メチルグアノシン**，7-methylguanosine)であり，mRNA 前駆体の 5′ 末端のヌクレオチドに 3 個のリン酸基を介した **5′-5′ 結合**により付加される．キャップ構造は，細胞内のヌクレアーゼによる分解から mRNA を保護するとともに，翻訳の際にはリボソームによる最初の認識と結合の標的となる．

(b) イントロン部分の除去(スプライシング)

多くの真核生物の遺伝子において，タンパク質のアミノ酸配列情報を担う領

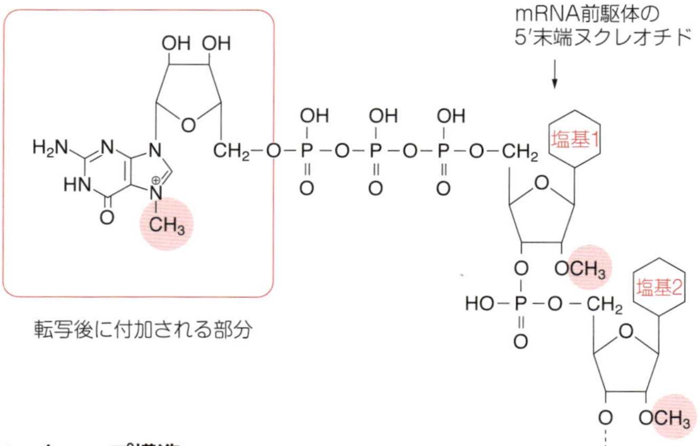

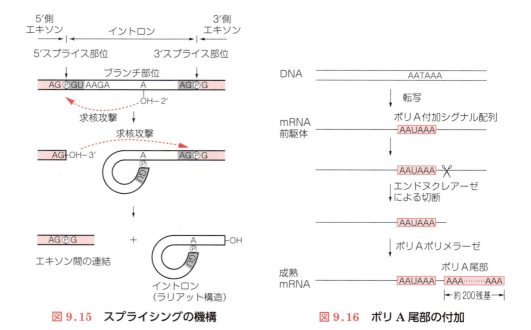

図9.14 キャップ構造

域は一続きではなく，情報をもたない領域によって複数に分断されている．このような遺伝子において，アミノ酸配列情報をもつ領域を**エキソン**(exon)，もたない領域を**イントロン**(intron)という（図9.11）．転写により生じたmRNA前駆体はすべてのエキソンとイントロンを含んでいるが，イントロン部分は**スプライシング**(splicing)という過程で除去される（図9.15）．スプライシングは，**スプライセオソーム**(spliceosome)とよばれる巨大なRNA-タンパク質複合体により触媒される．

(c) ポリA尾部の付加（ポリアデニル化）

成熟mRNAの3′末端には，数十〜数百個のアデノシンが連なった**ポリA**

図9.15 スプライシングの機構

図9.16 ポリA尾部の付加

(poly A)とよばれる特有の構造が存在する．これは元の遺伝子上には存在せず，プロセシングの最終段階で mRNA に付加される（図9.16）．mRNA 前駆体の 3′ 末端付近には**ポリ A 付加シグナル**(poly A addition signal)とよばれる共通配列 AAUAAA が存在し，これよりも 10～30 ヌクレオチド下流側で RNA 鎖は切断され，代わりに多数の AMP が**ポリ A ポリメラーゼ**(poly A polymerase)の作用により順次結合され，ポリ A 鎖が形成される．ポリ A は mRNA を 3′ 末端側からの分解から守る役割をもち，翻訳の効率を増大させる働きをするタンパク質の結合部位にもなっている．

9.7 タンパク質の生合成

遺伝子 DNA からの転写により生じた mRNA は，タンパク質を合成する際のアミノ酸の配列順序を指定する情報を担っている．たった 4 種類のヌクレオチドしかもたない mRNA は，どのようなしくみで 20 種類のアミノ酸の配列順序を暗号化しているのだろうか．また，アミノ酸はどのような機構により正確に結合されて長いペプチド鎖を生じるのだろうか．

9.7.1 遺伝暗号（コドン）

DNA および mRNA 上の塩基配列は，連続した 3 文字が一組となってアミノ酸を指定する暗号となっている．この 3 文字のセットを**コドン**(codon)とよぶ．コドンとアミノ酸の対応づけは，一部の例外を除いてすべての生物種で共通している．コドンは全部で $4^3 = 64$ 種類あり，それぞれが指定するアミノ酸を表9.3の遺伝暗号表に示す．64 種類のコドンのうち，61 種類がアミノ酸を指定する．同一のアミノ酸を指定するコドンが複数種類存在する場合が多く，Leu, Ser, Arg は最大 6 種類のコドンが存在する．このように，同一のアミノ酸を指定するコドンが複数種類存在することを**コドンの縮重**(codon degeneracy)という．

Met を指定するコドン AUG は，mRNA 配列中でタンパク質合成の開始を指令する**開始コドン**(initiation codon)の役割も兼ねている．一方，アミノ酸を指定しない 3 種類のコドン UAA, UAG, UGA は，タンパク質合成の終了（Stop）を指令する**終止コドン**(termination codon)の役割を担う．

mRNA の塩基配列のうちタンパク質配列の情報を担う部分は，開始コドンで始まり終止コドンで終わり，これを**翻訳領域**(translated region)という（図9.11）．一方，開始コドンよりも 5′ 側および終止コドンよりも 3′ 側は，**非翻訳領域**(untranslated region)とよばれる．

9.7.2 リボソームの構造

リボソーム(ribosome)は細胞のタンパク質合成装置である．リボソームは，少なくとも 3～4 種類のリボソーム RNA（rRNA）と約 50 種類のリボソームタンパク質からなる巨大な複合体であり，すべての生物において同一の基本構造

表9.3 遺伝暗号表

1文字目	2文字目								3文字目
	U		C		A		G		
U	UUU UUC	Phe	UCU UCC UCA UCG	Ser	UAU UAC	Tyr	UGU UGC	Cys	U C
	UUA UUG	Leu			UAA UAG	Stop	UGA UGG	Stop Trp	A G
C	CUU CUC CUA CUG	Leu	CCU CCC CCA CCG	Pro	CAU CAC	His	CGU CGC CGA CGG	Arg	U C A G
					CAA CAG	Gln			
A	AUU AUC AUA	Ile	ACU ACC ACA ACG	Thr	AAU AAC	Asn	AGU AGC	Ser	U C A G
	AUG^{a)}	Met			AAA AAG	Lys	AGA AGG	Arg	
G	GUU GUC GUA GUG	Val	GCU GCC GCA GCG	Ala	GAU GAC	Asp	GGU GGC GGA GGG	Gly	U C A G
					GAA GAG	Glu			

a) AUGコドンはMetコドンと開始コドンの役割を併せもつ.

をもつ(図9.17).リボソームの構造は大きく**大サブユニット**(large subunit)と**小サブユニット**(small subunit)に分かれ,これらは翻訳過程の進行中のみ組み合わさって働く.ヒトのリボソームは60S*の大サブユニットと40Sの小サブユニットからなり,これらが組み合わさった80Sリボソームは約4.6 MDaの分子質量をもつ.

* リボソームおよびそのサブユニットの大きさは,通常スヴェドベリ単位(Svedberg unit:S)で表す.これは,密度勾配超遠心分離法で分析した際の物体の沈降速度の実測値により規定され,質量と形状の両方を反映した値である.この値が大きいほど沈降速度が大きい.

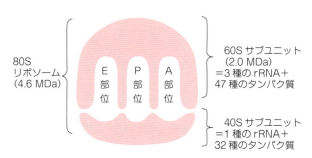

図9.17 リボソームの構造

9.7.3 tRNAの構造

tRNAは,mRNA上のアミノ酸コドンに対して適切なアミノ酸を運搬する役割を担う,長さ80ヌクレオチド前後の低分子RNAである.tRNAの構造的特徴は図9.7で示した.タンパク質を構成する20種類のアミノ酸のそれぞれに対して1種類または複数種類のtRNAが対応しており,ヒトの場合,全部で49種類のtRNAが存在する.すなわち,1種類のアミノ酸に対して縮重した複数のコドンに対応するtRNAが存在している.

tRNAは，構造の先端に位置する連続した3ヌクレオチドがmRNAのコドンと相補的塩基対合を形成する役割を担っており，この部位を**アンチコドン**（anticodon）という（図9.7）．アンチコドンの塩基の一部は，**ゆらぎ塩基対**（wobble base pair）といって，U-AとU-Gのように複数種の塩基対合を組むことができ，この性質により同一のtRNAが複数種のコドンと対合可能になっている*．

一方，tRNAの3′末端には，各tRNAに正確に対応したアミノ酸が付加される（図9.18）．この過程は**アミノアシル化**（aminoacylation）とよばれ，各アミノ酸に特異的な**アミノアシルtRNA合成酵素**（aminoacyl-tRNA synthetase，AARS）により触媒される．

* たとえば，フェニルアラニンのtRNA（図9.7）のアンチコドンは5′-G-A-A-3′であるが，これはmRNAのコドン3′-C-U-U-5′または3′-U-U-U-5′と対合できる．

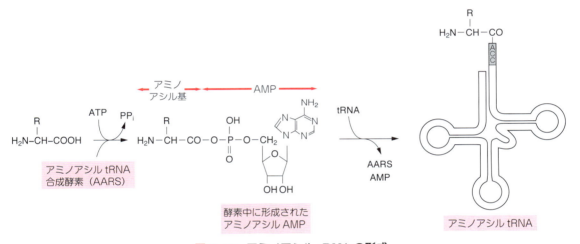

図9.18 アミノアシルtRNAの形成

9.7.4 翻訳の開始・伸長・終結

翻訳の過程は，**開始**（initiation），**伸長**（elongation），**終結**（termination）の三つのステップに分けて捉えることができる．

(a) 翻訳の開始

真核生物における翻訳の開始は，リボソームの小サブユニット（図9.17参照）がmRNAの5′末端キャップ構造に結合することから始まる〔図9.19(a)〕．その後，リボソーム小サブユニットはmRNAの塩基配列に沿って3′方向へ移動し，開始コドンを検出するといったん停止する．ここで，メチオニンを結合したtRNA^{Met}が開始コドンに対合し，リボソーム大サブユニットが覆い被さるように会合する．これらの過程は，**開始因子**（initiation factor：IF）とよばれる一群のタンパク質の介在により進行する．続いてA部位に2番目のアミノ酸を結合したtRNAが進入すると，ペプチド結合の形成が開始される．

原核生物の場合はmRNAにキャップ構造が存在せず，リボソーム小サブユニットが結合する標的は開始コドン直前の**シャイン-ダルガノ配列**（Shine-

Dalgano sequence，SD 配列）とよばれる部分である．

(b) ポリペプチド鎖の伸長

このステップでは，mRNA の翻訳領域内の連続したコドンに対応したアミノ酸が tRNA によって順次リボソームへ運搬され，合成途上のペプチド鎖の C 末端側に一つずつ，ペプチド結合を介して追加される〔図 9.19(b)〕．この過程には，**伸長因子**（elongation factor：EF）とよばれる複数のタンパク質が補助的な役割を果たす．リボソームの P 部位を n 残基からなるペプチド鎖を結合した tRNA が占め，A 部位に $n + 1$ 残基目のアミノ酸を結合した tRNA が進入してくる．A 部位の tRNA のコドンとの正確な対合と適切なアミノ酸の結合が認識されると，P 部位のペプチド鎖の C 末端カルボキシ基が tRNA か

Column

DNA 塩基配列の解析技術

　生物のゲノム DNA は，その塩基配列が生物のすべての性質を決定づけているといってよい．現代では，生体を構成するタンパク質の構造を解明するうえでも，さまざまな疾患の原因を探るうえでも，DNA の塩基配列を知ることが重要な糸口となっている．1970 年代からいくつかの DNA 塩基配列解析法が開発されたなかで，解析効率を飛躍的に向上させたのは，フレデリック・サンガー〔F. Sanger，イギリスの生化学者（1918 ～ 2013）〕が 1977 年に報告した**ジデオキシ法**（dideoxy procedure）であった（サンガーは，タンパク質のアミノ酸配列解析法と併せて二つのノーベル賞を獲得している）．

　ジデオキシ法では，解析対象とする DNA 鎖を鋳型として短い一本鎖合成 DNA（プライマー）を対合させ，それを起点とし DNA ポリメラーゼを用いて DNA 合成反応を行う．その際，原料として 4 種の dNTP のほかに，塩基として A・C・G・T のいずれかをもつ **2′, 3′-ジデオキシヌクレオシド三リン酸**（ddNTP）を添加して反応を行う．ddNTP は人工的な化合物であり，DNA 鎖上で上流側のヌクレオチドとの結合に必要な 5′-OH 基はもつが，下流側のヌクレオチドとの結合に必要な 3′-OH 基を欠いている．そのため，DNA 鎖の合成過程で ddNTP が取り込まれると，鎖の伸長はその部位で停止する．たとえば，4 種の dNTP と ddATP を加えた反応溶液中では，A が出現する（鋳型 DNA の T と対合する）すべての部位で伸長反応が停止して途切れた DNA 鎖が生成する．この生成物の断片長を電気泳動で解析し，プライマーから停止部位までの塩基数を測定することにより，A ヌクレオチドが存在する位置を決定する．同様の反応と解析を C・G・T についても同時に行うことにより，DNA 鎖上で 4 種の塩基がどのような順序で配列していたのかを知ることができる．

　ジデオキシ法による DNA 配列解析は自動化が進み，今世紀のはじめまで展開されたヒトゲノムプロジェクトでは，約 30 億塩基対の DNA 配列のほぼすべてが，この方法により解読された．

　21 世紀に入ると，大量の DNA 配列を高速で解析する技術のニーズが高まり，複数の科学機器メーカーが新技術の開発にしのぎを削った結果，ジデオキシ法とは異なるさまざまな方法による解析装置が登場した．それらは**次世代型 DNA シークエンサー**とよばれ，装置内で試料 DNA の複製反応の進行を光などのシグナルに変換することにより，一度の解析で数十億塩基対もの解読を可能にした．次世代型 DNA シークエンサーの登場により DNA 配列解析の低コスト化・高速化が実現し，近い将来，ヒト一人分の全ゲノム情報を 10 万円以内で解析可能な"10 万円ゲノム時代"が訪れようとしている．個々人のゲノム情報に基づいた疾患の予測や治療が期待される反面，個人情報の取扱いや生命倫理への取り組みにも注目が集まっている．

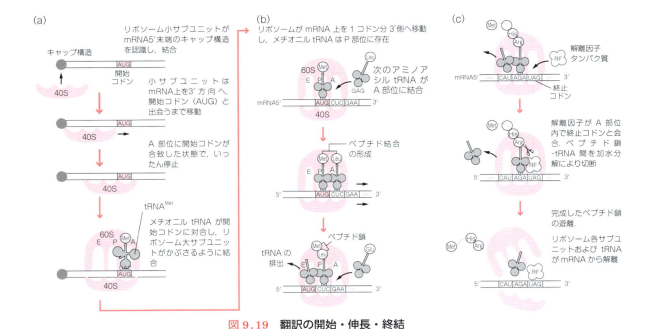

図 9.19 翻訳の開始・伸長・終結

ら遊離し，A 部位のアミノ酸のアミノ基と新たなペプチド結合を形成する．その結果，A 部位の tRNA に $n+1$ 残基からなるペプチドが結合した状態になる．続いてリボソームが mRNA 上を 3′ 側に向かってコドン一つ分移動することにより，ペプチド鎖が切り離された tRNA は E 部位から排出され，$n+1$ 残基のペプチド鎖が結合した tRNA は P 部位へ移動する．

(c) 翻訳の終結

伸長の過程が進行し，リボソームの A 部位に終止コドンが現れると，tRNA ではなく**解離因子**（release factor：RF）とよばれるタンパク質が A 部位に進入する〔図 9.19(c)〕．RF は立体的な形状が tRNA と似ており，終止コドンの塩基と結合する性質をもつ．RF の終止コドンへの結合をきっかけとして，完成したペプチド鎖が P 部位の tRNA から加水分解されてリボソーム外へ放出される．同時に翻訳を終了したリボソームが mRNA から離れてサブユニットに解離し，これらの成分は次の翻訳サイクルに再利用される．

章末問題

1. つぎの各塩基配列と相補的な DNA 塩基配列を示せ．
    (1) 5′-ATGGCAGTATGTAAT-3′   (2) 5′-AUCGGUAGACGGUUC-3′
2. DNA 生合成の基質である dATP，dCTP，dGTP，dTTP の分子量は，それぞれ 491，467，507，482 である．4 種の塩基を等量ずつ含む全長 2,000 bp（base pair：塩基対）の環状二本鎖 DNA の分子量を，有効数字 3 桁で求めよ．

3. メセルソンとスタールの実験について調べよ．同様に窒素源として ^{15}N を含む培養液中でバクテリアを培養し，1回，2回，3回の細胞分裂を経たとき，バクテリアがもつゲノム DNA の質量はそれぞれどのようになるか．ただし，このバクテリアの DNA を構成する窒素がすべて ^{14}N の場合の質量を A，すべて ^{15}N の場合の質量を B とし，これらの記号を用いて説明せよ．

4. ある mRNA の翻訳領域内の部分塩基配列はつぎのとおりであった．この領域にコードされるアミノ酸配列を記せ．この領域が正しい読み枠で翻訳される際には，終止コドンが出現しないことに注意せよ．

   5′-GGAUGGCUGACGAAAGCCUAGUGGCAUC-3′

第10章

生体化学反応とエネルギー

　エネルギーには熱エネルギーだけでなく，電気エネルギー，化学エネルギーなどさまざまなものがあり，それらは生命活動と密接な関係がある．たとえば，生体内で起こるさまざまな化学反応に伴って，エネルギー変化が起きている．そうした生体内の化学反応も，自然界のエネルギーに関する法則に従っていることを，本章で学ぶ．**化学熱力学**(chemical thermodynamics)はエネルギーと物質の関係を取り扱う学問であり，生命を理解するためにもこれを学ぶ必要がある．化学熱力学では，1個1個の分子を対象にするのではなく，分子が多数集合したときに定義できる圧力や温度などの関数として，その集合体のエネルギー状態を考察する．

10.1 熱力学の第一法則

10.1.1 用語の定義

　最初に化学熱力学で使われる用語の説明をしておこう．今，多数個の分子や原子などの粒子が存在する"ひとまとまり"について圧力や温度などを設定する場合，その注目する粒子の集合体を**系**(system)という(図10.1)．たとえば，ビーカーに入れた水を想定してもよい．一方，系以外の部分を**外界**あるいは**環境**(surrounding)という．たとえば，ビーカーやその下に置いたヒーター，またビーカーをとりまく大気でもよい．そして，系と外界の境を**境界**(boundary)

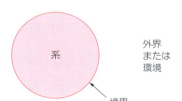

図10.1　系，外界，境界

という.

　系には性質の違いによってつぎの3種類が存在する．(1) 境界をとおして外界とエネルギーや物質のやりとりができる**開放系**(open system)，(2) エネルギーをやりとりできるが，物質をやりとりできない**閉鎖系**(closed system)，(3) エネルギーも物質もやりとりできない**孤立系**(isolated system)である．たとえば，地球という惑星は太陽からエネルギーを得ているし，宇宙との物質の出入りができるので開放系である．ヒトなどの生体も外界から栄養素を取り込み，これからエネルギーを取りだして外界へ仕事をしたり熱をだすので，開放系である．しかし，密閉された容器に入った水は，熱の出入りはできるが，物質の出入りはできないので閉鎖系である．

　系の状態を特徴づける変数を**状態量**(property)という．これには，密度，圧力，温度のように物質の量に無関係な**示強性**(intensive)の変数と，質量，体積，熱エネルギーのように物質の量に依存する**示量性**(extensive)の変数がある．状態量は状態によって変化するが，どの状態かを指定すれば一義的に決まる値である．つまり，同じ状態であれば，圧力や温度，質量などの状態量は一つの値しかとりえない．

　もしも系のなかで場所によって示強性の変数のいずれかに差があると，系内で変数の差をなくそうとエネルギーや物質の移動が自発的に起きる．そして，系内のどの点でも示強性の変数のすべてが等しくなると，その移動が止まる．この止まった状態を**平衡状態**(equilibrium state)という．化学熱力学では多くの場合，平衡状態を取り扱う．

　エネルギーは，「仕事をする能力」と定義できる．その語源は，ギリシャ語の「仕事(*ergon*，エルゴン)をする」という意味の「エネルゴン，*en + ergon*」である．エネルギーには，力学的(運動，位置)エネルギー，電気，磁気，化学，光，熱などの形態があって，それらは互いに転換できる．また，少し難しいが，質量とエネルギーも互いに変換できる．

　化学熱力学では系がもつエネルギーの絶対値は問題にせず，系の状態が変化したときのエネルギーの変化を取り扱う．エネルギーの単位として，本書ではJ(ジュール，$J = kg\, m^2\, s^{-2}$)を用いる．

　一方，仕事を定義すると，古典的には「仕事」=「力」×「移動した距離」ということになる．わかりやすい例として，地上で1 kgの物体を2 mもちあげたときの仕事の量を計算すると，

　$1\, kg$(質量) × $9.81\, m\, s^{-2}$(重力加速度) × $2\, m$(距離) = $19.62\, J$(仕事)

となる．仕事の単位は，エネルギーと同じJ(ジュール)である．ここで力の大きさは，

　$1\, kg$(質量) × $9.81\, m\, s^{-2}$(重力加速度) = $9.81\, kg\, m\, s^{-2}$ = $9.81\, N$

である．力の単位はN(ニュートン，$N = kg\, m\, s^{-2}$)を使う．

　仕事には膨張も含まれる．たとえば，大気圧に逆らって気体が膨張するときである．また，仕事は力学的なものばかりではなく，たとえば電気を流すこと

も含む(11.4節参照).

エネルギーを仕事に変えるときの変換率はエネルギーによって異なる.たとえば,熱エネルギーは最も変換率が悪く,すべてを仕事に変換することは不可能である(10.3節参照).仕事に使われなかったエネルギーは有効利用されずに散逸したことになる.

10.1.2 熱力学の第一法則

今,閉鎖系が状態Aにあるとする.この系に外界から熱を加えたり,仕事(たとえば撹拌)をしたところ,状態Bに変化した(図10.2).系に熱が加わることで系内の分子などの粒子の運動が盛んになるだろうし,また撹拌するときの力が粒子に伝わってやはり粒子の運動が盛んになるだろう.その結果,状態Bの温度は,状態Aよりも高くなっているだろう.このように熱や仕事によって,エネルギーは系と外界の間を出入りできる.

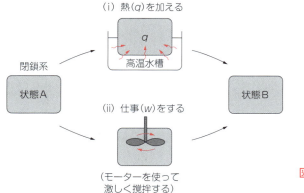

図 10.2 状態の変化とそれをつくりだす方法

ここで系のもつ全エネルギーを**内部エネルギー**(internal energy,記号Uで示す)とよぶことにする.内部エネルギーの内容としては,系内に存在する物質粒子(原子・分子など)の運動エネルギー,物質粒子間の相互作用(引力と斥力)に関する位置エネルギー,原子・分子のもつ化学エネルギーなどが含まれる.しかし,系全体が移動しているときの運動エネルギーや,系が置かれている場所に依存する位置エネルギーは含まれない.

状態Aと状態B(図10.2)のときの内部エネルギーをそれぞれ,U_AとU_Bで示すことにする.内部エネルギーは状態量であり,状態が指定されれば,ただ一つの値をとる.すると状態Aから状態Bに変化したときの系の内部エネルギーの変化(ΔU)は次式のように表せる.

$$\Delta U = U_B - U_A \tag{10.1}$$

ここでΔ(デルタ)は,差あるいは変化量を意味する記号である.ΔUは,U_AとU_Bが決まれば,それだけで決まる値である.

系を状態Aから状態Bに変化させるときに,外界から系に加えた熱をq,

外界が系に対してした仕事を w で示すと，これらの和 $(q+w)$ は系の内部エネルギー変化に等しい．つまり，次式が成り立つ．

$$\Delta U = U_B - U_A = q + w \tag{10.2}$$

この式の意味するところは，q と w のそれぞれの値は状態 A から状態 B に変化させるときの方法・経路によって異なってもよいが，両者の和 $(q+w)$ の値はつねに系の内部エネルギーの変化 (ΔU) に等しく，状態を変化させる方法・経路に依存しないということである．このように，「仕事のエネルギーや熱のエネルギーを含むすべてのエネルギーの総和は保存されており，生成することも消滅することもない」．これを**熱力学の第一法則**(first law of thermodynamics)という*．内部エネルギーという言葉を使って表現すれば，「系の内部エネルギーは，加熱したり，仕事をしないかぎり一定である」，または「孤立系の内部エネルギーは一定である」ということができる．

式(10.2)の変化は測定可能な場合であるが，さらに無限小の変化をつぎの式(10.3)で示すことにする．

$$dU = d'q + d'w \tag{10.3}$$

ここで微分記号 d はその変化が無限小であることを示す．また，d' のダッシュはその変化の値が経路に依存することを示している．

さて，ここで数式の符号について規則を決めておこう．本書では，注目している系に熱 q が外界から入ったとき q は正の値で，逆に系から外界へでるときは負の値をとることにする．仕事も外界が系に対して行うときに w は正の値，系が外界に対して仕事をすれば w は負の値をとる．この規則は，無限小変化の場合も適用される．

例として，系が膨張したり圧縮されるときの外界との仕事の出入りについて考えてみよう．たとえば，ピストン内の気体を系として，外の大気を外界とする(**図10.3**)．ピストンの面積を A，大気圧(一定と仮定)を P_e とすると，系にかかる力 F_e は，

$$F_e = P_e A \tag{10.4}$$

となる．これは重さ $F_e (= P_e A)$ のおもりが，系を下向きに押しているのと同じである．今，系が力 F_e に逆らってゆっくり膨張し，距離 l だけ移動したとする．このとき系がした仕事 w はつぎのように表せる．

$$\begin{aligned} w &= -F_e l \\ &= -P_e A l \\ &= -P_e \Delta V \end{aligned} \tag{10.5}$$

ここで ΔV は，系の体積変化量である．式(10.5)についているマイナス符号には意味がある．系が膨張するとき，ΔV は正だから，w は負となる $(w<0)$．つまり，系が外界に対して仕事をしたぶん，そのエネルギーを系は失うことになる．逆に圧縮されるとき，ΔV は負であるから，w は正となる $(w>0)$．このとき系は外界から仕事をされたぶん，エネルギーを得ることになる．同様に系の体積が無限小変化するとき，式(10.5)はつぎのように表せる．

* 一般的には**エネルギー保存の法則**(law of conservation of energy)という．

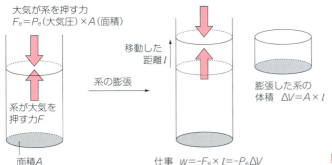

図 10.3　膨張したときの仕事

$$d'w = -P_e dV \tag{10.6}$$

10.1.3　可逆変化と不可逆変化

上記の膨張について，かりに系の圧力 P が外界の圧力 P_e とつねにつりあいながら，どちらかの圧力が無限小だけ小さいために無限小の膨張や圧縮が起きることを想定すると，式(10.5)および(10.6)はつぎのように表せる．

$$w = -P\Delta V \tag{10.7}$$
$$d'w = -PdV \tag{10.8}$$

この想定は現実には起こりそうもないことである．現実には系の圧力 P と外界の圧力 P_e に明確な差があるからこそ，膨張や圧縮が起きる．しかし，ここで想定した変化の過程では，系内はつねに均一（密度，温度などすべて）で，系の状態をいつも記述できることになる．こうした変化は，それまでとは逆の無限小の変化を起こせば，たどってきた道筋を正確に逆もどりできることになる．こうした変化を，**可逆変化**(reversible change)という．しかし，現実に起きる変化では，系の圧力 P と外界の圧力 P_e に明確な差があるために，系の体積は急激に変化し，このため系内は不均一となり（たとえば，急激な膨張によって密度が小さく温度の低い部分が生じる），変化の過程で系の状態を正確に記述できない．このため，変化の過程を正確に逆もどりできない．こうした変化を**不可逆変化**(irreversible change)という．つまり，われわれの身のまわりで起きる変化は不可逆変化である．たとえ系の状態をもとにもどせても，それはあくまで不可逆変化を繰り返したまでのことである（10.3 節に関連）．

10.2　エンタルピーと反応熱

10.2.1　エンタルピー

化学熱力学では，系の体積一定（定積という）あるいは圧力一定（定圧）という条件下で状態変化を取り扱う場合が多い．たとえば，系が堅牢な容器に密閉されたまま状態変化する場合を考えてみよう．膨張などの体積変化による仕事のみを考えた場合，定積変化では $\Delta V = 0$ であるので，式(10.5)から $w = 0$ となる．すると式(10.2)より，

$$\Delta U = q_v \tag{10.9}$$

となる．つまり，定積変化では系に加えられた熱 q は，すべて系の内部エネルギーの増加分に等しい．ここで，q につけられた下添字の v は，定積変化であることを示す．一方，定圧変化では $w = -P\Delta V$〔式(10.7)〕であるので，式(10.2)から

$$\begin{aligned}\Delta U &= q_p + w \\ &= q_p - P\Delta V\end{aligned} \tag{10.10}$$

となる．この式を変形すると

$$q_p = \Delta U + P\Delta V \tag{10.11}$$

となる．つまり，定圧変化では系に加えられた熱 q は，系の内部エネルギーの増加と系が膨張という仕事をするためのエネルギーとして使われることになる．ここで，q につけられた下添字の p は，定圧変化であることを示す．

さて，ここで新しい状態量として，**エンタルピー**（enthalpy，H で示す）を次式のように定義する．

$$H = U + PV \tag{10.12}$$

すると，定圧の条件下では

$$\begin{aligned}\Delta H &= \Delta(U + PV) \\ &= \Delta U + V\Delta P + P\Delta V \\ &= \Delta U + P\Delta V\end{aligned} \tag{10.13}$$

となる（定圧だから $\Delta P = 0$）．すると式(10.11)と(10.13)から

$$\Delta H = q_p \tag{10.14}$$

すなわち，定圧変化において系と外界の間でやりとりされる熱量 q_p は，系のエンタルピー変化 ΔH に等しいことになる．

エンタルピーは内部エネルギーと同様に状態量である．そして，その変化量 ΔH は変化する前と後の状態がどうであるかに依存し，途中の経路には依存しない．たとえば，変化する前の状態のエンタルピーを H_A，変化したあとの状態のエンタルピーを H_B とすると，ΔH はつぎのように示される．

$$\Delta H = H_B - H_A \tag{10.15}$$

実験室での実験や，われわれの通常の生活で起きる変化は，大気圧という定圧の条件下で起きるので，系に出入りする熱量を示すのに多くの場合 ΔH が用いられる．

10.2.2 反応熱

10.2.1で述べたように，通常の実験室で行われる化学反応は定圧条件下であって，そのとき系を出入りする熱量 q はエンタルピー変化 ΔH に等しいことがいえる（ただし，系は膨張以外の仕事，たとえば電気を流すなどをしないことが条件である）．したがって，化学反応に伴って出入りする熱〔これを**反応熱**（heat of reaction）という〕を測定すれば，化学反応に伴う系のエンタルピー変化を決定できる．

もし，化学反応に際して系から熱が放出される場合には，

$$\Delta H < 0 \quad (発熱) \tag{10.16}$$

であり，その反応を**発熱反応**(exothermic reaction)という．一方，系が熱を吸収する場合には，

$$\Delta H > 0 \quad (吸熱) \tag{10.17}$$

であり，その反応を**吸熱反応**(endothermic reaction)という．

生体反応は，化学反応が溶液中で起こる．この場合，反応に伴う系の体積変化は，ほとんど無視できる．すると式(10.13)で$\Delta V \fallingdotseq 0$であるので，$\Delta H$と$\Delta U$はほぼ等しいことになる．つまり，体積変化が無視できる反応の場合には，反応熱は系のエンタルピー変化ΔHに等しいばかりでなく，内部エネルギー変化ΔUにもほぼ等しい．

10.2.3 ヘスの法則

10.2.2で述べたように，定圧の条件下では反応熱はエンタルピー変化ΔHに等しいので，反応熱の大きさは，反応を起こす前の状態と反応が終了した状態に依存するが，その途中の経路には依存しない．したがって，ある反応を何段階かに分けた場合，全体の反応の反応熱は各段階の反応熱の和に等しいといえる．これを**ヘスの法則**(Hess's law)という．

ヘスの法則を応用すれば，実験によって直接測定ができない反応熱も決定できる．たとえば，炭素，水素，グルコース($C_6H_{12}O_6$)の燃焼反応〔下記(a)〜(c)〕の反応熱(実験により計測できる)の値を使って，炭素と水素と酸素からグルコースが生成する反応(d)の反応熱を計算してみよう．

(a) $C(s) + O_2(g) \longrightarrow CO_2(g) \qquad \Delta H° = -393.5 \text{ kJ mol}^{-1}$

(b) $H_2(g) + \frac{1}{2}O_2(g) \longrightarrow H_2O(l) \qquad \Delta H° = -285.8 \text{ kJ mol}^{-1}$

(c) $C_6H_{12}O_6(s) + 6O_2(g) \longrightarrow 6CO_2(g) + 6H_2O(l)$
$$\Delta H° = -2802 \text{ kJ mol}^{-1}$$

(d) $6C(s) + 6H_2(g) + 3O_2(g) \longrightarrow C_6H_{12}O_6(s) \qquad \Delta H_f° = ?$

ここでは各物質の状態を示す必要性から，(s)：固体，(l)：液体，(g)：気体，を示す．また，$\Delta H°$の右肩の°印は，反応物と生成物がいずれも，**標準状態**(standard state)にあることを意味する．標準状態とは，ある温度(通常25℃)[*1]で1 atm(1気圧)[*2]の圧力のもとで，各物質が純粋かつ単一相である(固体，液体，気体が混じっていない)状態をさす．

ヘスの法則に従って，(d)の反応熱を求めるためには，(a)×6＋(b)×6−(c)を計算すればよい．つまり，

(d)の反応熱 $\Delta H_f° = (-393.5) \times 6 + (-285.8) \times 6 - (-2802)$
$$= -1274 \text{ kJ mol}^{-1}$$

となる．この値は，標準状態にある各元素から，標準状態にあるグルコース1モルを生成する反応の反応熱，つまりエンタルピー変化を示しているので，グ

[*1] 本書では摂氏温度の単位を℃で，絶対温度(記号Tで表示)の単位をK(ケルビン)で表示する．絶対温度は，摂氏温度に273.15を和した値になる．

[*2] IUPACは1 atmではなく，1 bar(1 bar = 0.986923 atm，付表参照)を使うことを推奨している．熱力学データはほとんど同じであるので，本書では1 atmでの値を使うことにする．

表10.1 物質の熱力学的性質

(a) 単体と無機化合物

物質	ΔH_f° kJ mol^{-1}	ΔG_f° kJ mol^{-1}	S° J K^{-1} mol^{-1}
C(s, 黒鉛)	0	0	5.74
〃(s, ダイヤモンド)	1.90	2.90	2.38
CO_2(g)	−393.51	−394.36	213.6
H_2CO_3(aq)	−699.7	−623.2	187
HCO_3^-(aq)	−692.0	−586.8	91.2
CO_3^{2-}(aq)	−677.1	−527.9	−56.9
Cl_2(g)	0	0	222.96
Cl^-(aq)	−167.16	−131.26	56.5
HCl(g)	−92.31	−95.30	186.80
H_2(g)	0	0	130.57
H^+(aq)	0	0	0
H_2O(l)	−285.83	−237.18	69.9
〃(g)	−241.82	−228.59	188.72
N_2(g)	0	0	191.5
NH_3(g)	−46.1	−16.5	192.3
NH_3(aq)	−80.29	−26.50	111.3
NH_4^+(aq)	−132.5	−79.4	113.4
O_2(g)	0	0	205.03
OH^-(aq)	−229.99	−157.29	−10.75
H_3PO_4(s)	−1279	−1119	110.5
$H_2PO_4^-$(aq)	−1298.6	−1132.7	
HPO_4^{2-}(aq)	−1294.4	−1091.6	
PO_4^{3-}(aq)	−1280	−1021	
Na(s)	0	0	51.2
Na^+(aq)	−240.1	−261.9	59.0
NaOH(s)	−425.61	−379.52	64.45
NaCl(s)	−411.15	−384.15	72.1

(b) 有機化合物

物質	ΔH_f° kJ mol^{-1}	ΔG_f° kJ mol^{-1}	S° J K^{-1} mol^{-1}
メタン(g)	−74.5	−50.4	186
エタン(g)	−84.0	−32.2	230
アセチレン(g)	228.0	210.5	201
ベンゼン(l)	49.0	124.4	173
メタノール(l)	−239.1	−166.7	127
〃(g)	−201.6	−162.9	240
エタノール(l)	−277.1	−174.2	161
〃(g)	−234.8	−168.3	283
ギ酸(l)	−425.0	−361.7	129
酢酸 CH_3COOH(l)	−484.3	−389.6	160
〃 CH_3COO^-(aq)	−486.0	−369.4	87
α-D-グルコース(s)	−1273.3	−909.4	212
β-D-グルコース(s)	−1268.0	−908.9	228
L-乳酸(s)	−694.0	−522.8	143
尿素(s)	−333.7	−197.7	105

すべての値は,温度 298.15 K で標準状態(1 atm)でのものである.固体(s で表示)と液体(l)は 1 atm での純粋な状態.気体(g)は 1 atm での仮想的な理想気体の状態.水溶液中の溶質(aq)は,濃度 1 mol kg^{-1} の仮想的な理想溶液の状態である.
ΔH_f°(標準生成エンタルピー)と ΔG_f°(標準生成ギブズ自由エネルギー)はそれぞれ,標準状態にあるその物質 1 mol を,標準状態にある各元素から生成するのに必要なエンタルピー変化とギブズ自由エネルギー変化である.下添字の f は,生成(formation)を示す.S°(標準エントロピー)は標準状態にあるその物質 1 mol がもつエントロピーである.

ルコースの**標準生成エンタルピー**(standard enthalpy of formation, ΔH_f°)という.ΔH_f° の下添字の f は,生成エンタルピーであることを示す.ただし,標準状態にある元素(単体)のエンタルピーは,すべてゼロと決められている.いくつかの物質の ΔH_f° を**表10.1**に示す.

生物にとって,グルコースの燃焼反応〔上述(c)〕は重要である.グルコース 1 モルを実際に燃焼させると 2802 kJ の発熱が起きるが,生物はこのエネルギー

を熱エネルギーとしてではなく，生体内で必要とされるいろいろな仕事に利用している(10.4.2). そして残りのエネルギーが熱となって体温維持のためなどに使われている．

10.3 エントロピーと熱力学の第二法則

熱力学の第一法則は系の変化に伴うエネルギーの量的関係を示すだけであって，系の変化が起こる方向について何も明らかにしない．ここでは，自然に起こる系の変化の方向を示す法則として，熱力学の第二法則を紹介する．そのためにはまず，エントロピー*という概念を理解してほしい．

* エントロピーの語源は，「変化を司る者」という意味で，1850年，クラウジウスが，ギリシャ語の変化するという意味の「*trope*」から，*en*(英語の接頭語 in と同じ) + *trope* + *y*(者)というように造語した．

10.3.1 エントロピー

身のまわりの現象を見ると，自然に起きる現象と，そうではなくて何か働きかけをしないと起きない現象がある．たとえば，高温の物体と低温の物体が接しているとき，自然に熱は高温の物体から低温の物体へ移動し，最終的には二つの物体の温度は同じになる．しかし，逆の方向に熱が移動することは自然には起こらず，もしそうしたければヒトが仕事(エネルギーを使って冷却機を動かすなど)をする必要がある．しかも，自然に起きる変化は不可逆的(10.1.3)であって，自然に元の状態に戻ることもない．もう一つの例として，二つの部屋の片方に気体が詰まっていて，もう片方は真空であるとする．二つの部屋の境界を取ったとき，気体は二つの部屋全体に自然に拡散する．このとき，温度は一定であって，熱や仕事の出入りはない．逆に，拡散された気体がいつのまにか自然に片方の部屋のみに集まって，もう一方の部屋が真空になることはない．このように自然界に起きる変化には，方向性があることを再認識しよう．

上述した二つの例に何か共通することは，何かないだろうか．それは，無秩序さが増加することである．ここでいう無秩序さとは，物質粒子の位置，運動，エネルギーなどに関して，とりうる状態の数が多いということである．最初の熱の移動の例で考えてみよう．高温と低温の物体が接しているが熱の移動が起きないとき，熱エネルギー(物質粒子の激しい運動と考えてもよい)は高温物質のほうに偏って存在するという秩序がある．しかし，すぐに熱エネルギーは高温から低温に伝わり(運動の激しい粒子は，運動の弱い粒子にぶつかることによって，運動を伝える)，最終的には熱エネルギーは二つの物体全体に散逸し，より秩序の低い状態となる．熱の移動が起きる前と後では物質粒子の数も熱エネルギーの総和も同じだが，熱エネルギーが散逸したあとのほうが粒子の熱エネルギーの配分の仕方がずっと増加している．また，気体の拡散では，気体粒子の位置のとりうる数は，拡散したほうがはるかに増加する．

1896年，ボルツマン(L. E. Boltzmann)は統計的確率の考え方から，物質粒子の無秩序さ(とりうる状態の数)を記号 W で示し，これに関係する状態量として**エントロピー**(entropy，記号 S で示す)をつぎの式で定義した．

$$S = k_B \ln W \tag{10.18}$$

クラウジウス(R. J. E. Clausius, 1822～1888. ドイツの物理学者).

ボルツマン(L. E. Boltzmann, 1844～1906. オーストリアの理論物理学者).

*1 気体の量として1モルをとると，[(圧力)×(体積)]/(絶対温度)の値は気体の種類によらず一定となり，8.314 J K^{-1} mol^{-1}である．これを気体定数(gas constant)とよぶ．

この式を**ボルツマンの式**(Boltzmann equation)とよぶ．また，k_Bは**ボルツマン定数**(Boltzmann constant)とよばれるもので，**気体定数**[*1]Rをアボガドロ定数N_Aで割った値をもつ（$k_B = R/N_A = 1.381 \times 10^{-23}$ J K^{-1}）．たとえば，ある物質が絶対零度で結晶であるとする．結晶内で物質粒子は運動することなく，きれいに方向をそろえて並んでいる〔図10.4(a)〕．このとき，とりうる状態の数は一通りしかない（$W = 1$）ので，式(10.18)よりこの状態のエントロピーは$S = 0$となる．温度が上がると粒子は運動を始め，個々の粒子の配向やエネルギーの大きさもいろいろな場合が考えられるようになる〔図10.4(b)〕．そして，固体から液体，さらに気体になるほど〔図10.4(c)〕，個々の粒子の位置，運動，エネルギーに関してとりうる状態の数Wは大きくなって，エントロピーSが増大する．したがって，物質はいずれも常温では正の値のエントロピーをもつことになる．

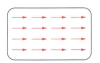 

(a) 絶対零度で，分子が同一方向にきれいに並んでいる．分子の運動はない．
(b) 温度が上がると分子は運動を始め，並び方も均一ではなくなる．
(c) 気体では分子はいろいろな方向に運動している．

図10.4　物質の無秩序さ

*2 エントロピーの確率的な定義と熱力学的な定義は，互いに関連づけることができる．その説明には統計熱力学という考え方が必要であるが，本書では省略する．

*3 本書では記号Tは絶対温度であることを示す．

一方，エントロピーの熱力学的な定義も紹介しよう[*2]．ここではエントロピーの変化ΔSに注目する．温度T[*3]の系が熱qを得たとき，系内の粒子の無秩序さは増大し〔たとえば図10.4(a)→(b)→(c)のように〕，そのときの系のエントロピーの変化はつぎの式で表せる．

$$\Delta S = \frac{q}{T} \tag{10.19}$$

厳密には，熱qの移動によって系の温度Tも変化する可能性があるので，無限小変化について次式で示す．

$$dS = \frac{d'q}{T} \tag{10.20}$$

たとえば，水1モルが，大気圧の下，100 ℃で液体から気体になるのに，熱40,670 J mol^{-1}を要する．このときのエントロピー変化は，

$$\Delta S = \frac{q}{T} = \frac{40{,}670 \text{ J mol}^{-1}}{373 \text{ K}} = 109 \text{ J mol}^{-1} \text{ K}^{-1}$$

となる．つまり，大気圧下，100 ℃で1モルの水蒸気は1モルの水よりエントロピーが上記の値だけ大きいことになる．

10.3.2 熱力学の第二法則

　自然に起きる変化とは，なにも特別な仕事をしなくても自発的に起きる変化のことである．また，自然変化したあとで，何か特別な仕事をしないかぎり，ふたたびもとの状態に戻ることはない．この意味で，自然変化は不可逆変化である．**熱力学の第二法則**(second law of thermodynamics)は，自然変化とエントロピーの関係を定めている．つまり，この法則は「自然変化(つまり不可逆変化)するとき，全体のエントロピーは増加する」，あるいは「宇宙のエントロピーは，自然に起こるあらゆる変化の過程で増加する」などと表現される．一方，可逆変化の場合には，熱力学の第二法則によると全体のエントロピーは変化しない．

　前述の高温の物体から低温の物体へ熱が移動するという例で，確認してみよう．今，系の温度を T，外界の温度を T'，そして外界のほうが系よりも温度が高い($T < T'$)とする．自然変化として，外界から系へ熱 q が移動したとき，系と外界のエントロピー変化，$\Delta S_\text{系}$ と $\Delta S_\text{外界}$，はつぎのようになる．

$$\Delta S_\text{系} = \frac{q}{T} \tag{10.21}$$

$$\Delta S_\text{外界} = -\frac{q}{T'} \tag{10.22}$$

熱力学の第二法則では，全体つまり系と外界の総和について考えるので，全体のエントロピー変化 $\Delta S_\text{全体}$ はつぎのようになる．

$$\begin{aligned}\Delta S_\text{全体} &= \Delta S_\text{系} + \Delta S_\text{外界} \\ &= \frac{q}{T} - \frac{q}{T'} \\ &= q\left(\frac{1}{T} - \frac{1}{T'}\right) > 0\end{aligned} \tag{10.23}$$

つまり，全体のエントロピーは増加することがいえる($T < T'$ だから)．可逆変化では，$T = T'$ であり，このとき全体のエントロピー変化はゼロである．

　地球上の世界は，きわめてエントロピーの低い状態といえる．まず，生命そのものがエントロピーの低い存在である．秩序だった構造の細胞や個体を構築しようとする生命活動は，系としての生体のエントロピーを低く保とうとする働きとみなせる．生体が死ぬと個体や細胞の形は壊れ，生体高分子も多数の小分子(二酸化炭素や窒素ガスなど)に分解されて，エントロピーは増加する．

　地球上ではエントロピーを小さく保とうとする働きが，多くの生物によって行われている．これは熱力学の第二法則に反するようであるが，決して逆らってはいない．なぜなら，生命のエネルギーの源である太陽エネルギーは四方八方に散逸しているのでエントロピーの増加が大きく，地球上でのエントロピーの減少分を補ってあまりあると考えることができるからである．まして宇宙全体ともなればエントロピーの増加はさらに大きいといえる．だから，地球のようにエントロピーを小さくする天体があっても，第二法則とは矛盾しない．

10.3.3 物質のエントロピー

10.3.1 で，絶対零度の結晶で，物質粒子の運動がなく，きれいに方向をそろえて並んでいる状態のエントロピーはゼロであることは述べた．これを**熱力学の第三法則**(third law of thermodynamics)という．そして温度が上がると，物質のエントロピーも増加する．各物質のもつエントロピーは，式(10.20)のエントロピーの熱力学的定義を発展させて，実験によって求めることができる．とくに 25 ℃で標準状態の物質 1 モルがもつエントロピーを**標準エントロピー**(standard entropy, $S°$ で示す)といい，いろいろな物質について数値が与えられている(表10.1)．一般に，固体 < 液体 < 気体の順にエントロピーの値が大きい．また，原子数の大きい分子ほど，エントロピーの値が大きい．一方，水はほかの液体より値が小さいが，これは水分子間で水素結合があり，液体であってもかなり規則的な構造であることを反映している(4.2.4)．

標準エントロピー $S°$ を使えば，いろいろな化学反応に伴う系のエントロピー変化を計算できる．例として，25 ℃標準状態における水素の燃焼反応を取りあげる*．

$$H_2(g) + \frac{1}{2} O_2(g) \longrightarrow H_2O(l) \quad \Delta H° = -285.8 \text{ kJ mol}^{-1}$$

まず，各物質の標準生成エンタルピー($\Delta H_f°$)の値(表10.1)を使って，この反応エンタルピー変化($\Delta H°$)を求めると，上記の値となる．

この反応が起きる系(反応容器のなか)のエントロピー変化はつぎのように求められる．

$$\Delta S_\text{系} = (生成物のエントロピーの和) - (反応物のエントロピーの和) \tag{10.24}$$

H_2O, H_2, O_2 の標準エントロピーは表10.1から，それぞれ 69.9, 130.6, 205.0 J K^{-1} mol^{-1} であるので，下式となる．

$$\Delta S_\text{系}° = S°_{H_2O} - (S°_{H_2} + \frac{1}{2} S°_{O_2})$$

$$= 69.9 - (130.6 + \frac{1}{2} \times 205.0) = -163.2 \text{ J K}^{-1} \text{ mol}^{-1}$$

では，この反応が自発的に進行するか否か検討しよう．そのためには，外界のエントロピー変化($\Delta S°_\text{外界}$)も計算しなくてはならない．外界のエントロピー変化は，系から放出された反応熱$\Delta H°$ ($= q_p$, 定圧条件下)による増加分を計算すればよい．ただし，外界の温度は系と同じで，系からの放熱が起きても外界は熱だまりとして規模が大きいため，温度変化は無視できると仮定する．このような定温定圧条件下では，

$$\Delta S°_\text{外界} = -\frac{\Delta H°}{T} \tag{10.25}$$

を計算すればよい．つまり，前出の $\Delta H° = -285.8$ kJ mol^{-1} を使えば

$$\Delta S°_\text{外界} = -\frac{(-285,800 \text{ J mol}^{-1})}{298 \text{ K}} = 959 \text{ J K}^{-1} \text{ mol}^{-1}$$

* 正確にいえば，25 ℃標準状態にある 1 モルの $H_2(g)$ と $\frac{1}{2}$ モルの $O_2(g)$ がそれぞれ別々に存在する状態から，25 ℃標準状態にある 1 モルの $H_2O(l)$ にすべて変化したときのエントロピー変化(定温，定圧条件下)を計算することになる．

となる．したがって，全体のエントロピー変化は，

$$\Delta S°_{全体} = \Delta S°_{系} + \Delta S°_{外界}$$
$$= \Delta S°_{系} - \frac{\Delta H°}{T}$$
$$= -163 + 959 = +796 \text{ J K}^{-1} \text{ mol}^{-1} > 0$$

となる．したがって，$\Delta S°_{全体} > 0$ であるので，熱力学の第二法則より，この反応は自発的に進行する．この反応が起きる系ではエントロピーは減少する（気体から液体を生じ，同時に分子数の減少が起きている）けれども，反応熱が外界に放出されることによる外界のエントロピーの増加が大きいので，全体としてエントロピーは増加することになり，この反応は自発的に進行する．

10.4 ギブズ自由エネルギー

10.4.1 ギブズ自由エネルギーの意義

ある反応が自発的に進行するか否かは，熱力学の第二法則に従って全体のエントロピーが増加するか否かに依存することを，10.3.2 および 10.3.3 で述べた．つまり，定温定圧条件下では，

$$\Delta S_{全体} = \Delta S_{系} + \Delta S_{外界}$$
$$= \Delta S_{系} - \frac{\Delta H}{T} > 0 \tag{10.26}$$

であるときに，反応は進行すると表現できる．この場合，系と外界の両方のエントロピー変化をそれぞれ別々に計算して，両者の和である全体のエントロピー変化が正の値であるときに，系の反応は自発的に進行すると判断した．しかし，式(10.26)を見直すと

$$\Delta S_{外界} = -\frac{\Delta H}{T}$$

であり，ΔH と T は系の状態量であるので，実は式(10.26)では系に関する量のみを扱っていたことになる．そこで，もっと簡単に系に注目するだけで反応の進行を判断できる方法を示そう．

まず，式(10.26)の両辺に $-T(<0)$ を掛けて，つぎのように変形する．

$$-T\Delta S_{全体} = \Delta H - T\Delta S_{系} < 0 \tag{10.27}$$

ここで $-T\Delta S_{全体}$ を ΔG という変化量で示すことにする．ΔG は系に関する変化量であるが，系と外界の両方のエントロピー変化の要素を含んでいることに注意しよう．式(10.27)はすべて系に関する変化量になるので下添字を取りのぞくと，

$$\Delta G = \Delta H - T\Delta S < 0 \tag{10.28}$$

となる．改めてここで，G を系の新しい状態量として次式のように定義し，**ギブズ自由エネルギー**(Gibbs free energy)とよぶ．

$$G = H - TS \tag{10.29}$$

式(10.29)より，その変化量について調べると

ギブズ(J. W. Gibbs, 1839～1903. アメリカの物理学者).

$$\Delta G = \Delta(H - TS)$$
$$= \Delta H - (T\Delta S + S\Delta T)$$

となる．定温($\Delta T = 0$)，定圧という条件下では，

$$\Delta G = \Delta H - T\Delta S \tag{10.30}$$

となって，式(10.28)と一致する．つまり，定温定圧の条件下で，ギブズ自由エネルギーが減少する($\Delta G < 0$)ような系の反応は，自発的に進行することになる．このように，系のギブズ自由エネルギー変化を調べれば，反応が進行するか否かを簡単に判断できるので便利である．ギブズ自由エネルギー変化と反応の進行方向についてまとめるとつぎのようになる．

$$\left. \begin{array}{l} \Delta G < 0：反応は書いてあるとおりに自発的に進行する． \\ \Delta G = 0：反応はどちらにも進まず平衡状態にある． \\ \Delta G > 0：反応は書いてある方向とは逆に進行する． \end{array} \right\} \tag{10.31}$$

さて，ギブズ自由エネルギーという名前についている"自由"とは何を意味するのだろうか．難しい話になるが，重要なので理解してほしい．実は，ある反応に伴うギブズ自由エネルギーの変化量ΔGは，その反応から取りだされるエネルギー(ΔH)のうち，使い方を束縛されずに自由に使ってよいエネルギーの量を示している．自由に使ってよいというのは，膨張以外の仕事であれば何に使ってもよい，ということである．ΔHは系の膨張(これも仕事の一つ)などの体積変化に伴うエネルギーの出入りを考慮したあとのエネルギーであり，したがってΔHは単純に熱エネルギーとして放出されるか，膨張以外の仕事に使われるかどちらかである．膨張以外の仕事としては，電気的な仕事(電気を流す)がある．わかりやすい例は，電池である．電池は，酸化還元反応に伴って取りだされるギブズ自由エネルギーを使って，電気を流す仕事をする(11.4.2)．一方，生物は取り込んだ栄養素を体内で酸化分解しており，その過程で得たギブズ自由エネルギーを，自己の活動エネルギーとして利用している．

では，束縛されたエネルギーとは何か．ふたたび式(10.30)を見てほしい．

$$\Delta G = \Delta H - T\Delta S \tag{10.30}$$

このなかで$T\Delta S$が束縛されたエネルギーであり，これは熱力学第二法則が成立するために，どうしてもエントロピーの増加分として使わざるをえない熱エネルギーである．つまり，使い方を束縛されたエネルギーである．たとえば今(図10.5)，系で起きる反応からエネルギーが取りだせる場合を考えるので，$\Delta H < 0$と仮定しよう．まず，系でエントロピーが減少する($\Delta S < 0$)場合〔図10.5(a)〕，熱力学の第二法則から，外界では系で減少した分を上回る量のエントロピーの増加が必要である．そのためには放出されたエネルギーの一部を熱として外界に放出する．その熱として捨てざるを得ないエネルギーの大きさは，少なくても$T\Delta S$である．ちょうど$T\Delta S$は，ΔHを使って仕事をするときの税金のようである．そして，残りは自由に仕事に使ってよいエネルギーということになる．また，系でエントロピーが増大する($\Delta S > 0$)場合〔図10.5(b)〕，仕事に使えるエネルギーの絶対値$|\Delta H - T\Delta S|$は，$|\Delta H|$よりも大

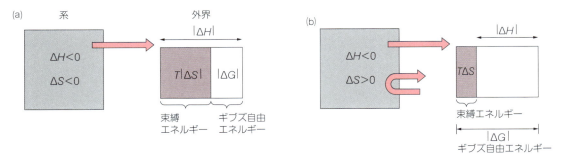

図 10.5 ギブズ自由エネルギーと束縛エネルギー

きくなる（ΔH が負であるので）．これは系のエントロピーが増大するぶん，外界のエントロピーが減少してもよいので，そのぶんの熱が外界から系に入って，系から取りだせる仕事エネルギーを増やしてくれたと考えてもよい．徴収された税金が思わぬところで返ってきたようなものである．

一般的に，発熱反応（$\Delta H < 0$）は自発的に進行する．これは $|\Delta H|$ が $|T\Delta S|$ よりもかなり大きいので，発熱によって外界のエントロピーが増大することが反応を進行させる原動力になっている．一方，吸熱反応（$\Delta H > 0$）でも自発的に進行する反応もある（たとえば，NaCl を水に溶解するとき．4.2.4）．この場合は，系のエントロピーの増加（$\Delta S > 0$）が大きいことが反応を進行させる原動力である．

各物質に標準生成エンタルピーや標準エントロピーを与えたように，標準ギブズ自由エネルギーを与えれば，反応に伴うギブズ自由エネルギー変化を簡単に計算できて便利である．そこで標準状態（温度は限定されないが通常 25℃）において，元素から各物質を生成する反応に伴うギブズ自由エネルギー変化を，**標準生成ギブズ自由エネルギー**（standard Gibbs free energy of formation, ΔG_f°）とよび，その物質に与えることにする[*1]（表 10.1）．ただし，すべての元素（単体）の標準生成ギブズ自由エネルギーは，ゼロとする．試みに表 10.1 の ΔH_f°，ΔG_f°，S° を使って，NaCl の水に溶解する反応が吸熱反応であるが自発的に進行することを，計算によって検証してみるとよい．

10.4.2 ギブズ自由エネルギーと生体内の化学反応

$\Delta G < 0$ であるとき，その反応は自発的に進行し，非膨張的仕事をするためのエネルギーとして，最大値 $|\Delta G|$ を取りだせることを前節までに説明した．このような反応を**発エルゴン反応**（exergonic reaction）という[*2]．これに対して $\Delta G > 0$ である反応は**吸エルゴン反応**（endergonic reaction）といい，この反応は自発的に進行しない．生体内で起きる反応は，グルコースの酸化反応のような発エルゴン反応も存在するが，多くは吸エルゴン反応である．たとえば，筋肉を動かしたり，生体高分子を合成する反応などである．こうした反応はどのようにして進行するのだろうか．実は，生体内では発エルゴン反応から

[*1] この値は各物質の標準生成エンタルピー（ΔH_f°）と標準エントロピー（S°）を使って，次のように求めることができる．
$\Delta G_f^\circ = \Delta H_f^\circ - T\Delta S^\circ$
ただし $\Delta S^\circ =$（その物質の S°）－（原料元素の S° の総和）

[*2] "発エルゴン"は，仕事（エルゴン）を外界に対して行うことができることを意味する．逆に"吸エルゴン"は，外界から仕事をしてやらないと反応が進まないことを意味する．

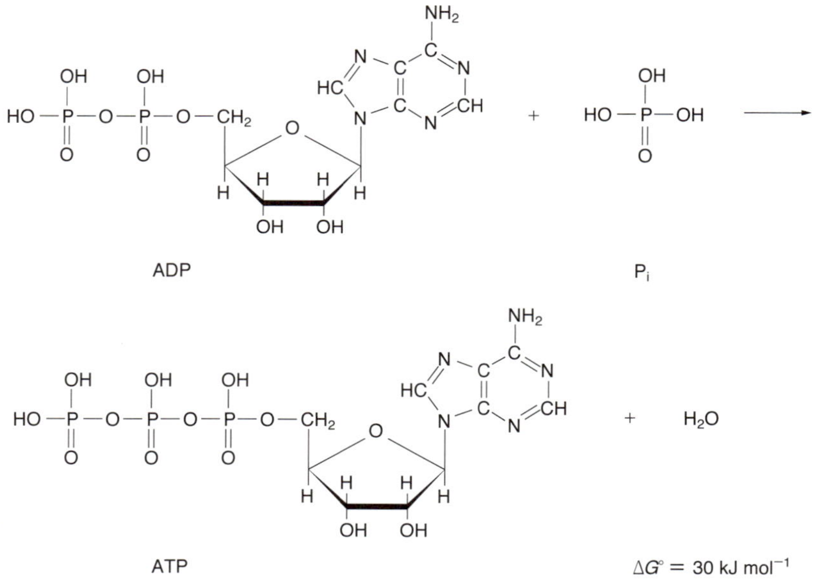

図 10.6 ADP からの ATP の合成

取りだしたギブズ自由エネルギーを用いて，吸エルゴン反応を進行させている．このように，ギブズ自由エネルギーの授受に伴って二つの反応を進行させることを**共役**(coupling)という．

生体内では，グルコースの酸化($C_6H_{12}O_6 + 6\,O_2 \rightarrow 6\,CO_2 + 6\,H_2O$)によって得られるギブズ自由エネルギー($\Delta G° = -2880$ kJ mol^{-1})を使って，まずエネルギー通貨(エネルギーを蓄え，また運搬する物)ともいうべき**アデノシン 5′-三リン酸**(adenosine 5′-triphosphate；略して **ATP** とよばれる．ヌクレオチドの一種，9.1 節参照)を合成する(**図 10.6**)．

$$ADP + P_i \longrightarrow ATP + H_2O \qquad \Delta G° = +30 \text{ kJ mol}^{-1} \qquad (10.32)$$

ここで，$\Delta G°$ は標準状態におけるギブズ自由エネルギー変化，ADP はアデノシン 5′-二リン酸(adenosine 5′-diphosphate)であり，P_i はオルトリン酸(H_3PO_4)である．ATP は ADP よりも，リン酸基が一つ多く末端に結合している．通常，グルコース 1 モルの酸化反応から，32 モルの ATP が合成される．この二つの反応が共役した場合，つぎのように示すことができる．

$$C_6H_{12}O_6 + 6\,O_2 + 32\,ADP + 32\,P_i \longrightarrow 6\,CO_2 + 32\,ATP + 38\,H_2O \qquad (10.33)$$

$$\Delta G° = (+30) \times 32 + (-2880) = -1920 \text{ kJ mol}^{-1}$$

この反応は全体として $\Delta G° < 0$ であるので，自発的に進行する．そして，ATP の合成に使われなかった残りのギブズ自由エネルギーは，熱として散逸する．このようにして，グルコースから酸化反応によって取りだされたエネルギーは，一度，ATP に貯蔵された形をとる．

合成された ATP は，式(10.32)の逆反応によって ADP とオルトリン酸に加水分解され，このとき放出されるギブズ自由エネルギー($\Delta G° = -30$ kJ mol^{-1})

を使って，いろいろな吸エルゴン反応が進行する．つまり，ATP はエネルギーを運搬する役割を果たしている．

グルコースの酸化反応に共役した ATP の合成も，ATP の加水分解に共役した種々の吸エルゴン反応の進行も，いろいろな酵素(8.2節および 12.2節参照)によって行われる．酵素は共役する両反応が効率よく進行するような場を提供する．ここでは例として，ヘキソキナーゼという酵素によって，ATP の加水分解に共役して，グルコースからグルコース 6-リン酸を生じるときのエネルギー収支をみてみよう．反応式はつぎのように示される．

$$\text{ATP} + \text{H}_2\text{O} \longrightarrow \text{ADP} + \text{P}_i \quad \Delta G° = -30 \text{ kJ mol}^{-1}$$

$$\text{グルコース} + \text{P}_i \longrightarrow \text{グルコース 6-リン酸} + \text{H}_2\text{O} \quad \Delta G° = 14 \text{ kJ mol}^{-1} \quad (10.34)$$

この二つの反応の和をとると，

$$\text{グルコース} + \text{ATP} \longrightarrow \text{グルコース 6-リン酸} + \text{ADP}$$
$$\Delta G° = -16 \text{ kJ mol}^{-1} \quad (10.35)$$

となる．結果として式(10.35)の $\Delta G°$ が負であるので，全体の反応は進行する．

光合成の場合について考えてみよう．植物などの葉緑体*では，二酸化炭素と水からグルコースがつくられる．

$$6\text{CO}_2(\text{g}) + 6\text{H}_2\text{O}(\text{l}) \longrightarrow \text{C}_6\text{H}_{12}\text{O}_6(\text{s}) + 6\text{O}_2(\text{g})$$
$$\Delta G° = +2880 \text{ kJ mol}^{-1} \quad (10.36)$$

この反応自身は $\Delta G° > 0$ であるので自発的に進行しないが，葉緑体では太陽光エネルギーを利用してこの反応が進行する．計算ではグルコース 1 モルを合成するのに，約 8400 kJ の太陽光エネルギーが必要とされている．したがって，その約 3 分の 1 がグルコースの合成に有効利用されて，残りは熱として散逸していることになる．

* 植物の細胞小器官の一つ．

10.4.3 ギブズ自由エネルギーの温度と圧力による影響

これまでは，定温定圧条件下のギブズ自由エネルギーを考えてきた．しかし，本来，ギブズ自由エネルギーは温度と圧力によって変化する状態量であることをここで示す(ただし，物質の出入りや，非膨張的仕事はなしとする)．

式(10.12)および(10.29)より，ギブズ自由エネルギーは次式のように示すことができる．

$$G = H - TS$$
$$= U + PV - TS$$

さらに微小量の変化については，

$$dG = dU + PdV + VdP - TdS - SdT$$

となる．ここで，式(10.3)，(10.8)，(10.20)より

$$dU = d'q + d'w, \quad d'q = TdS, \quad d'w = -PdV$$

であるので

$$dG = VdP - SdT \quad (10.37)$$

となる．式(10.37)は，G が T と P の関数であることを示す．
定圧では，
$$dG = -SdT \quad \text{(定圧)} \tag{10.38}$$
変形すると，
$$\frac{dG}{dT} = -S \quad \text{(定圧)} \tag{10.39}$$
となる．つねに $S > 0$ であるので式(10.39)より，定圧条件下では温度 T が上昇すると G は減少することになる．さらに，系のエントロピーが大きいほど(つまり固体より液体，液体より気体のように)減少の程度は激しいことがいえる．
一方，定温では
$$dG = VdP \quad \text{(定温)} \tag{10.40}$$
または，
$$\frac{dG}{dP} = V \quad \text{(定温)} \tag{10.41}$$
となる．$V > 0$ であるので，式(10.41)より定温条件下では，圧力 P が上昇すると G は増加することになる．さらに，系の体積 V が大きいほど(つまり固体より液体，液体より気体のように)増加の程度は激しいことがいえる．

式(10.40)を積分すると，定温下で圧力が P_1 から P_2 へ変化する際のギブズ自由エネルギーの変化 $\Delta G (= G_2 - G_1)$ は，つぎのように示せる．
$$G_2 - G_1 = \int_{P_1}^{P_2} VdP$$
この結果を n モルの理想気体に適用すれば，$PV = nRT$ *1 より
$$G_2 - G_1 = nRT \int_{P_1}^{P_2} \frac{dP}{P} = nRT \ln\left(\frac{P_2}{P_1}\right) \tag{10.42}$$
となる．ここで，圧力 1 atm($= P_1$)の標準状態における自由エネルギーを $G°(= G_1)$ とすれば，任意の圧力 P における自由エネルギー $G(= G_2)$ は
$$G = G° + nRT \ln P \tag{10.43}$$
と表せる*2．

10.5 化学ポテンシャル

これまではおもに，一種類の物質が単独で存在するときの状態について，そのエネルギーを扱ってきた．しかし，実際には気体や液体にかぎらず，複数の種類の物質が混在することのほうが多い．また，化学反応に伴って，系に存在する物質の濃度(存在率)も変化する．こうした場合の各物質のエネルギーはどのように扱われるのだろうか．ここでは混合物のギブズ自由エネルギーに焦点を当てて説明する．

10.5.1 化学ポテンシャル

単独か，あるいはほかの物質と共存しているかにかかわらず，それぞれの状

*1 この式は定温下で気体の体積と圧力は反比例するというボイルの法則，定圧下で気体の体積と絶対温度は比例するというシャルルの法則により得られる．

*2 式(10.42)から誘導されたことからわかるように，式(10.43)の対数項の P は標準状態 1 atm に対する圧力比〔P(atm)/1(atm)〕を示すもので，無次元の数値を使用することに注意してほしい．

態で物質が1モル当たりもつギブズ自由エネルギーを，**化学ポテンシャル**〔chemical potential, μ（ミュー）で表示する〕という．したがって，系が多成分で構成される場合，系のギブズ自由エネルギー G はつぎのように示される．

$$G = \mu_1 n_1 + \mu_2 n_2 + \mu_3 n_3 + \cdots = \sum \mu_i n_i \tag{10.44}$$

ここで，μ_i と n_i はそれぞれ成分 i の化学ポテンシャルとモル数である．ギブズ自由エネルギーは示量性の状態量であるが，化学ポテンシャルは示強性の性質をもつ状態量である．

ギブズ自由エネルギーは，温度と圧力によって変化する状態量であることを，10.4.3の式(10.37)で示した．

$$dG = VdP - SdT \tag{10.37}$$

同時に，ギブズ自由エネルギーは物質の量にも依存する．したがって式(10.37)に，物質の量の変化に伴うエネルギーの項を加える必要がある．今，成分 i が微小量 dn_i だけ変化することを考慮すると，式(10.37)はつぎのように示される．

$$dG = VdP - SdT + \sum \mu_i dn_i \tag{10.45}$$

この式は定温定圧の条件下では

$$dG = \sum \mu_i dn_i \tag{10.46}$$

となる．

10.5.2 理想気体の化学ポテンシャル

簡単な例として，理想気体がもつ化学ポテンシャルを考えてみよう．定温条件下，理想気体のギブズ自由エネルギーは，式(10.43)で示された．

$$G = G° + nRT \ln P \tag{10.43}$$

この気体が単一成分であるとき，その化学ポテンシャルは式(10.43)の両辺をモル数 n で割ることにより，

$$\mu = \mu° + RT \ln P \tag{10.47}$$

となる．ここで $\mu°$ は標準状態(1 atm)の化学ポテンシャルで**標準化学ポテンシャル**(standard chemical potential)といわれ，その気体に固有な値である．

理想混合気体でも同様に考えることができ，式(10.47)の代わりに，各気体成分 i について

$$\mu_i = \mu_i° + RT \ln P_i \tag{10.48}$$

の関係が成り立つ．ここで P_i は成分 i の分圧である（全体の圧力 $P = \sum P_i$）．つまり，分圧 P_i が高いほど，気体成分 i の化学ポテンシャルは大きい．

10.5.3 溶媒と溶質の化学ポテンシャル

生体内の化学反応はほとんど溶液中で起きる．そこで，溶媒 A と溶質 B の化学ポテンシャルが，それぞれの濃度によって変化することを紹介する．

溶媒 A の化学ポテンシャルを μ_A，その濃度をモル分率 X_A* で示すとき，次式が成立する．

---

* 複数の成分が混在するとき，全物質量 N モルに対して，成分 i の物質量 n_i モルの割合 ($X_i = n_i/N$) を成分 i のモル分率という．

$$\mu_A = \mu_A^* + RT \ln X_A \tag{10.49}$$

ここで μ_A^* は，標準状態つまり溶媒 A が純粋に存在するとき（$X_A = 1$）の化学ポテンシャルを示す．この式は，溶媒 A が純粋に存在するときよりも，溶質（ここでは成分 B とするが複数の成分でもよい）が溶ける（$0 < X_A < 1$ となる）ことによって，溶媒 A の化学ポテンシャルが低下することを示している．

一方，溶質 B の化学ポテンシャル μ_B も，その濃度に依存する．溶質の濃度としては，モル濃度 c [*1] が一般的に用いられるのでそれを使用すると，μ_B はつぎの式で示される．

$$\mu_B = \mu_B^\circ + RT \ln c_B \tag{10.50}$$

ここで，μ_B° は溶質 B の標準状態つまりモル濃度 $c_B = 1\ \mathrm{mol\ L^{-1}}$ のときの化学ポテンシャルである[*2]．この式から，溶質の化学ポテンシャルは濃度が高いと大きな値になることがいえる．

ただし，式(10.49)と式(10.50)が成立するのは，溶媒のモル分率 X_A が 1 に近く，溶質の濃度（モル分率）が小さい希薄溶液にかぎられる[*3]．一般に溶質の濃度が高くなると，溶質の化学ポテンシャルは希薄溶液のときよりも大きくなり，溶媒の化学ポテンシャルは純粋に存在するときよりも低下するという傾向があるが，両者の化学ポテンシャルは式(10.49)と式(10.50)からは正確に求められずに補正が必要となる．

10.5.4　化学ポテンシャルと自然現象

(a)　固体や気体の溶解と飽和

固体物質を溶媒に入れると飽和するまで溶解するが，それ以上は溶けきらずに固体として残っていることがある〔図 **10.7(a)**〕．この飽和した状態について考えてみよう．今，この物質の固体における化学ポテンシャルを $\mu_{(固体)}$，溶液に溶けている物質の化学ポテンシャルを $\mu_{(液体)}$ で示す．すると，この物質の dn モルが固体から液体中に移ったときに生じるギブズ自由エネルギーの変化は，式(10.46)より

$$dG = -\mu_{(固体)} dn + \mu_{(液体)} dn$$

と表せる．飽和状態というのは系が平衡状態に達していることなので，ギブズ自由エネルギーは変化しない(11.2)．つまり，$dG = 0$ であり，上の式から

$$\mu_{(固体)} = \mu_{(液体)}$$

が導ける．つまり，飽和状態では，まだ溶解しきっていない固体物質の化学ポテンシャルと，溶解した物質の化学ポテンシャルは等しいことがいえる．溶解が始まった直後から，溶解した物質の化学ポテンシャルは次第に大きくなって，固体状態の化学ポテンシャルに等しくなったときに，飽和に達して溶解は止まることになる．

気体の溶解についても，同様のことがいえる．気体物質が溶媒と接すると，その一部は溶媒に溶解し，やがてこれ以上溶解しないという平衡状態に達する〔図 **10.7(b)**〕．このとき，気体としての物質の化学ポテンシャルと溶液中に

[*1]　溶液 1 L（リットル）に存在する溶質のモル数で，一般的に単位は $\mathrm{mol\ L^{-1}}$（mol/L）あるいは M のように表記される．

[*2]　式(10.50)の対数項の c は標準状態 $1\ \mathrm{mol\ L^{-1}}$ に対する濃度比を示すので，ここでは無次元の数値となる．

[*3]　式(10.49)と式(10.50)が成立するような溶液を**理想溶液**(ideal solution)という．

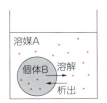

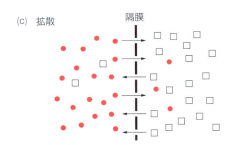

図 10.7 　溶解と拡散

溶けた物質の化学ポテンシャルは等しい．

　気体の溶解に関して，**ヘンリーの法則**（Henry's law）がある．これは定温下では，一定量の液体に溶解した気体物質の溶液中の濃度は，気体の圧力に比例するというものである．つまり，気体の圧力が高いほど，溶液中に溶ける濃度は高い．これも化学ポテンシャルで考えると，気体は圧力が高いほど化学ポテンシャルが大きく（10.5.2），それと等しい化学ポテンシャルに達するまで気体の溶解は進み，溶液中の濃度は高くなる（10.5.3）．

(b) 拡 散

　化学ポテンシャルは示強性の状態量（10.5.1）である．したがって，系内で一つの物質の化学ポテンシャルが場所によって差があると，自発的にその差をなくそうとして，化学ポテンシャルの高いほうから低いほうへ物質の移動が起こる．そして，系内のどの点でも化学ポテンシャルが等しくなったときにその移動が止まる．化学ポテンシャルの差によって起こる物質粒子の移動を**拡散**（diffusion）という［図 10.7(c)］．拡散の駆動力は，化学ポテンシャルの高いほうから低いほうへの負の勾配に等しい．

　たとえば，ヒトの肺では肺胞壁や毛細血管壁などをとおして O_2 や CO_2 の拡散が起こる．つまり，肺胞内の O_2 は濃度の低い静脈血中へ拡散する．逆に，静脈血中の CO_2 は，濃度の低い肺胞内へ拡散する．このような化学ポテンシャルの差に従って起こる輸送は，ATP を利用して化学ポテンシャルの差に逆らって起こる能動輸送（active transport）に対して，受動輸送（passive transport）とよばれる．

(c) 浸 透 圧

　溶媒分子は自由にとおすが，溶質分子をとおさない膜を**半透膜**（semipermeable membrane）という．半透膜により，水溶液と純水を隔てた場合を考えてみよう．

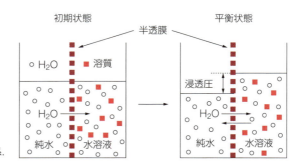

図 10.8 浸透圧
半透膜を挟んで水溶液と純水が存在する系.

ファント・ホッフ（J. H. van't Hoff, 1852～1911. オランダの化学者. 1901 年第 1 回ノーベル化学賞受賞）.

＊ この値は，いかなる理想気体も 1 モルの体積は標準状態 (1 atm, 0 ℃) においてすべて 22.4 L である，という法則から得られたものである．単位の換算を行うと，これは 8.314 J K^{-1} mol^{-1} となる．

図 10.8 に示すように，溶媒である水分子は膜をとおって水溶液側に拡散してゆく．この現象を**浸透**(osmosis)という．水分子の拡散は無限に続くのではなく，水溶液側の液の高さが純水側の液の高さより，ある値まで高くなったところで平衡に達する．この状態では，水溶液側が純水側よりこの液柱の高さの差だけ圧力が高くなっている．この圧力差を**浸透圧**(osmotic pressure)という．

図 10.8 の場合，溶質分子にとって半透膜の左右は連続しておらず，右側だけで独立している．一方，溶媒である水は左右で連続しているため，左右の化学ポテンシャルは等しくなくてはならない．しかし右の水溶液側では水の化学ポテンシャルが低いので，水分子を左から右へ拡散させようとする駆動力が生じることになる．しばらくすると右側の溶媒量が大きくなって，液柱の高さの差だけ圧力が高くなる．そして，この圧力と前述の駆動力がつりあったところで平衡となる．

希薄溶液の浸透圧の大きさは，溶質の種類によらず，溶質の濃度に依存する．溶質の濃度と浸透圧の関係を示す式として，つぎの**ファントホッフの式**(van't Hoff equation)がある．

$$\Pi = RTc \tag{10.51}$$

ここで，Π（単位, atm）は浸透圧，R(0.082058 L atm K^{-1} mol^{-1})＊は気体定数，T(K) は絶対温度，c(mol L^{-1}) は溶質のモル濃度である．式(10.51)は，希薄溶液の浸透圧が溶質の濃度に比例することを示している．

細胞をいろいろな溶質濃度をもつ溶液に浸したとき，細胞の容積を変化させないような浸透圧をもつ溶液を**等張液**(isotonic solution)，これより溶質濃度が低い溶液を**低張液**(hypotonic solution)，そして溶質濃度が高い溶液を**高張液**(hypertonic solution)という．0.9% の食塩水は体液と等張であり**生理食塩水**(physiological saline)という．細胞を低張液に浸すと，細胞外から細胞内へ水分子が移動して細胞容積が増加する．一方，高張液に浸すと，細胞内から細胞外へ水分子が移動して細胞容積が減少する．たとえば，赤血球を低張液に浸した場合，水分子が赤血球内に入ってきて赤血球は膨張し，遂には赤血球膜が破れて細胞内のヘモグロビンが溶液中にでてゆく**溶血**(hemolysis)という現象が起こる．細胞を生体の外で生きた状態で維持するのに，NaCl, KCl, MgCl$_2$, CaCl$_2$, グルコース，緩衝物質（pH = 7.4 に調節するもの．11.3.6）を

含む等張液が使用される．

　脳には浸透圧に感受性をもつ神経細胞があり，細胞外液の溶質濃度が高くなって浸透圧が上昇すると，この細胞から水分調節に関与するホルモンの分泌が起こり，浸透圧を下げる機構が働く＊．

　以上のように希薄溶液の浸透圧は，溶媒の種類と溶質の粒子数のみに依存し，溶質の種類（性質）には依存しない．このような性質を，溶液の**束一的性質**（colligative property）という．

＊　たとえば，バソプレッシンというペプチドホルモンによって腎における水の再吸収（尿の濃縮）が促進されて，細胞外液量が増加する．

10.5.5　電解質溶液の浸透圧

　電解質（electrolyte）とは，水などの溶媒に溶けて，その一部あるいは全部が陽イオン（cation）や陰イオン（anion）に解離（電離ともいう）する物質をいう．電解質溶液は，イオンが存在するので，電気伝導性がある．溶質がイオンに解離する割合を**電離度**（degree of ionization，αで表示する）といい，αが1に近い電解質を**強電解質**（strong electrolyte），αが0.2以下のように小さい電解質を**弱電解質**（weak electrolyte）とよぶ．一方，電離度がゼロで，溶質が荷電していないものを**非電解質**（nonelectrolyte）という．

　電解質溶液のように溶質が解離すれば，そのぶんだけ溶液に溶けている粒子の数が増えることになり，溶液の束一的性質（10.5.4）に影響することになる．今，電解質の濃度をcとし，分子1個がm個のイオンに解離するとする．この濃度における電解質の電離度をαとすれば，イオンの濃度は$mc\alpha$，非解離分子の濃度は$c(1-\alpha)$となる．したがって，希薄溶液の浸透圧Πは式(10.51)より

生体におけるATPのさまざまな働き

　生体において，ATP（adenosine 5′-triphosphate，アデノシン5′-三リン酸）は，化学エネルギー源として，共役反応による化学反応や，物質の合成・分泌，筋収縮などに利用されるばかりでなく，細胞膜に存在するタンパク質（イオンチャネルや受容体）に作用して細胞の機能を変えることもできる．たとえば，細胞内に存在するATPはK^+チャネル（K^+をとおす通路）を閉口することができる．

　膵臓の内分泌細胞では，食事を摂ることにより血糖値が増加すると，グルコースが細胞内に入り解糖反応を経てATP量が増加する．その結果，K^+チャネルが閉口して細胞内外の分極（11.4.3節参照）が小さくなり，インスリンというホルモンを分泌させる．インスリンには，グルコースを細胞内に取り込ませ血糖値を下げる作用がある．このK^+チャネルを閉じる薬剤はインスリンを分泌させるので糖尿病の治療薬として用いられる．

　細胞外に存在するATPは神経伝達物質として働き，ATP受容体に結合することで細胞間において情報を伝える．つまり，神経細胞の末端から放出されたATPが，それと近接した神経細胞の表面にある受容体と結合し，受容体と一体になったイオンチャネルを開口したり，受容体に共役している酵素を活性化して，痛みの伝達の調節などに働くことが知られている．

$$\Pi = RTc(1 - \alpha + m\alpha) \tag{10.52}$$

と表せることになる．すなわち，浸透圧は濃度 c をもつ非電解質溶液に比べて，$(1 - \alpha + m\alpha)$ 倍になる．電解質溶液の浸透圧 Π を一般的に，

$$\Pi = iRTc \tag{10.53}$$

と表したとき，i は**ファントホッフ係数**(van't Hoff factor)とよばれ，1 より大きい．たとえば，等張液をつくる場合，スクロースを溶質とする場合には濃度が 0.31 mol L^{-1} になるように溶解するが，NaCl の場合には α が 1 の強電解質で，$i = 2$ であるために，0.15 mol L^{-1} になるように溶解すればよい．

章末問題

1. 密閉された容器内の気体を 1 N (ニュートン) の力で 0.5 m 動かして圧縮したとき，気体の内部エネルギーは 0.4 J だけ増加した．このときの熱の出入りはいくらか．

2. エタン (C_2H_6)，CO_2(g)，H_2O(l) のそれぞれの標準生成エンタルピーを，−84.0, −393.51, −285.83 kJ mol^{-1} とすると，エタンを燃焼させたときの反応熱はいくらか求めよ．

3. 液体エタノール〔C_2H_5OH(l)〕，水素ガス〔H_2(g)〕，石墨〔C(s)〕のそれぞれの標準燃焼エンタルピーは，−1367.4, −285.8, −393.5 kJ mol^{-1} である．液体エタノールの標準生成エンタルピー ΔH_f° を計算せよ．

4. つぎの反応は 25 ℃ において自発的に進行するか否かを，全体のエントロピー変化を計算することによって判断せよ．

$$N_2O_4(g) \longrightarrow 2NO_2(g) \qquad \Delta H^\circ = +57.2 \text{ kJ mol}^{-1}$$

ただし，N_2O_4(g) と NO_2(g) の標準エントロピーはそれぞれ，304.3 J K^{-1} mol^{-1}，240.0 J K^{-1} mol^{-1} であるとする．

5. 激しく運動する動物の骨格筋や乳酸菌においては，グルコースを乳酸に分解することによってエネルギーを得ている．グルコースと乳酸のそれぞれの標準生成ギブズ自由エネルギーを −909.4, −522.8 kJ mol^{-1} としたとき，1 モルのグルコース〔$C_6H_{12}O_6$(s)〕が 2 モルの乳酸〔$C_3H_6O_3$(s)〕に分解する反応からどれだけのギブズ自由エネルギーが得られるか計算せよ．また，この反応と共役することによって，2 モルの ATP を ADP から合成できるという．このとき，何 % のギブズ自由エネルギーが ATP の合成に有効利用されたことになるか．

6. 結晶グリシンの 1 atm, 25 ℃ における化学ポテンシャルは，−377.7 kJ mol^{-1} である．今，25 ℃ の水 1 L に対して，3.4 モルのグリシンが溶けて飽和に達した．かりにこの溶液を理想溶液と考えた場合，水溶液中のグリシンの濃度が 1 mol L^{-1} のときの化学ポテンシャルはいくらか求めよ．

7. 100 mmol L^{-1} の濃度をもつ NaCl 溶液の浸透圧を計算せよ．ただし，温度は 20 ℃ とする．

第11章 化学平衡・電解質溶液の平衡

　10章で学んだように，生体の化学反応が起こるような定温定圧の条件下では，化学反応が起きるか否かは，反応物と生成物のギブズ自由エネルギーの差（ΔG）を調べることによって予知できる．つまり ΔG が負であれば，その反応は自発的に進行する．しかし，反応はつねに完結するとはかぎらないことに注意すべきである．反応の途中で，反応物と生成物が共存し，それらの濃度が時間とともに変化しないために，一見，反応がストップしたようにみえる状態がある．この状態では，反応物から生成物に向かう反応と，逆に生成物から反応物に向かう逆反応が起きている．この状態を**化学平衡**（chemical equilibrium）という．本章では，まず，系のギブズ自由エネルギーは化学平衡において最小となることを学ぶ．

　つぎに，化学平衡に達したときの，反応物と生成物の量比を調べる方法を学ぶ．反応によっては，化学平衡において反応物が多く残っていて，生成物が少ない場合や，その逆もある．化学平衡における反応物と生成物の量比は，反応がどこまで進行するかということの目安となる．また，生体では共役によって進みにくい反応を進行させることができるが（10.4.2），これは進みにくい反応の化学平衡の位置を，ほぼ反応が完結したところに移動させることである．さらに，生体にとって重要な電離平衡についても学ぶ．

11.1 化学平衡とは

　ここでは簡単な $A \rightleftharpoons B$（定温定圧）という反応を例にとって，(i)化学反応の進行に伴って系のギブズ自由エネルギーが変化すること，そして(ii)ギブズ自由エネルギーの値が最小となる状態が，平衡状態であることを示そう．かりに溶液1L中に物質Aが $1\ \text{mol L}^{-1}$ の初濃度（c_0）で存在するとしよう．物質Aは反応を起こして物質Bに変化する．物質AとBの濃度をそれぞれ，c_A, c_B

で示し，反応がどこまで進んだかという反応の進行度をξ(グザイ，$0 \leq \xi \leq 1$)で示す．すると反応に伴うc_A，c_Bの変化は，つぎのように示される．

$$c_A = c_0(1-\xi) = (1-\xi) \tag{11.1}$$

$$c_B = c_0\xi = \xi \tag{11.2}$$

また，物質AとBの化学ポテンシャルは，式(10.50)にならってつぎのように示す．

$$\mu_A = \mu_A^\circ + RT \ln c_A \tag{11.3}$$

$$\mu_B = \mu_B^\circ + RT \ln c_B \tag{11.4}$$

ここで，μ_A°とμ_B°はそれぞれ物質AとBが標準状態つまり1 mol L^{-1}のときの化学ポテンシャルである．このときの系全体のギブズ自由エネルギーGは，

$$G = c_A \mu_A + c_B \mu_B$$

で表せる．これに式(11.1)〜(11.4)を代入すると以下のように変形できる．

$$G = c_A(\mu_A^\circ + RT \ln c_A) + c_B(\mu_B^\circ + RT \ln c_B)$$
$$= (1-\xi)[\mu_A^\circ + RT \ln(1-\xi)] + \xi(\mu_B^\circ + RT \ln \xi)$$
$$= [(1-\xi)\mu_A^\circ + \xi\mu_B^\circ] + RT[(1-\xi)\ln(1-\xi) + \xi \ln \xi] \tag{11.5}$$

そこで横軸にξ，縦軸にGをとった図を描くと図11.1となる．式(11.5)の$[(1-\xi)\mu_A^\circ + \xi\mu_B^\circ]$の項は，$\mu_A^\circ + \xi(\mu_B^\circ - \mu_A^\circ)$と表されるので，図11.1では反

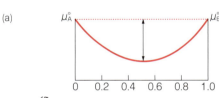
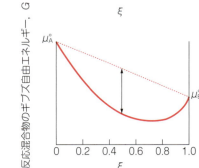
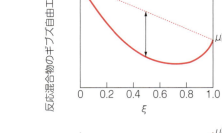
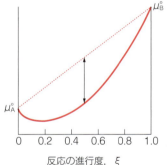

図 11.1 反応 A $\rightleftharpoons$ B の進行度(ξ)とギブズ自由エネルギー(G)の変化

反応物 A(1 mol L^{-1})が生成物 B に変化する反応について，(a) $\Delta G^\circ (= \mu_B^\circ - \mu_A^\circ) = 0$，(b) $\Delta G^\circ < 0$，(c) $\Delta G^\circ > 0$ のときのG(実線)の変化を示す．図中，破線と実線の差(矢印)は，反応物と生成物の混合による系のギブズ自由エネルギーの減少分を示す．

応前 ($\xi = 0$) と反応が完結したとき ($\xi = 1$) の系のギブズ自由エネルギーを結ぶ直線(点線で示す)に相当する．一方，$RT[(1-\xi)\ln(1-\xi) + \xi\ln\xi]$ の項は，反応物と生成物が混合することによるギブズ自由エネルギーの減少分(矢印)[*1]を示している($0 \leq \xi \leq 1$ の範囲でいろいろな ξ の値を入れるとゼロか負の値になる)．この減少分の絶対値が最大になるのは，この反応の場合は $\xi = 0.5$ のときである．系の G (実線)はこれら二つの項の和であり，その結果，ξ によって G が変化し，最小になるところが存在する．その位置では，反応が正あるいは逆方向のどちらに進むにしても $\Delta G > 0$ となるために，もはや反応はそれ以上進行せず，見かけ上停止した状態になる．これが平衡に達した状態である．反応が平衡に達していない状態ではギブズ自由エネルギーが最小になっておらず，ギブズ自由エネルギーを小さくしようとする傾向が，その反応を進行させる駆動力となっている．

ここで，平衡の位置が図 11.1 の(a)〜(c)で異なっていることに注意したい．(a)は，$\mu_A^\circ = \mu_B^\circ$ の場合で，平衡は $\xi = 0.5$ の位置である．(b)は，$\mu_A^\circ > \mu_B^\circ$ の場合で，$\xi > 0.5$ の位置で平衡に達する．逆に(c)は，$\mu_A^\circ < \mu_B^\circ$ の場合で，$\xi < 0.5$ の位置で平衡になる．もし，$\mu_A^\circ \gg \mu_B^\circ$ であれば，平衡の位置は $\xi = 1$ に近いところとなり，反応はほぼ完結する．逆に $\mu_A^\circ \ll \mu_B^\circ$ の場合には，平衡は $\xi = 0$ に近いところで，反応はほとんど進行しない．このようにギブズ自由エネルギーを使うと，その反応が進行するか否かという予測だけではなく，反応がどこまで進むかを予測できる．次節では，より一般的な多成分を含む系について，平衡における反応物と生成物の組成比を知る方法を紹介しよう．

[*1] 混合によってエントロピーが増大するため，ギブズ自由エネルギーは減少する．

11.2 平衡定数とギブズ自由エネルギーの関係

つぎのような化学反応が平衡に達した場合を考えてみよう．

$$\nu_1 Z_1 + \nu_2 Z_2 + \cdots \rightleftharpoons \nu_{1'} Z_{1'} + \nu_{2'} Z_{2'} + \cdots \tag{11.6}$$

ただし，ν_i は化学量論係数である．ここで平衡における各成分の濃度をそれぞれ $c_1, c_2, \cdots, c_{1'}, c_{2'}, \cdots$ とすれば，

$$K_c = \frac{c_{1'}^{\nu_{1'}} c_{2'}^{\nu_{2'}} \cdots}{c_1^{\nu_1} c_2^{\nu_2} \cdots} \tag{11.7}$$

と示される K_c は，各成分の濃度にかかわらず一定の値をとることが知られている．これを **質量作用の法則** (law of mass action) という．K_c は，反応の種類と温度により決まる定数で，**濃度平衡定数** (concentration equilibrium constant) とよばれる．

質量作用の法則が成立することは，以下のように化学熱力学によって導くことができる．上の化学平衡がごくわずか右にずれ，Z_i が微小量 dn_i だけ減少したとき[*2]，定温定圧下における反応の自由エネルギーの変化は，

$$dG = \sum \mu_{i'} dn_{i'} + \sum \mu_i dn_i \tag{11.8}$$

である[式(10.46)参照]．ここで反応の進行度 ξ に関して，

[*2] このとき $dn_i < 0$, $dn_{i'} > 0$ である．

$$d\xi = -\frac{dn_1}{\nu_1} = -\frac{dn_2}{\nu_2} = \cdots = \frac{dn_{1'}}{\nu_{1'}} = \frac{dn_{2'}}{\nu_{2'}} = \cdots \tag{11.9}$$

の関係があるので,式(11.8)はつぎのように変形できる.

$$dG = \left(\sum \nu_{i'} \mu_{i'} - \sum \nu_i \mu_i\right) d\xi \tag{11.10}$$

ここで系が平衡状態にあるときを考えると,G は最小となって反応はそれ以上進行しないので,$dG = 0$ と置ける.このとき,式(11.10)から $\sum \nu_{i'} \mu_{i'} - \sum \nu_i \mu_i = 0$ となるので

$$\sum \nu_{i'} \mu_{i'} = \sum \nu_i \mu_i \tag{11.11}$$

となる.別の説明の仕方をすると,$dG/d\xi$ は図 11.1 の G 曲線の各 ξ における接線の傾きを示しており,平衡状態では $dG/d\xi = 0$ であることから,式(11.10)から $dG/d\xi = \sum \nu_{i'} \mu_{i'} - \sum \nu_i \mu_i = 0$ であるので,式(11.11)が成立することになる.

式(11.11)は,平衡状態において,各反応物の化学ポテンシャルに化学量論係数を掛けた値の和と,各生成物の化学ポテンシャルに化学量論係数を掛けた値の和が,互いに等しいことを示している.これを前節 11.1 の A $\rightleftarrows$ B という反応にあてはめて考えてみよう.反応の初期には反応物 A の濃度が高く,その化学ポテンシャルも大きいが,次第に反応が進むにつれてその化学ポテンシャルは小さくなる.逆に,生成物 B の濃度が高くなるにつれてその化学ポテンシャルは大きくなる.そして反応物 A と生成物 B(この場合,化学量論係数はどちらも 1)の化学ポテンシャルが同じ値になったときに,反応は平衡に達する.

さて,話をもとにもどして,式(11.11)に,溶液中の反応を想定して式(10.50) $\mu = \mu^\circ + RT \ln c$ を代入して変形すると,

$$\sum \nu_{i'} \mu_{i'}^\circ - \sum \nu_i \mu_i^\circ = -RT\left(\sum \nu_{i'} \ln c_{i'} - \sum \nu_i \ln c_i\right) \tag{11.12}$$

となる.ここで

$$\Delta G^\circ = \sum \nu_{i'} \mu_{i'}^\circ - \sum \nu_i \mu_i^\circ \tag{11.13}$$

$$K_c = \frac{c_{1'}^{\nu_{1'}} c_{2'}^{\nu_{2'}} \cdots}{c_1^{\nu_1} c_2^{\nu_2} \cdots} \tag{11.14}$$

とすれば,式(11.12)はつぎのようになる.

$$\Delta G^\circ = -RT \ln K_c \tag{11.15}$$

ここで式(11.13)の ΔG° は,すべての反応物が標準状態(気体では 1 atm,溶液であれば溶質の濃度が 1 mol L^{-1},また溶媒であればそれが純粋な状態)で存在する状態から,すべての生成物が標準状態で存在する状態に変化したときのギブズ自由エネルギーの変化量である.したがって,ΔG° は反応の種類により決まる定数である.すると式(11.15)から K_c も一定値をとることになり,質量作用の法則が成立することになる.

式(11.15)は,ΔG° がわかれば,平衡状態における反応物と生成物の濃度比としての K_c を計算できるという点で重要である(逆に K_c がわかれば,その反応の ΔG° が計算できる).たとえば,水溶液中のグルコース 1 モルが乳酸 2 モ

ルに分解する反応[*1]の場合,

$$\text{グルコース} \longrightarrow 2\,\text{乳酸}$$

それぞれの濃度を[グルコース]と[乳酸]で示すと,表10.1から $\Delta G° = -136$ kJ mol^{-1} であり,式(11.15)から

$$K_c = \frac{[\text{乳酸}]^2}{[\text{グルコース}]} = 6.9 \times 10^{23} \qquad (25\,℃)$$

が求められる[*2].つまりこの反応は,グルコースから乳酸を生成する方向にかなり進行した状態で平衡に達することが予測できる.一方,ADPとリン酸からATPを生じる反応(10.4.2節参照)では,$\Delta G° = +30$ kJ mol^{-1} であり,

$$K_c = \frac{[\text{ATP}]}{[\text{ADP}][\text{P}_i]} = 5.5 \times 10^{-6} \qquad (25\,℃)$$

が求められる.つまり,この反応はほとんど進行せずに平衡に達する.しかし生体内では,グルコース1モルが乳酸2モルに分解する反応と共役して,ATP2モルを生じる.

$$\text{グルコース} + 2\,\text{ADP} + 2\,\text{P}_i \longrightarrow 2\,\text{乳酸} + 2\,\text{ATP} + 2\,\text{H}_2\text{O}$$

この反応は,$\Delta G° = -76$ kJ mol^{-1} であり,

$$K_c = \frac{[\text{乳酸}]^2[\text{ATP}]^2}{[\text{グルコース}][\text{ADP}]^2[\text{P}_i]^2} = 2.1 \times 10^{13} \qquad (25\,℃)$$

が求められる.つまり,共役によって K_c の値は約 3.8×10^{18} 倍もあがり,ATPの合成はほぼ反応が終了したところで平衡に達する.こうして得たATPを今度は逆に加水分解し,ほかの進行しにくい反応と共役させれば,その平衡の位置をかなり反応が進んだ位置まで移動させることができる.このように共役は,生体内で進行しにくい反応を進めるための優れた戦略であり,実際には酵素がその役割を担う.

11.3 電解質溶液の平衡

11.3.1 電離平衡

電解質(10.5.5)は電場が存在しなくても,水などの極性溶媒に溶けることでイオンに解離する.強電解質の溶液では,ほとんどすべてがイオンに解離してしまっている.一方,弱電解質の溶液では,まだ解離していない非解離分子と,解離して生じたイオンとの間で平衡が成立している.この平衡を**電離平衡**または**イオン化平衡**(ionization equilibrium)という.たとえば,酢酸が水中で解離する場合にはつぎの平衡が存在する.

$$\text{CH}_3\text{COOH} + \text{H}_2\text{O} \rightleftharpoons \text{CH}_3\text{COO}^- + \text{H}_3\text{O}^+ \qquad (11.16)$$

一方,HClは水中ではつぎのようにほとんどすべてイオンに解離している.

$$\text{HCl} + \text{H}_2\text{O} \longrightarrow \text{Cl}^- + \text{H}_3\text{O}^+ \qquad (11.17)$$

なお,H_3O^+ はヒドロキソニウムイオン(hydroxonium ion)あるいはヒドロニウムイオン(hydronium ion)とよばれ,酸より放出された H^+(水素イオン,別名プロトン,proton)が水和したものである.

[*1] 実際は細胞のなかで複数の酵素が関与する多段階の反応である.グルコースを水に溶かすと乳酸を生じるというものではない.

[*2] 本書では K_c は無次元量として扱う.そのためには各成分の濃度は標準状態の濃度(たとえば1 mol L^{-1})に対する相対濃度として K_c の計算に用いる.つまり,x mol L^{-1} であれば,数値 x をそのまま用いる.
一方,溶媒である水の標準状態を純水にすると,その濃度は55.5 mol L^{-1} であるが,平衡定数の計算に用いる水の濃度は希薄溶液の場合には,純水に対する相対濃度で示すので[H$_2$O] ≈ 1 としてよい.水の濃度をモル分率で表した場合も,同じである.

11.3.2 酸と塩基

まず**酸**(acid)と**塩基**(base)の定義をしておこう．本章では，1923年にブレンステッド(J. N. Brønsted)とローリー(T. M. Lowry)がそれぞれ独立に行った定義に従う．つまり，「酸とはH^+を放出する傾向をもつ物質であり，塩基とはH^+を受け取る傾向をもつ物質である」．別な表現では，「酸はH^+の供与体であり，塩基はH^+の受容体である」といわれる．

この定義にしたがえば，CH_3COOH は式(11.16)に示すように反応が左から右に進むとき，水の中でプロトン供与体として働くので酸である．また，H_2Oはプロトン受容体であるので，塩基である[*1]．一方，今度は式(11.16)の右から左へ進行する反応を見ると，H_3O^+が酸で，CH_3COO^-が塩基ということになる．このとき，CH_3COO^-はCH_3COOHの**共役塩基**(conjugate base)であるという．同様にして，H_3O^+はH_2Oの**共役酸**(conjugate acid)であるという．酢酸の水中での電離はあまり進行せず，式(11.16)の平衡は左側に偏っているので，この場合，H_3O^+はCH_3COOHよりも強い酸であるとみなすことができる．また，CH_3COO^-はH_2Oよりも強い塩基であるということもできる．

つぎにアンモニアの水中での電離平衡を考えてみよう．

$$NH_3 + H_2O \rightleftharpoons NH_4^+ + OH^- \tag{11.18}$$

左から右へ進行する反応では，NH_3は塩基であり，H_2Oが酸である．逆の反応では，NH_4^+が酸(表現を変えればNH_3の共役酸)であり，OH^-(水酸化物イオン，hydroxide ion)は塩基(H_2Oの共役塩基)である．アンモニアの水中での電離はあまり進行せず，式(11.18)の平衡は左側に偏っている．したがって，OH^-はNH_3よりも強い塩基であるということができる．あるいは，NH_4^+はH_2Oよりも強い酸であるということができる．

11.3.3 解離定数

酢酸のような一塩基酸[*2]を HA で表すと，一般的にその解離は

$$HA + H_2O \rightleftharpoons A^- + H_3O^+ \tag{11.19}$$

と示せる．これに質量作用の法則を適用すれば，

$$K_c = \frac{[A^-][H_3O^+]}{[HA][H_2O]} \tag{11.20}$$

となる．ここで[ ]は各成分の標準状態に対する相対濃度(前ページの欄外を参照)を表し，K_cはこの解離反応の平衡定数〔これを**解離定数**(dissociation constant)という〕である．HAの濃度が希薄であれば，$[H_2O] = 1$とみなせる．また，水は酸解離には特別な干渉をせず，$[H_3O^+]$は放出されたH^+の濃度$[H^+]$に等しいとしてよい．したがって，式(11.20)は次式に変形できる．

$$K_a = \frac{[A^-][H^+]}{[HA]} \tag{11.21}$$

ここで，K_aを**酸解離定数**(acid dissociation constant)または**酸定数**(acid constant)という．

ブレンステッド(J. N. Brønsted, 1879～1947. デンマークの物理化学者)

ローリー(T. M. Lowry, 1874～1936. イギリスの物理化学者)

[*1] 式(11.16)では，水は塩基として働く．一方，式(11.18)では水は酸として働く．その物質が酸であるか塩基であるかは，それ以外に存在する化学種によって相対的に決まる．水は，酸や塩基の強さを表すときの参照物質として取りあげられる．

[*2] 1分子からH^+を一つ放出する酸．H^+を二つあるいは三つ放出する酸はそれぞれ二塩基酸，三塩基酸とよばれ，多塩基酸と総称される．

酢酸の酸解離定数は，式(11.21)に従って

$$K_a = \frac{[\text{CH}_3\text{COO}^-][\text{H}^+]}{[\text{CH}_3\text{COOH}]}$$

ということになる．25℃での酢酸の K_a の値(表11.1)は，1.8×10^{-5} であり，酢酸の解離はあまり進行せず，弱い酸であることを示している．一方，HCl は水中でほとんど解離してしまうので強酸であり，酸解離定数は非常に大きい．

酸の強さを比較するときに，よく**酸解離指数**(acid dissociation exponent) pK_a が用いられる．pK_a の定義は次式のとおりである．

$$\text{p}K_a = -\log K_a \tag{11.22}$$

表11.1に解離平衡が存在する酸とその K_a，pK_a を示すが，K_a が大きいほど，つまり pK_a が小さいほど強い酸である．なお，次式(11.23)に従って，K_a から酸解離反応の標準ギブズ自由エネルギー変化 ΔG_a° も求めることができる．

$$\Delta G_a^\circ = -RT \ln K_a \tag{11.23}$$

つぎに塩基 B の解離平衡について考えてみよう．

$$\text{B} + \text{H}_2\text{O} \rightleftharpoons \text{BH}^+ + \text{OH}^- \tag{11.24}$$

という平衡に対して，

$$K_b = \frac{[\text{BH}^+][\text{OH}^-]}{[\text{B}]} \tag{11.25}$$

が与えられる．ここで K_b は**塩基解離定数**(base dissociation constant)または**塩基定数**(base constant)とよばれる．また，つぎの式(11.26)で定義される**塩基解離指数** pK_b は，塩基の強さを比較するときに使われる．

$$\text{p}K_b = -\log K_b \tag{11.26}$$

表11.1　酸の強さ (25℃の水中)

酸	化学式	K_a	pK_a
塩酸	HCl	10^7	-7
ヒドロニウムイオン	H_3O^+	1	0
シュウ酸	$(\text{COOH})_2$	5.9×10^{-2}	1.23
リン酸	H_3PO_4	7.3×10^{-3}	2.14
乳酸	$\text{CH}_3\text{CH(OH)COOH}$	1.4×10^{-4}	3.85
酢酸	CH_3COOH	1.8×10^{-5}	4.74
炭酸	H_2CO_3	4.5×10^{-7}	6.35
リン酸二水素イオン	H_2PO_4^-	6.3×10^{-8}	7.20
グリシン	$\text{NH}_3^+\text{CH}_2\text{COO}^-$	1.7×10^{-10}	9.78
フェノール	$\text{C}_6\text{H}_5\text{OH}$	1.0×10^{-10}	10.00
炭酸水素イオン	HCO_3^-	4.7×10^{-11}	10.33
リン酸一水素イオン	HPO_4^{2-}	4.0×10^{-13}	12.40

表11.2に，いくつかの塩基の K_b，pK_b を示すが，K_b が大きいほど，つまり pK_b が小さいほど，塩基として強い．

表11.2 塩基の強さ (25℃の水中)

塩基	化学式	K_b	pK_b
メチルアミン	CH_3NH_2	4.38×10^{-4}	3.36
アンモニア	NH_3	1.78×10^{-5}	4.75
ヒドロキシルアミン	NH_2OH	5.01×10^{-9}	8.30
ピリジン	C_5H_5N	1.78×10^{-9}	8.75
アニリン	$C_6H_5NH_2$	3.83×10^{-10}	9.42

11.3.4 水素イオン濃度

水素イオン濃度$[H^+]$は広い範囲にわたって変化するので，$[H^+]$の大きさを示すのに，つぎの式(11.27)で定義される**水素イオン指数**(hydrogen ion exponent) pHが用いられる．

$$pH = -\log[H^+] \tag{11.27}$$

純粋な液体の水のpHを考えてみよう．純水中では，きわめてわずかであるが，つぎの平衡が成立している．

$$H_2O + H_2O \rightleftharpoons H_3O^+ + OH^- \tag{11.28}$$

この平衡の解離定数K_{H_2O}は，

$$K_{H_2O} = \frac{[H_3O^+][OH^-]}{[H_2O]^2} \tag{11.29}$$

で与えられる．ここで純水であるので$[H_2O] = 1$であり，一定温度ではK_{H_2O}も一定であるので，$[H_3O^+][OH^-]$も一定となる．そこで

$$K_w = [H_3O^+][OH^-] = [H^+][OH^-] \tag{11.30}$$

として，K_wを**水のイオン積**(ionic product of water)とよぶ (もちろん$[H_3O^+] = [H^+]$である)．25℃では，K_wの値は1×10^{-14}である．つまり，水の解離度は非常に低い．そして純水中では，H_2O分子1個の解離に伴ってH_3O^+ (H^+)とOH^-の両イオンが1個ずつできるので，$[H^+] = [OH^-] = 10^{-7}$ mol L^{-1}であり，pH = 7となる．

酸や塩基の希薄水溶液中でも式(11.30)は成立する．酸を含む場合，$[H^+]$が大きくなるぶん，$[OH^-]$が小さくなる．このとき，pHの値は7より小さい．一方，塩基を含む場合，$[H^+]$が小さくなるぶん，$[OH^-]$が大きくなる．このとき，pHの値は7より大きい．pHが7であることを基準にして，この溶液を中性溶液といい，pHが7より小さい溶液を酸性溶液，pHが7より大きい溶液を塩基性(アルカリ性)溶液という．

11.3.5 酸-塩基滴定

図11.2は，いろいろな酸解離定数の一塩基酸(酢酸のように1分子につき，1個のH^+をだす酸)(濃度：0.1 mol L^{-1})を含む溶液50 mLに，NaOH(濃度：0.1 mol L^{-1})溶液を滴下したときの滴定曲線である．いずれの酸の場合も，NaOH溶液を50 mLだけ加えたところが，**当量点**(equivalence point)，別名

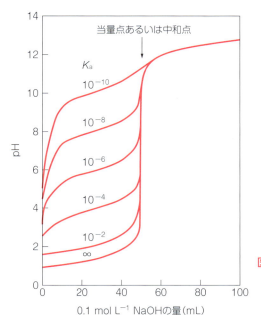

図 11.2　一塩基酸（0.1 mol L^{-1}）50 mL を NaOH（0.1 mol L^{-1}）で滴定したときの pH 変化

中和点（point of neutralizaion）である．当量点では，pH の急激な変化がみられる．しかし，当量点における pH の値は，酸の酸解離定数，つまり酸の強さによって異なることに注意したい．たとえば強酸の HCl の場合，加える NaOH も強い塩基であるので当量点の pH は 7 である．一方，弱酸である酢酸の場合，NaOH を等量加えたところで pH は約 8 であり，弱塩基性を示す．これは当量点で生じる CH_3COO^- の性質によるものである．CH_3COO^- は，前述の式(11.16)で示される平衡に関係しており，

$$CH_3COOH + H_2O \rightleftharpoons CH_3COO^- + H_3O^+ \tag{11.16}$$

この平衡は左側に偏っている（酸解離定数が小さい）．このため，生じる CH_3COO^- は式(11.16)の右側から左側への反応によって，CH_3COOH に戻る傾向がある．このとき，式(11.28)

$$H_2O + H_2O \rightleftharpoons H_3O^+ + OH^- \tag{11.28}$$

で示される水分子の解離によって生じた H_3O^+ を消費することになる．K_w を維持するために，式(11.28)の反応は右側に進行するが，H_3O^+ よりも OH^- が過剰に存在することになって，溶液は結果的にやや塩基性となる．酢酸ナトリウムの塩を水に溶解させたときの pH が，弱塩基性であることも同じ理由による．

一方，逆に，弱塩基（NH_3 など）と強酸（HCl など）を当量含む水溶液は，弱酸性である．また，両者からつくられる塩を水に溶解したときも，弱酸性である．これらの理由は，前述の式(11.24)で示される弱塩基の解離平衡が，左側に偏っている（塩基解離定数が小さい）ことに原因があるので考えてみてほしい．

さて，ここで酸-塩基滴定に関する有用な式を導入しよう．式(11.21)を変形すると

$$[\text{H}^+] = \frac{K_a[\text{HA}]}{[\text{A}^-]}$$

となる．両辺の対数をとって変形すると

$$\text{pH} = \text{p}K_a + \log\left(\frac{[\text{A}^-]}{[\text{HA}]}\right) \tag{11.31}$$

となる．この式を，**ヘンダーソン-ハッセルバルヒの式**（Henderson-Hasselbalch equation）という．この式から，$[\text{A}^-] = [\text{HA}]$という状態では，$\text{pH} = \text{p}K_a$となることがわかる．図11.2に示すように，弱酸が塩基によって半分滴定されたところでは，$[\text{A}^-] = [\text{HA}]$に近い状態がつくられており，そのときのpHを測定すれば弱酸の$\text{p}K_a$を知ることができる．逆に弱酸の$\text{p}K_a$が既知であれば，pHを測定することによって，式(11.31)から$[\text{A}^-]/[\text{HA}]$の比を求めることができる．

つぎに三塩基酸であるリン酸（H_3PO_4，オルトリン酸ともいう）の水溶液に，NaOH水溶液を滴下したときの滴定曲線を図11.3に示す．リン酸は，つぎのように3段階で解離する．

$$\text{H}_3\text{PO}_4 \rightleftarrows \text{H}^+ + \text{H}_2\text{PO}_4^- \quad \text{p}K_a = 2.1 \tag{11.32}$$

$$\text{H}_2\text{PO}_4^- \rightleftarrows \text{H}^+ + \text{HPO}_4^{2-} \quad \text{p}K_a = 7.2 \tag{11.33}$$

$$\text{HPO}_4^{2-} \rightleftarrows \text{H}^+ + \text{PO}_4^{3-} \quad \text{p}K_a = 12.4 \tag{11.34}$$

最初の当量点は，H_3PO_4がすべてH_2PO_4^-に変化したところであり，そのときのpHは4.7である．その途中で$[\text{H}_3\text{PO}_4] = [\text{H}_2\text{PO}_4^-]$が成立するところがあり，pHの値が式(11.32)の$\text{p}K_a$の値，2.1に等しくなる．2番目の当量点は，H_2PO_4^-がすべてHPO_4^{2-}に変化したところであり，そのときのpHは9.8である．その途中で$[\text{H}_2\text{PO}_4^-] = [\text{HPO}_4^{2-}]$が成立するところがあり，pHの値が式(11.33)の$\text{p}K_a$の値，7.2に等しくなる．さらに滴定が進むと，$[\text{HPO}_4^{2-}] = [\text{PO}_4^{3-}]$が成立するところがあり，そこではpHの値が式(11.34)の$\text{p}K_a$の値，

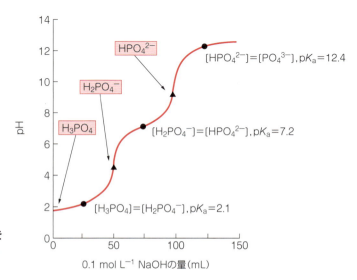

図11.3 リン酸（$0.1\ \text{mol L}^{-1}$）50 mLをNaOH（$0.1\ \text{mol L}^{-1}$）で滴定したときのpH変化

12.4 に等しい．

11.3.6 緩衝作用

　図 11.2 と図 11.3 で示されるように，弱酸に強塩基を滴下していくと，当量点の近くでは pH の急激な変化が起きるが，その途中ではあまり pH の変化が起きない領域がある．この現象を利用すれば，外的に pH を変化させようとする要因が働いても，その溶液の pH 変化を小さくする作用をもつ溶液をつくることができ，有用である．こうした作用を**緩衝作用**(buffer action)とよび，その能力をもつ溶液を**緩衝液**(buffer solution)とよぶ．通常，弱酸とその塩を等量含む溶液，あるいは弱塩基とその塩を等量含む溶液が緩衝液として利用される．

　緩衝作用の機構を考えてみよう．たとえば，弱酸である HA (全濃度 c_a) と，弱酸と強塩基 B からできた塩 (BHA で表示．濃度 c_s) が共存している場合を考えてみる．弱酸 HA は，前述の式(11.19)で示した平衡にある．

$$\text{HA} + \text{H}_2\text{O} \rightleftharpoons \text{A}^- + \text{H}_3\text{O}^+ \tag{11.19}$$

一方，塩 BHA は，つぎのように完全に解離する．

$$\text{BHA} \longrightarrow \text{BH}^+ + \text{A}^- \tag{11.35}$$

このとき，溶液中の A^- は，ほとんど塩 BHA によるものと考えてよい．つまり $[\text{A}^-] \simeq c_s$ と書ける．さらにこの A^- の存在のため，式(11.19)で示される HA の解離は抑制されて，解離していない酸の濃度は酸の全濃度と考えてよい．つまり，$[\text{HA}] \simeq c_a$ と近似できる．以上から，ヘンダーソン–ハッセルバルヒの式〔式(11.31)〕は，以下のように変形できる．

$$\begin{aligned}
\text{pH} &= \text{p}K_a + \log\left(\frac{[\text{A}^-]}{[\text{HA}]}\right) \\
&\simeq \text{p}K_a + \log\left(\frac{c_s}{c_a}\right)
\end{aligned} \tag{11.36}$$

つまり，式(11.36)はすべて定数のみとなり，pH は一定となる．この溶液に少量の酸を加えても，それによって生じる H_3O^+ は大量に存在する A^- と反応して〔つまり式(11.19)の右から左への反応によって〕，HA を生成するので，H_3O^+ の増加はない．一方，この溶液に少量の塩基を加えても，

$$\text{B} + \text{H}_2\text{O} \rightleftharpoons \text{BH}^+ + \text{OH}^-$$

によって生じる OH^- は，まだ解離していない HA とつぎのように反応するため，

$$\text{OH}^- + \text{HA} \longrightarrow \text{H}_2\text{O} + \text{A}^-$$

OH^- の増加は抑えられて変化しない．また，水を加えても式(11.36)の c_s/c_a 比は変わらないので，pH も変化しない．

　式(11.36)は，c_s/c_a 比を変えることにより緩衝液の pH を任意に選べることを示している．しかし実際には，c_s/c_a 比が 1 に近いほど，緩衝作用が大きいことがわかっている．弱酸とその塩を等量含む場合には，$c_s = c_a$ であるので，緩衝液の pH は弱酸の pK_a に等しく，緩衝作用は最大となる．実用的には，緩

表 11.3　代表的な緩衝液

使われている反応剤	緩衝作用のある平衡	酸の pK_a（等濃度の塩が存在するときの緩衝液のpH）
シュウ酸と水酸化ナトリウム	$\begin{array}{c}\text{COOH}\\|\\\text{COOH}\end{array} \rightleftharpoons H^+ + \begin{array}{c}\text{COOH}\\|\\\text{COO}^-\end{array}$	1.3
酢酸と酢酸ナトリウム	$CH_3COOH \rightleftharpoons H^+ + CH_3COO^-$	4.8
リン酸二水素カリウムと水酸化ナトリウム	$H_2PO_4^- \rightleftharpoons H^+ + HPO_4^{2-}$	7.2

衝液のpHが弱酸の$pK_a \pm 1$以内であれば緩衝作用は有効に働く．言い換えれば，設定したいpHの値になるべく近いpK_aの弱酸を緩衝液に使用すればよい．もちろん，c_sおよびc_aが大きいほど，緩衝作用は大きい．こうした事柄を踏まえて，実験などでの緩衝液の作製にあたりたい．表11.3に代表的な緩衝液とpK_aを示す．

　生体における緩衝系として，細胞内液ではタンパク質系(8.2節)とリン酸系，つぎに重炭酸系(HCO_3^-)が重要な役割を果たしている．一方，組織液や血漿のような細胞外液では重炭酸系と若干のリン酸系が働き，pH = 7.40 ± 0.05に維持している．血漿の場合，pHを決定するのに重要な成分は炭酸(H_2CO_3)と重炭酸塩(HCO_3^-)である．酸性物質(糖の分解によって生じる乳酸やCO_2に由来するH_2CO_3など)が増加すると，重炭酸塩(HCO_3^-)が作用してこれを中和する．さらに血液中のH_2CO_3濃度が高くなると，呼吸中枢が働いて呼吸数を増加させて，はやく肺からCO_2として排出するようになる．また，腎からはHCO_3^-の形で排泄される．これらの結果，通常では肺や腎の働きにより$[HCO_3^-]/[H_2CO_3]$比は約20になるように保たれている．ここで式(11.31)を適用すると，

$$pH = pK_{a(H_2CO_3)} + \log\left(\frac{[HCO_3^-]}{[H_2CO_3]}\right)$$

となり，$pK_{a(H_2CO_3)} = 6.1(37℃)$であるので，計算するとpH = 7.4となる．ヒトの脳にはpHに感受性をもつ神経細胞があり，細胞外液のpHが低下(上昇)すると呼吸の促進(抑制)が起こる．

　呼吸や代謝の異常により，細胞外液のpHが変動幅からはずれて7.45以上になるときをアルカローシス，7.35以下になるときをアシドーシスといい，体の働きに異常が現れる．たとえば，アルカローシスでは神経細胞の興奮性が高まって癲癇発作を起こすことがあるし，アシドーシスでは神経細胞の興奮性が抑制され意識障害を生じることがある．細胞外液のpHが7.8以上，6.8以下では死に至ることになる．

11.3.7 アミノ酸の電離平衡

アミノ酸は，アミノ基($-NH_2$)とカルボキシ基($-COOH$)を少なくとも一つずつ分子内にもつので，pHによって陽イオンにも陰イオンにもなりうる両性電解質である(8.1.1). たとえば最も簡単な構造をもつアミノ酸であるグリシン(H_2NCH_2COOH)の場合を考えてみよう(図 11.4). これは双極イオンとして，$H_3N^+CH_2COO^-$ の形を取るが，溶液のpHが酸性側に偏れば(H^+の濃度が増えれば)，

$$H_3N^+CH_2COO^- + H^+ \longrightarrow H_3N^+CH_2COOH$$

の方向へ反応が進む. また，溶液のpHが塩基性側に偏れば(H^+の濃度が減れば)，

$$H_3N^+CH_2COO^- \longrightarrow H_2NCH_2COO^- + H^+$$

の方向へ反応が進むことになる.

$H_3N^+CH_2COOH$ と $H_3N^+CH_2COO^-$ の解離定数をそれぞれ K_{a1} と K_{a2} とすると，式(11.21)より

$$K_{a1} = \frac{[H_3N^+CH_2COO^-][H^+]}{[H_3N^+CH_2COOH]} \tag{11.37}$$

$$K_{a2} = \frac{[H_2NCH_2COO^-][H^+]}{[H_3N^+CH_2COO^-]} \tag{11.38}$$

と示すことができる.

溶液のpHがある値のときに，分子内の正電荷と負電荷の数がつりあって全体としての電荷がゼロとなる状態がある. グリシンの場合であると，$H_3N^+-CH_2COO^-$ がおもに存在する状態である. このときのpHの値を**等電点**(isoelectric point)といい，pIで示す. 等電点では，$[H_3N^+CH_2COOH] = [H_2NCH_2COO^-]$ とすることができるので，式(11.37)と式(11.38)より pI は

$$pI = \frac{1}{2}(pK_{a1} + pK_{a2}) \tag{11.39}$$

のように，pK_{a1} と pK_{a2} で表せる. グリシンの場合，pK_{a1} = 2.35, pK_{a2} = 9.78 であるので，式(11.39)より pI = 6.06 と計算できる.

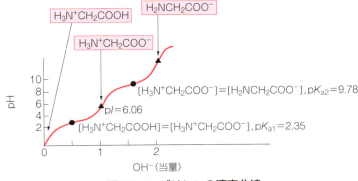

図 11.4 グリシンの滴定曲線

11.4 電気化学

化学電池(chemical cell)は，酸化還元反応に伴って放出されるギブズ自由エネルギーを電気エネルギーに変える装置のことである．ここでは，そのしくみについて説明する．

11.4.1 化学電池

化学電池の例として，図 11.5 に**ダニエル電池**(Daniel cell)の構造を示す．図では，左側に Zn 棒(亜鉛電極)を $ZnSO_4$ 溶液に浸してあり，右側には Cu 棒(銅電極)を $CuSO_4$ 溶液に浸している．各金属棒を電解質溶液に浸したものを**半電池**(half cell)という．また，$ZnSO_4$ 溶液と $CuSO_4$ 溶液は，**塩橋**(salt bridge．KCl を寒天で固めたものでイオンの通路となる)で電気的に連結されている．そして，両電極を導線で結ぶと，導線に電気が流れて電池として働くことになる．

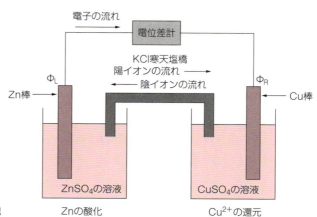

図 11.5 ダニエル電池

この電池で起きる反応は，全体としてつぎのように表せる．

$$Zn(s) + CuSO_4(aq) \rightleftharpoons ZnSO_4(aq) + Cu(s) \tag{11.40}$$

ここで(s)は固相，(aq)は水溶液相であることを示している．電子の移動がわかるように書くと，つぎのように表せる．

$$Zn(s) + Cu^{2+}(aq) \rightleftharpoons Zn^{2+}(aq) + Cu(s) \tag{11.41}$$

この反応は，左右のそれぞれの電極で起きるつぎの二つの**半反応**(half reaction)に分離できる．

$$\text{左側}: Zn(s) \rightleftharpoons Zn^{2+}(aq) + 2e^- \tag{11.42}$$

$$\text{右側}: Cu^{2+}(aq) + 2e^- \rightleftharpoons Cu(s) \tag{11.43}$$

つまり，左側の電極では，Zn は電子 2 個を与えたあと，Zn^{2+} イオンとなって電解質溶液に溶ける．このとき Zn は，電子を失うので酸化されている(酸化反応)．一方，右側の電極では，Cu^{2+} イオンは電子 2 個を受け取ったあと，金属 Cu として析出する．このとき Cu^{2+} は，電子を受け取るので還元されている(還元反応)．電子の授受が同時に起こるのが酸化還元反応であり，これは**還**

元剤(reductant，ここでは Zn)から**酸化剤**(oxidant，ここでは Cu^{2+} イオン)へ電子が移る反応である．

しかし，なぜ二つの電極の間で電気が流れるのだろう．それは Zn が Cu よりも電子を放出する傾向が大きいからである．そして，図 11.5 に示したように，酸化還元対を物理的に隔離して，両者間の電子の移動が導線をとおして行えるようにしてあるからである．ダニエル電池の場合には，式(11.40)および式(11.41)の反応の平衡は右側にかなり偏っていて，実際は Zn 棒が完全に溶けてなくなるまで反応は進行する．

ダニエル電池の場合に，電子は Zn 電極から Cu 電極へ移動する．電子は負電荷をもつので，Zn 電極よりも Cu 電極のほうが正の電位にある(電位が高い)といえる．この二つの電極間で，電子の流れが起こらない条件下(そうしないと電位差が変化してしまう)で発生する電位差を，電池の**起電力**〔electromotive force．記号 E で表示，単位は V(ボルト)〕という．起電力は，電位差計で測定できる．ダニエル電池の起電力は，約 1.1 V である．しかし，電位差は相対的なもので，それだけを示したのではどちらの電極の電位が高いかはっきりしない．そこで電池を示すときの規則として，Zn 電極のように酸化が起きる電極を左側に，Cu 電極のように還元が起きる電極を右側に表示すると決める．わざわざ図 11.5 のように書かなくても，つぎのように書けばよい．

$$Zn(s) \mid ZnSO_4(aq) \parallel CuSO_4(aq) \mid Cu(s) \tag{11.44}$$

ここで 2 本の垂直線は，塩橋を示す．そして起電力 E は，右側の電極の電位 Φ_R から，左側の電極の電位 Φ_L を引いた値であることを決める．

$$\text{起電力}: E = \Phi_R - \Phi_L \tag{11.45}$$

起電力の値が正であるときは，右側の電極の電位が左側の電極の電位より高く，つまり，右側で還元が起こり，左側で酸化が起きていることになる．そして，電子は左側の電極からでて，右側の電極へ移動する．起電力の値が負であれば，電極の配置がこの逆になっていることを意味する．還元が起きる電極を**カソード**(cathode)，酸化が起きる電極を**アノード**(anode)とよぶ．

起電力 E は $E = \Phi_R - \Phi_L$ であると述べたが，Φ_R と Φ_L についての説明がまだ十分ではない．Φ_R と Φ_L はそれぞれの半電池を構成する金属棒(電極)とこれに接触する電解質溶液の間において，電子が流れない条件下で発生する電位差のことであり，**電極電位**(electrode potential)という．電池の起電力 E は測定できるが，Φ_R と Φ_L の電極電位の絶対値は測定できないものである．このため，ある適切な半電池の電極電位を基準として，この電極電位をゼロとし，基準電極と種々の電極を組み合せたときの電池の起電力を測定することによって，それぞれの電極の電極電位が決められている．

11.4.2 起電力とギブズ自由エネルギー

ダニエル電池の起電力 E は，つぎの**ネルンストの式**(Nernst equation)で表されるように，二つの半電池の電解質溶液の濃度に依存することがわかっている．

$$E = E° - \frac{RT}{nF} \ln \frac{[\text{Zn}^{2+}]}{[\text{Cu}^{2+}]} \quad (\text{ダニエル電池}: n = 2) \tag{11.46}$$

ここで R は気体定数，T は絶対温度，n は酸化還元反応における電子の化学量論係数，F はファラデー定数(1 モルの e^- がもつ電気量；96.49 kC mol^{-1})である．$E°$ は電池の**標準起電力**(standard electromotive force)で，電解質溶液の濃度が両方とも 1 mol L^{-1} のときの起電力の値である．この濃度のときの電極電位を**標準電極電位**(standard electrode potential)とよび，$\Phi_\text{R}°$ と $\Phi_\text{L}°$ で示せば，$E° = \Phi_\text{R}° - \Phi_\text{L}°$ である．

電池は，使い尽くされて電流をつくりだすことができなくなる状態がある．これは電池内の反応が平衡に達したことを意味する．$E = 0$ であるから，式(11.46)を変形すると，つぎのようになる．

$$E° = \frac{RT}{nF} \ln \frac{[\text{Zn}^{2+}]}{[\text{Cu}^{2+}]} \quad (\text{ダニエル電池}: n = 2) \tag{11.47}$$

平衡状態であるから

$$K_\text{c} = \frac{[\text{Zn}^{2+}]}{[\text{Cu}^{2+}]}$$

とすると*

$$E° = \frac{RT}{nF} \ln K_\text{c} \quad (\text{ダニエル電池}: n = 2) \tag{11.48}$$

* 金属単体である Zn と Cu は標準状態であるので，その濃度を示す項は定数となり平衡定数には表れない．

と表せる．したがって，標準起電力 $E°$ (つまり二つの電極の標準電極電位の差)がわかれば，電池内で起きる反応の平衡定数が予測できることになる．

さらに，式(11.15)では $\Delta G° = -RT \ln K_\text{c}$ であるので，式(11.48)から

$$\Delta G° = -nFE° \tag{11.49}$$

という関係が導かれる〔ここで，電気的仕事(単位 J) = 電気量(C) × 電位差(V)であることに注意〕．したがって，標準起電力 $E°$ がわかれば，その反応の $\Delta G°$ が計算できることになる．逆に，$\Delta G°$ がわかれば，$E°$ や反応の平衡定数が求められる．ダニエル電池の標準起電力を，$E° = 1.10$ V とすれば

$$\text{Zn(s)} + \text{Cu}^{2+}(\text{aq}) \rightleftarrows \text{Zn}^{2+}(\text{aq}) + \text{Cu(s)} \tag{11.41}$$

という反応について，$\Delta G° = -212$ kJ mol^{-1}, $K_\text{c} = [\text{Zn}^{2+}]/[\text{Cu}^{2+}] = 1.45 \times 10^{37}$ (25 ℃)が得られ，平衡において反応はほぼ終了していることが予測できる．

11.4.3 静止膜電位と電気化学ポテンシャル

神経や筋の細胞の場合，細胞膜によって隔てられた細胞の内側と外側では，内側が外側に比べて約 60 〜 90 mV だけ電位が低いことが知られている．この電位を**静止膜電位**(resting membrane potential)とよぶ．この電位は，おもに K^+ によってつくられていることを，以下に説明する．

細胞の内側と外側で濃度が異なるイオンがいくつか存在し，その一つが K^+ である．K^+ は細胞内の主要な陽イオンとして約 100 mM の濃度で存在するが，

細胞外では約 2 mM しかない．その濃度差と，細胞膜に存在する K^+ チャネルとよばれるタンパク質の働きにより，静止膜電位が発生する．そのチャネルは K^+ を細胞内から細胞外へ，その濃度勾配に従って漏洩させている．これにより，細胞膜の内側のごく近傍（< 1 nm）というかぎられた領域では K^+ を失うために，陰イオンの負電荷が過剰になる．逆に，細胞膜の外側のごく近傍は流出した K^+ のために，正電荷が過剰になる．これらの結果，細胞膜の近傍では，外側よりも内側の電位が低い状態となる．つまり，膜電位（膜を挟んだ電位差）が生じる．

では，K^+ は K^+ チャネルを通じて流出し続けるかというと，そうはならない．なぜなら，生じた膜電位が，今度は正電荷をもつ K^+ の流出を妨げるようになるからである．その結果，K^+ の濃度差による内側から外側への流出と，それを妨げようとする膜電位がつりあった状態が生じる．そのときの膜電位が，静止膜電位をほぼ決めている．静止膜電位が存在する状況を，分極しているという．何らかの刺激で K^+ チャネルの口が閉じられて K^+ が通過できなくなると，膜電位は消失する方向に変化する．この状態を脱分極という．

このようにイオンの挙動を説明するには，前章の式(10.50)で示した濃度に依存する化学ポテンシャルだけでは不十分である．

$$\mu = \mu^\circ + RT \ln c \tag{10.50}$$

そこで，電位によって生じる電気的ポテンシャル(electric potential)を示す項として $zF\psi$ を上式につけ加え，次式で示される**電気化学ポテンシャル**(electrochemical potential)を定義する．

$$\tilde{\mu} = \mu + zF\psi = \mu^\circ + RT \ln c + zF\psi \tag{11.50}$$

ここで，F はファラデー定数，ψ は電位，c はモル濃度，z はイオンの電荷の価数(K^+ は 1)である．

K^+ の動きがない平衡状態を考え，細胞内と細胞外の K^+ の電気化学ポテン

H^+ はさまざまな感覚情報の伝達に働く

生体には H^+ を特異的に受容するタンパク質が存在し，さまざまな感覚情報を伝えている．たとえば，舌の味細胞の細胞膜には，H^+ を結合するタンパク質があり，H^+ を多く含む食物の酸っぱい味覚（酸味）を伝える．また，皮膚表層部の感覚神経の末端に存在する陽イオン透過性の膜タンパク質は，H^+ が結合することによって開口し，その刺激を伝える．これは，手の切り傷に H^+ を多く含むミカンの汁がついたときに感じるような痛みの感覚を伝える．なお，この膜タンパク質は唐辛子成分であるカプサイシンや 42 ℃ 以上の温度によっても開口し，刺激を伝える．

換気不全になると，血液中で CO_2 濃度が増加するが，この CO_2 は血液脳関門をとおって脳のなかに入っていく．これが H_2O と反応することにより生成した H^+ が呼吸中枢の神経細胞に作用して呼吸（CO_2 の排出）を促進させる．つまり，この神経細胞は血液中の CO_2 濃度に連動した H^+ 濃度を感受し，呼吸の調節に働いている．

シャルが等しいとすると，式(11.50)から

$$RT \ln [\text{K}^+]^{内} + F\psi^{内} = RT \ln [\text{K}^+]^{外} + F\psi^{外}$$

となる．ここで，$[\text{K}^+]^{内}$と$[\text{K}^+]^{外}$は細胞の内側と外側のK^+のモル濃度であり，$\psi^{内}$と$\psi^{外}$は内側と外側の電位である．よって，細胞内と細胞外の電位差をEで示すと，

$$E = \psi^{内} - \psi^{外} = \frac{RT}{F} \ln \left(\frac{[\text{K}^+]^{外}}{[\text{K}^+]^{内}} \right) \tag{11.51}$$

が得られる．この式は，膜を隔てて平衡状態にあるK^+の濃度と電位差の関係を示している．この平衡状態の電位差を，K^+の**ネルンスト電位**(Nernst potential)という．実際の静止膜電位の発生にはK^+チャネルばかりではなく，ほかのイオン種のチャネルも関与しており，膜をとおるイオンの動きは平衡状態ではなく（つねにイオンの流れがある）定常状態になっている．そのため静止膜電位の絶対値は，K^+のネルンスト電位のものよりも小さいことになる．

脳波や心電図のような生体の電気信号は，脳細胞や心筋細胞の細胞膜をイオンが通過することにより発生するが，細胞内と細胞外の間でイオンが動く方向を決めるのは，それらの間におけるイオンの電気化学ポテンシャルの差である．つまり，イオンは電気化学ポテンシャルの高いほうから低いほうへ膜をとおって移動する．

ネルンスト(W. H. Nernst, 1864～1941．ドイツの物理化学者．1920年ノーベル化学賞受賞)．

章末問題

1. 生体内におけるグルタミン酸は，ATPのエネルギーを利用して多くの化合物の窒素源となるグルタミンへ変えられる．これに関して，以下の二つの反応に対するギブズ自由エネルギー変化がつぎのように得られている．
   グルタミン酸 + $\text{NH}_3 \longrightarrow$ グルタミン + H_2O ($\Delta G° = 14 \text{ kJ mol}^{-1}$)
   ATP + $\text{H}_2\text{O} \longrightarrow$ ADP + P_i ($\Delta G° = -30 \text{ kJ mol}^{-1}$)
   これらのデータに基づき，つぎの反応の平衡定数を計算せよ．ただし，温度は25℃とする．
   グルタミン酸 + NH_3 + ATP $\longrightarrow$ グルタミン + ADP + P_i

2. 1 mmol L^{-1}の濃度をもつ弱酸HAが5%解離しているとした場合，この溶液のpH，そしてこの弱酸の解離定数を計算せよ．

3. 1 mol L^{-1}の酢酸100 mLに，1 mol L^{-1}の水酸化ナトリウムを加えてpH = 7.4の緩衝液をつくるとした場合，何mLの水酸化ナトリウムを加えればよいか計算せよ．ただし，酢酸のpK_aは4.74とする．

4. 図11.5で示したダニエル電池において，ZnSO_4の濃度が0.1 mol L^{-1}，CuSO_4の濃度が0.2 mol L^{-1}とした場合，いくらの電位差が記録されるか計算せよ．ただし，温度は20℃，塩橋とZnSO_4溶液，あるいはCuSO_4溶液との間の電位差は無視できるとする．

第12章

化学反応速度論

　化学反応が進行するか否か，またどれだけ多くの生成物が得られるかは，その反応に伴うギブズ自由エネルギーの変化から予測できることは 10 章と 11 章で学んだ．しかし，化学反応がどれだけ速く進行するかということは別の問題である．熱力学的に起こりうる反応でも，速度の速い反応と遅い反応が存在する．本章では，化学反応の速度の示し方と速度を決定する要因について学ぶ．

　生体内では多数の化学反応が酵素によって触媒されて進行する．もし，酵素が存在しないと化学反応の速度はたいへん小さく，生命は維持されない．酵素はどのようにして反応速度をコントロールしているのか，酵素反応の特徴についても学ぶ．

12.1　反応速度の定量化

12.1.1　反応速度の定義

　自動車の走行速度の場合，たとえば時速 50 km といえば 1 時間という単位時間当たり 50 km の距離だけ移動する速度を意味する．化学反応では，時間経過に伴って反応物(原料)の量が減少し，同時に生成物の量が増加するので，単位時間当たりの反応物あるいは生成物の量的変化を示せばよい．たとえば，つぎの式で表される反応について考えてみる．

$$A + 3B \longrightarrow C + 2D \tag{12.1}$$

この反応の時間経過に伴う反応物と生成物の濃度変化をグラフにしたのが図 12.1 である．たとえば生成物 C に着目し，ある時間 t における濃度を測定し，時間 Δt のあとにもう一度，濃度を測定したときの濃度変化を Δc_C とすると，この反応速度 v は次式で表せる．

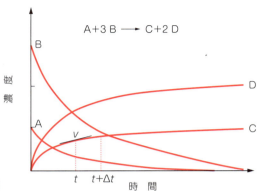

図 12.1 化学反応による物質の濃度変化

$$v = \frac{\Delta c_\mathrm{C}}{\Delta t} \tag{12.2}$$

同様に，物質 A，B，あるいは D について時間 Δt 後の濃度変化をそれぞれ Δc_A，Δc_B，Δc_D とすると反応速度 v は次式で表せる.

$$v = -\frac{\Delta c_\mathrm{A}}{\Delta t} = -\frac{1}{3}\frac{\Delta c_\mathrm{B}}{\Delta t} = \frac{\Delta c_\mathrm{C}}{\Delta t} = \frac{1}{2}\frac{\Delta c_\mathrm{D}}{\Delta t} \tag{12.3}$$

反応速度は正の値として示されるので，反応の進行に伴って濃度が減少する反応物 A と B については，それぞれの濃度変化 Δc_A，Δc_B の前にマイナスをつけている．また，反応速度はいずれの物質に注目した場合でも同じ値となるべきなので，物質 B と D の濃度変化をさらにそれぞれの反応式の化学量論係数で割っている．

しかし，式(12.3)で示される反応速度は正確ではない．なぜなら式(12.3)で与えられる速度は，時間 t から $t + \Delta t$ の間の平均速度を表しているにすぎない．正確には時間 t における反応速度 v は，**図 12.1** の経時的濃度変化を示す曲線の接線の傾きである．つまり，微分的表現を用いて微小時間 $\mathrm{d}t$ における濃度変化を $\mathrm{d}c$ で示した場合，速度 v はつぎのように示される．

$$v = -\frac{\mathrm{d}c_\mathrm{A}}{\mathrm{d}t} = -\frac{1}{3}\frac{\mathrm{d}c_\mathrm{B}}{\mathrm{d}t} = \frac{\mathrm{d}c_\mathrm{C}}{\mathrm{d}t} = \frac{1}{2}\frac{\mathrm{d}c_\mathrm{D}}{\mathrm{d}t} \tag{12.4}$$

式(12.3)と式(12.4)の違いは，図 12.1 中の生成物 C の曲線とその接線を見ればわかるであろう．たとえ短い時間 Δt の間でも，接線の傾き（つまり反応速度）は刻々と変化することに注意してほしい．

12.1.2 速度式

化学反応の速度に影響を及ぼすおもな因子として，温度と反応物の濃度があげられる．ここではまず，反応物の濃度の影響について述べる．たとえば図 12.1 で，反応の初期で反応物の濃度が高いところでは，反応速度を示す接線の傾きは大きいが，反応がある程度進行したために反応物の濃度が低くなると接線の傾きは小さくなっている．このように一般的には，反応物の濃度が高いほど，反応速度は大きい．

具体例として，気体である水素分子(H_2)とヨウ素分子(I_2)が衝突して，ヨウ化水素(HI)を生成する反応を取りあげる．

$$H_2 + I_2 \longrightarrow 2\,HI \tag{12.5}$$

ここで反応物であるH_2とI_2の濃度が高いほど，単位時間当たり両分子が衝突する機会が多くなるため，生成するHIの量も多くなることが予想できる．実際，HIの生成速度vは，反応物であるH_2とI_2の両方の濃度に比例することがわかっている．これを数学的に表現するとつぎの式になる．

$$v = k[H_2][I_2] \tag{12.6}$$

ここで$[H_2]$と$[I_2]$はそれぞれH_2とI_2の濃度を示し，kは**速度定数**(rate constant)とよばれる．式(12.6)のように反応速度が反応物の濃度によっていかに変化するかを示す式を，**速度式**(rate equation)あるいは**速度則**(rate law)とよぶ．$[H_2]$と$[I_2]$の次元をたとえば$mol\,L^{-1}$とし，時間を秒(s)で表した場合，速度vの次元は$mol\,L^{-1}\,s^{-1}$であり，したがってこの反応の速度定数kの次元は$L\,mol^{-1}\,s^{-1}$となる．後述するように速度定数は反応物の濃度とは無関係に，反応の種類と温度によって決まる定数である(12.1.4)．

一般的には，反応速度が反応物AとBの濃度(それぞれ[反応物A]と[反応物B]で示す)によって決まる場合，反応速度vはつぎの式で表される．

$$v = k\,[反応物\,A]^{\alpha}[反応物\,B]^{\beta} \tag{12.7}$$

ここでαとβは**反応次数**(kinetic order)とよばれるもので，物質Aについてα次，Bについてβ次，全体で$(\alpha + \beta)$次の速度式であるという．αとβの数値は反応式の各物質の化学量論係数とは必ずしも一致せず，実験によって決まるものである(理由は12.1.5)．また，整数値とはかぎらず，分数や負数になることもある．

12.1.3 一次反応速度の取り扱い

速度式が最も簡単な**一次反応**(first‒order reaction)の特徴を見てみよう．たとえば反応物Aから生成物Bを生じる反応($A \rightarrow B$)があり，その速度式がAの濃度について一次であるとすると，式(12.4)と(12.7)から

$$v = -\frac{d[A]}{dt} = k[A] \tag{12.8}$$

となる．これを変形すると

$$\frac{d[A]}{[A]} = -k\,dt \tag{12.9}$$

となる．さらに，積分すると

$$\ln[A] = -kt + \text{const.} \tag{12.10}$$

となる．ここでconst.は積分することによって生じる定数であるが，$t = 0$のとき，つまり反応が始まる前のAの濃度(これをAの**初濃度**という)を$[A]_0$とすると，const. $= \ln[A]_0$ となる．すると式(12.10)はつぎのようになる．

$$\ln[A] = -kt + \ln[A]_0 \tag{12.11}$$

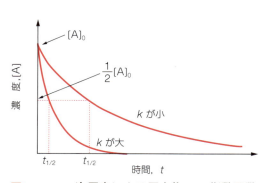

図12.2 一次反応による反応物 A の指数関数的な減少

速度定数 k が大きいほど，濃度の減少が速く，半減期 ($t_{1/2}$) が短い．

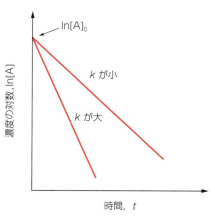

図12.3 一次反応の特徴

反応物 A の濃度の対数をとった値は，時間経過に伴って直線的に減少する．速度定数 k が大きいほど直線は急峻である．

式(12.11)をさらに変形すると

$$[A] = [A]_0 e^{-kt} \tag{12.12}$$

となる．式(12.12)をグラフにすると，図12.2のように反応物 A の濃度が $[A]_0$ から時間 t の経過に伴って指数関数的に減少することがわかる．また，式(12.11)をグラフにすると，図12.3になる．つまり，$\ln[A]$ を t に対してプロットすると，そのグラフは直線となり，傾きは $-k$ である．したがって，時間ごとに $[A]$ を測定し，図12.3のようなグラフを作成したときに直線になれば，その反応は反応物 A について一次反応であるということができる．そして直線の傾きから速度定数が実験的に求められる．速度定数が決まれば，式(12.8)から反応物 A の濃度に応じた反応速度を求められる．

反応速度の大小の目安として，**半減期**(half-life time)が利用される．半減期は，反応物の濃度が初濃度の半分になるまでに要する時間のことである(図12.2)．半減期が短いほど，その反応は速く進行することを意味する．半減期を $t_{1/2}$ で表し，式(12.11)に $t = t_{1/2}$ と $[A] = [A]_0/2$ を代入すると，次式が得られる．

$$t_{1/2} = \frac{\ln 2}{k} = \frac{2.303 \log 2}{k} = \frac{0.693}{k} \tag{12.13}$$

つまり，一次反応の特徴としてその半減期は初濃度に関係なく，速度定数にのみ依存する．

12.1.4 反応速度の温度依存性

一般的に温度をあげると反応は速くなる．これは温度上昇に伴って速度定数 k の値が大きくなるからである．1889年，アレニウス(S. A. Arrhenius)は図12.4に示すように温度の上昇に伴って速度定数が指数関数的に増大するこ

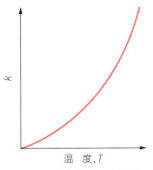

図12.4 速度定数 k の温度 (T) 依存性

図12.5 アレニウスプロット

とを見いだした。具体的には速度定数 k と絶対温度 T の関係はつぎの式で示される。

$$k = Ae^{-\frac{E_a}{RT}} \tag{12.14}$$

この式を**アレニウスの式**（Arrhenius equation）という。ここで、R は気体定数である。また、A は**頻度因子**（frequency factor）、E_a は**活性化エネルギー**（activation energy）とよばれ、どちらもそれぞれの反応に固有の値をとる。

活性化エネルギーと頻度因子は、実験によって求められる。まず、式(12.14)の両辺の対数をとるとつぎのようになる。

$$\ln k = \ln A - \frac{E_a}{RT} \tag{12.15}$$

したがって、いくつかの異なる温度 T で速度定数 k を測定して、図12.5〔この図を**アレニウスプロット**（Arrhenius plot）という〕のように $\ln k$ を $1/T$ に対してプロットすれば、傾きが $-E_a/R$ である直線が得られることから活性化エネルギー E_a を決定できる。また、直線と縦軸の交点は $\ln A$ であるので、頻度因子 A の値も決定できる。

頻度因子は、一定時間内に起きる反応分子間の衝突の頻度に関する定数で、反応分子の形状などが影響する[*1]。一方、活性化エネルギーは、反応を進行させるために反応物がもつべき最小のエネルギーの値である。反応物分子が互いに衝突することによって新しく生成物を生じると考えた場合に、衝突のエネルギーの大小が反応の進行を左右する。もしエネルギーが不十分だと分子は単に衝突したにすぎず、反応は進行しない。衝突のエネルギーが活性化エネルギー以上の場合に反応は進行する[*2]。

式(12.5)の反応を例にとって、活性化エネルギーと分子の構造変化との関係を図12.6 に示す。横軸は反応座標とよばれ、反応の経過に伴う分子の形状や構造の変化の過程を示す。縦軸は反応物分子のもつエネルギーを示すが、化学反応に伴って分子構造が変化し始めると、そのエネルギーはしだいに高くなる。そして反応途中で、反応に関係する結合が部分的に壊れかけて、しかも新しい

アレニウス（S. A. Arrhenius, 1859～1927. スウェーデンの物理化学者。1902年ノーベル化学賞受賞）

[*1] 頻度因子は、反応分子がもつエネルギーとは無関係である。しかし、反応分子が大きいと衝突しやすくなるため大きい値となる。分子の形によっては反応を起こすのに必要な衝突の相対的な方向が限定されることがあり、その場合は小さな値となる。

[*2] この考え方を、衝突理論という。

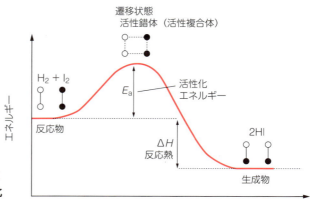

図 12.6 $H_2 + I_2 \rightarrow 2HI$ の反応過程とエネルギーの変化

結合が形成されようとしている状態が存在する．この状態を**遷移状態**(transition state)とよぶ．また，この状態にある物質を**活性錯体**あるいは**活性複合体**(activated complex)とよぶ．活性錯体は反応物や生成物よりも高いエネルギーをもち，通常，不安定なため単離することができない．活性化エネルギーは活性錯体と反応物のエネルギーの差である．反応が起きるにはこのエネルギー障壁を乗り越えなくてはならず，そのためには反応物は少なくとも活性化エネルギーに相当する運動エネルギーをもつことが必要である．

式(12.14)あるいは式(12.15)からいえることは，活性化エネルギーが小さい反応ほど，速度定数が大きく，したがって反応速度が大きいことである．これは，活性化エネルギーが小さいと，多数の分子のなかで活性化エネルギー以上のエネルギーをもつ分子の占める割合が大きくなり，その結果，単位時間当たりに起きる反応の回数が大きいというように理解できる．もし活性化エネルギーというエネルギー障壁そのものがこの自然界に存在しなければ，すべての反応は瞬時に進行し，物質は安定に存在できないことになる．

12.1.5 反応の経路と速度

前述の式(12.5)の反応は，気体分子の H_2 と I_2 が衝突し合うことによってヨウ化水素(HI)を一段階で生成する反応である．このとき反応速度は両反応物の濃度に比例するため，式(12.6)のように表されることは説明した．このように一段階で起きる反応を**単純反応**(simple reaction)という．しかし，多くの反応は複数の段階からなる**複合反応**(complex reaction)である．そして各段階の反応を**素反応**(elementary reaction)という．複合反応の例として，つぎの一酸化炭素と塩素ガスから，ホスゲンを生成する反応がある．

$$CO + Cl_2 \longrightarrow COCl_2 \tag{12.16}$$

この反応の速度式はつぎの式(12.17)で表されることがすでに実験的に明らかになっている．

$$v = k[CO][Cl_2]^{3/2} \tag{12.17}$$

この式では反応速度は一酸化炭素（CO）の濃度に対して一次であるが，塩素（Cl_2）の濃度に対しては 3/2 次の式であり，式(12.16)の反応式からは予測できない．その原因は実際にはこの反応がつぎの三つの素反応から構成されている複合反応だからである．

$$Cl_2 \rightleftharpoons 2\,Cl\cdot \tag{12.18}$$

$$Cl\cdot + CO \longrightarrow COCl \tag{12.19}$$

$$COCl + Cl_2 \longrightarrow COCl_2 + Cl\cdot \tag{12.20}$$

つまり，反応は Cl_2 が開裂して塩素ラジカル（$Cl\cdot$）*を生じることから開始する〔式(12.18)〕．つぎに，$Cl\cdot$ が CO と反応して，COCl を生じる〔式(12.19)〕．そして COCl は，さらに Cl_2 と反応して，$COCl_2$ と $Cl\cdot$ を生じる〔式(12.20)〕．この式(12.20)と式(12.19)の反応が連続することによって全体の反応が進行する．これら三つの素反応のうち，式(12.20)の反応速度が最も小さい．したがって，全体の反応速度は式(12.20)の反応速度に大きく依存することになる．式(12.20)の反応のように全体の反応速度を支配する素反応を，**律速段階**（rate-determining step）という．それより速い式(12.18)と式(12.19)の反応は準平衡に達する．

式(12.20)の反応速度は速度定数を k' としてつぎの式(12.21)で表せる．そして全体の反応速度も同じ式で近似できることになる．

$$v = k'\,[COCl]\,[Cl_2] \tag{12.21}$$

ここで，式(12.18)と式(12.19)の反応の平衡定数〔11章の式(11.7)参照〕をそれぞれ K_1，K_2 とすると

$$K_1 = \frac{[Cl\cdot]^2}{[Cl_2]} \tag{12.22}$$

$$K_2 = \frac{[COCl]}{[Cl\cdot][CO]} \tag{12.23}$$

と示される．ここで，

$$[COCl] = K_2\,[CO]\,[Cl\cdot] = K_1^{1/2}\,K_2\,[CO]\,[Cl_2]^{1/2}$$

であるから，式(12.21)はつぎのようになる．

$$v = k'\,K_1^{1/2}\,K_2\,[CO]\,[Cl_2]^{3/2} = k\,[CO]\,[Cl_2]^{3/2} \tag{12.24}$$

$$\text{ただし，} k = k'\,K_1^{1/2}\,K_2 \tag{12.25}$$

である．すなわち，式(12.17)が得られることになる．このように，速度式は複合反応の反応過程と密接に関係している．このため実験的に得られた速度式は，どのような素反応が存在するのかなど，その反応過程を探る手がかりになる．

複合反応のそれぞれの素反応には固有の活性化エネルギーが存在するが，律速段階である素反応の活性化エネルギーが最も大きい．たとえば，図 **12.7** のように三つの素反応とエネルギーの関係を表した場合，3 番目の素反応が律速段階である．それぞれの素反応の途中の最大エネルギーの状態が遷移状態である．一方，遷移状態と遷移状態の間でエネルギーが極小の状態にある物質を**中間体**（intermediate）という．中間体は正常な結合をしており，エネルギーは高

* 不対電子をもつ分子や原子をラジカル（radical）または遊離基という（6.1.3）．

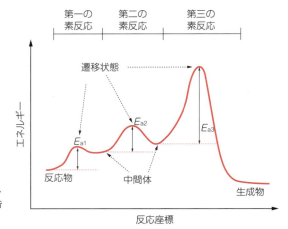

図 12.7 複合反応の過程とエネルギーの関係

律速段階である第三の素反応の活性化エネルギー(図中 E_{a3})が最大である.律速段階の速度は,全体の反応速度にほぼ等しい.

いが,検出したり単離できる場合がある.

12.2 酵素反応の速度

12.2.1 酵素反応の特徴

　酵素(enzyme)は,生体内で起こるさまざまな化学反応の**触媒**(catalyst)[*1]として働くタンパク質である.通常の化学反応で,活性化エネルギーが大きいため反応速度が小さい場合には,温度を高くする(つまり活性化エネルギーに相当する熱を与える)など激しい条件にしないと反応がすみやかに進行しない.しかし酵素が触媒として反応物に働くと,活性化エネルギーの小さい反応経路をたどることになって[*2],温和な条件でも反応速度が増大($10^3 \sim 10^{20}$ 倍)する.ただし,酵素はあくまでも触媒であり,酵素自身は反応前と終了後で化学的に変化しない.また,酵素は反応が平衡に達するまでの時間をはやめるだけで,平衡状態における反応物と生成物の濃度比を左右するものではないことに注意したい.

　酵素が触媒する反応の種類としては,生体分子の加水分解,合成,酸化・還元,分子間の原子団の転移,異性体間の転換などがある.酵素が触媒として働きかける相手の物質,つまり実際に反応・変化する物質のことを**基質**(substrate)という.酵素ごとに基質となる物質は異なっており,似た構造をもつ物質でも基質にならなかったり,反応は起こってもその速度が遅かったりすることがある.このように酵素が基質に対して示す特異性を,**基質特異性**(substrate specificity)という.また,酵素が働くのに最も適した温度と pH が存在する.これらをそれぞれ**最適温度**(optimum temperature),**最適 pH**(optimum pH)という.これは比較的低い温度の領域では,酵素反応の場合も化学反応と同じ温度効果が見られるが,高温になると酵素が変性(8.2.3)を起こして失活するからである.また,水溶液中の pH 変化に応じて,酵素の作用基(触媒反応に働くアミノ酸残基のカルボキシ基やアミノ基など)のイオン化の変化が起きたり(11.3.7),変性が起きて失活するためである.

[*1] 化学反応を起こす物質と共存することによって,その反応速度を増大させるが,反応式には現れない物質を一般的に触媒という.ただし,反応の平衡には影響しない.

[*2] 酵素は反応途中の遷移状態にある基質と相互作用することによって,基質のエネルギー状態を安定化している.図 12.9 参照.

12.2.2　酵素反応の機構と速度式

　基本的な酵素反応の機構を図12.8に示す．まず酵素(E)は，溶液中で基質(S)と可逆的に結合して**酵素基質複合体**(enzyme-substrate complex，ESで示す)を形成する．つぎに酵素は複合体を形成したまま基質を遷移状態(ES‡)へと誘導した後，生成物(P)に変化させる．そして最後に生成物を溶液中に放出する．反応後，酵素はふたたび別の基質と結合して，つぎつぎと生成物に変えていく．この酵素反応過程に伴って変化する基質分子のエネルギー変化を，図12.9に示す．酵素がほかの無機触媒と大きく異なる点は，酵素基質複合体を形成することによって，活性化エネルギーの低い遷移状態をつくりだすことである．

　では，酵素反応の速度式はどのように表せるのだろうか．まず，基本的な酵素反応式を，つぎのように表す．

$$\mathrm{E + S} \underset{k_2}{\overset{k_1}{\rightleftharpoons}} \mathrm{ES} \xrightarrow{k_3} \mathrm{E + P} \tag{12.26}$$

この式は，酵素と基質が複合体を形成する反応(速度定数 k_1)と，逆にふたたび酵素と基質に解離する反応(速度定数 k_2)，そして酵素基質複合体から最終的に酵素と生成物に解離する反応(速度定数 k_3)を示している．ただし，ここでは反応のごく初期段階を考えて，生成物濃度[P]は微量であるため，E + P ⟶ ES の逆反応は無視できるとする．したがって，以下の説明も酵素反応の初期段階についてであることを忘れないでほしい．

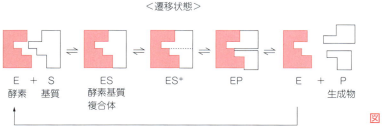

図12.8　酵素反応の機構

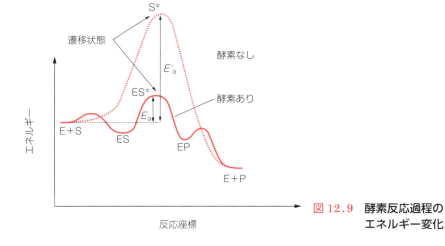

図12.9　酵素反応過程のエネルギー変化

一般的に速度定数に関しては，$k_1, k_2 > k_3$である．つまり，酵素基質複合体の形成とその解離は比較的速い可逆的な反応であり，一方，酵素基質複合体から遊離の酵素と生成物を生成する反応は遅く，全体の反応の律速段階になっている．したがって全体の速度式は，次式で近似できる．

$$v = \frac{d[P]}{dt} = k_3[ES] \tag{12.27}$$

しかし溶液中の酵素基質複合体の濃度[ES]は，あらかじめ設定したり，または直接測定することができないため，式(12.27)は速度式としては未完成である．そこで，以下のような取扱いを行う．つまり，基質に対して酵素は通常少量しか用いないため，酵素基質複合体は少量しか存在しない．しかも，複合体の形成と解離の速度はほとんど等しく，そのため[ES]は事実上一定であると考える．この状態を**定常状態**(steady state)とよび，この状態である間は式(12.27)から反応速度vも一定である．実際，酵素反応を開始してわずかな間は定常状態が保たれ，そのときの速度〔**初速度**(initial rate)という〕も一定である．図 12.10 は反応時間と生成物濃度の関係を示すが，反応開始後，時間と生成物濃度が比例する期間が定常状態であり，その直線の傾きから初速度が得られる．しかし，しばらくすると時間と生成物濃度の比例関係は失われ，もはや定常状態ではなくなる．これは基質濃度が小さくなったことによって，酵素基質複合体の濃度が一定に保たれずに徐々に小さくなったことによる．

さて，定常状態では[ES]は一定であるから，つぎの関係が成立する．

$$\frac{d[ES]}{dt} = k_1[E][S] - (k_2 + k_3)[ES] = 0 \tag{12.28}$$

ただし，ESの生成速度 $= k_1[E][S]$，ESの分解速度 $= (k_2 + k_3)[ES]$である．

式(12.28)を変形すると，次式になる．

$$[ES] = \frac{k_1}{k_2 + k_3}[E][S] \tag{12.29}$$

ここで[S]について考えてみる．基質濃度が酵素濃度よりもはるかに大きければ，基質の一部が酵素基質複合体になったとしても反応開始のごく初期には[S]は一定としてもよい．つまり，[S]は設定できる定数(ただし反応のごく初期のみ)として扱える．

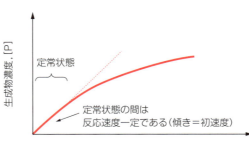

図 12.10 酵素反応における生成物濃度の時間変化

つぎに[E]について考えてみる．この遊離の酵素の濃度は測定できないが，全酵素濃度$[E]_t$を用いてつぎのように示される．全酵素濃度$[E]_t$も設定できる定数である．

$$[E] = [E]_t - [ES] \tag{12.30}$$

式(12.30)を式(12.29)に代入すると

$$[ES] = \frac{k_1}{k_2 + k_3}([E]_t - [ES])[S] \tag{12.31}$$

となる．式(12.31)を[ES]についてまとめると

$$[ES] = \frac{k_1[E]_t[S]}{k_2 + k_3 + k_1[S]} \tag{12.32}$$

となる．そこで式(12.32)を式(12.27)に代入すると

$$v = \frac{k_1 k_3 [E]_t [S]}{k_2 + k_3 + k_1[S]} \tag{12.33}$$

となる．さらに

$$K_m = \frac{k_2 + k_3}{k_1} \tag{12.34}$$

とすると

$$v = \frac{k_3 [E]_t [S]}{K_m + [S]} \tag{12.35}$$

となる．ここでK_mを**ミカエリス定数**(Michaelis constant)とよぶ．

いま，かりに基質濃度が十分大きい($[S] \gg K_m$)とすると，酵素はすべて酵素基質複合体を形成し($[E]_t = [ES]$)，このとき反応速度は**最大反応速度**(V_{max}で示す)となる．つまり，式(12.35)はつぎのようになる．

$$v = k_3[E]_t = V_{max} \tag{12.36}$$

したがって，式(12.35)はつぎのように表すことができる．

$$v = V_{max} \frac{[S]}{K_m + [S]} \tag{12.37}$$

この式を**ミカエリス-メンテンの式**(Michaelis-Menten equation)という．V_{max}とK_mは，酵素と基質の組合せで決まる定数である．

式(12.35)および式(12.37)は酵素反応の特徴をよく表している．まず，式(12.35)から反応速度は酵素濃度に比例することがわかる．つぎに，酵素濃度が一定の条件では，式(12.37)から基質濃度と反応速度の関係は**図12.11**のようになる．つまり$[S] \ll K_m$のとき，

$$v = \frac{V_{max}}{K_m}[S] \tag{12.38}$$

であり，vは[S]の一次反応であることがわかる．つまり[S]が十分小さいとき，vは[S]に比例し，図12.11では直線を与える．逆に$[S] \gg K_m$のとき，

$$v = V_{max} \tag{12.39}$$

であり，vは一定で[S]のゼロ次反応である．つまり，図12.11に示すように

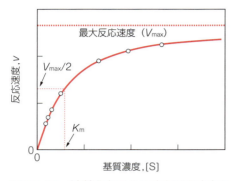

図 12.11 基質濃度による酵素反応速度の変化

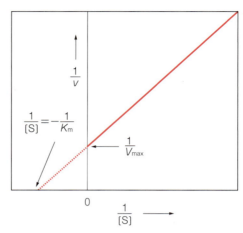

図 12.12 ラインウィーバー・バークプロット（両逆数プロット）

いくら[S]を大きくしても，速度はV_{max}を超えることはない．この点は，通常の化学反応と明らかに異なっている．また，[S] = K_mのとき，式(12.37)から

$$v = \frac{1}{2} V_{max} \tag{12.40}$$

となる．つまりK_mの値は，最大反応速度の1/2の速度を与える基質濃度に等しい．

V_{max}とK_mの値は，酵素反応の起こりやすさを比較する場合に用いられる．V_{max}の値が大きいほど，その酵素と基質の組合せの反応がすみやかに進行することを意味する．K_mは酵素と基質の結合のしやすさを示し，この値が小さいほど，酵素と基質は酵素基質複合体を形成しやすい．総合的には，両者の特性を合わせもつ数値としてV_{max}/K_mが使われ，この値が大きいほど酵素反応が効率よく進むことを意味する．

式(12.37)の両辺の逆数を取ると，次式となる．

$$\frac{1}{v} = \frac{1}{V_{max}} + \frac{K_m}{V_{max}[S]} \tag{12.41}$$

そこで基質濃度[S]を変化させたときのvを測定し，図 12.12のようにy軸に$1/v$を，x軸に$1/S$をプロットしたグラフをつくると，y切片は$1/V_{max}$，x切片は$-1/K_m$を与えるので，K_mとV_{max}を実験によって求めることができる．図 12.12のプロットを**ラインウィーバー・バークプロット**(Lineweaver-Burk plot)，または**両逆数プロット**とよぶ．

さらに，式(12.36)から$k_3[E]_t = V_{max}$なので，$[E]_t$(最初に用いた酵素の全量)がわかれば，k_3を求められる．k_3はk_{cat}と示されることがあり，**触媒定数**(catalytic constant)あるいは**ターンオーバー数**(turnover number)とよばれ，一つの活性部位が単位時間(毎分あるいは毎秒)当たり，最大何分子の生成物を生成しているかを表す．この値は酵素によって異なり，$10 \sim 10^7 \text{ s}^{-1}$の幅がある．

緑色蛍光タンパク質（GFP）の発見と応用

「百聞は一見に如かず」という諺（ことわざ）は，「何度も聞くよりも，一度実際に自分の目で見る方がまさる（広辞苑）」という意味である．生命科学の分野では，生きた個体内や細胞内でどのようなことが起きているのか，それを実際に見ることができるようにする（可視化する）技術が，近年，進歩している．その代表的な例が，緑色蛍光タンパク質（GFP：green fluorescent protein）を使った技術である．

GFPは1962年，下村　脩博士によってオワンクラゲ（*Aequorea victoria*）から発見された．オワンクラゲが緑色に光る理由は，発光タンパク質であるイクオリン（aequorin，分子量約21,000）と，GFP（分子量約27,000，238アミノ酸残基）の両方をもつからである．イクオリンは，カルシウムイオンと結合すると青色の光（波長460 nm）をだす．一方，GFPはイクオリンがだす光を吸収して，緑色の蛍光（波長508 nm）をだす．GFPの蛍光をだす構造部分（発色団）は，65番目のセリン，66番目のチロシン，67番目のグリシン残基が自然に環化および酸化して形成されたものである．この発色団の共役系のπ電子が，イクオリンの光を吸収して励起し，再び基底状態に戻るときに余分なエネルギーとして緑色の蛍光を発する．GFPの最大の特徴は，発色団の形成が自然に起きることと，励起光（紫外線から青色光までの波長の光）を当てるとGFPが単独で蛍光をだしてほかの物質を必要としないことである．

GFPの特徴に着目して，1992年，アメリカのチャルフィー（M. Chalfie）博士はGFPの遺伝子をオワンクラゲ以外の生物（大腸菌と線虫）に導入して緑色に光らせることに成功した．彼は，機能を調べたいタンパク質の遺伝子にGFPの遺伝子をつなげて線虫に導入し，そのタンパク質が生きている線虫のどこで発現されているか，緑色蛍光によって一目瞭然にわかることを示した（注：それまでは発現部位を観察するのに生物や細胞を殺す必要があり，薬剤で染めるなど手間もかかっていた）．

また，生きた細胞のなかで目的タンパク質が働く様子を動画として記録することもできる．さらに，GFPを導入したがん細胞をマウスに移植することによって，がん細胞の成長と転移の様子を，動物を生かしたままで観察できるようになった．

最近では，いろいろな色の蛍光タンパク質が開発されている．1994年，アメリカのチェン（R. Y. Tsien）博士は，GFP遺伝子に変異を導入することで，青色の蛍光をだす変異体をつくりだすことに成功した．その後，シアン，黄色，赤色など，さまざまな色の蛍光タンパク質が開発された．その結果，調べたいタンパク質が複数あっても，それぞれに異なる色の蛍光タンパク質を融合させて，一つの細胞のなかで発現させれば，それぞれのタンパク質の機能の違いや，タンパク質どうしの相互作用などを調べることができるようになった．

このほかにもGFPなどの蛍光タンパク質は，生体内のイオン濃度変化を可視化するバイオセンサーの開発や，再生医療にかかわる幹細胞の研究にも応用され，生命科学のいろいろな分野で役立っている．これらの功績から，2008年，下村，チャルフィー，チェンの三博士にノーベル化学賞が渡された．

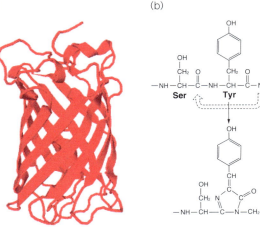

(a) GFPの立体構造，(b) 発色団

章末問題

1. $H_2 + I_2 \rightarrow 2HI$ の反応の 400 ℃ における速度定数は，2.4×10^{-2} L mol^{-1} s^{-1} である．二つの反応物の濃度が 0.2 mol L^{-1} のときの反応速度を求めよ．

2. $A + 2B \rightarrow C$ という反応では，二つの反応物の濃度を 2 倍にすると反応速度は 8 倍になるが，A の濃度だけを 2 倍にすると反応速度は 2 倍になるだけである．反応速度は，A と B について何次であるか．

3. 27 ℃ において水溶液中のショ糖の加水分解を測定したところ，つぎの結果を得た．この反応が一次反応であることを示し，速度定数，半減期を求めよ．

時間 / min	0	60	120	180
ショ糖濃度 / mol L^{-1}	1.000	0.807	0.653	0.531

4. あるエステルに過剰の酸を加えて加水分解したところ，20 分後に 27.9% が，60 分後に 62.4% が，120 分後に 85.7% が加水分解された．この反応が一次反応であることを示し，エステルが 50% 分解されるのにかかった時間を答えよ．

5. ある一次反応の速度定数が，3×10^{-2} s^{-1} であるとき，この反応の半減期はいくらか．また，反応物の初濃度が，1/8 および 3/5 の濃度になるのに必要な時間はどれだけか．

6. ある反応で，温度 300 K のときの速度定数の値が，温度 290 K のときの値の 2 倍になった．この反応の活性化エネルギーを求めよ．ただし $R = 8.3$ J K^{-1} mol^{-1} とする．

7. 酵素ズブチリシンで酢酸 p-ニトロフェニルを加水分解し，生成する p-ニトロフェノール（p-NP と略記）の濃度を測定したところ，つぎの結果を得た．酢酸 p-ニトロフェニルの初濃度は 2.26×10^{-4} mol L^{-1}，ズブチリシンの全濃度は 1.20×10^{-6} mol L^{-1}，酢酸 p-ニトロフェニルに対するズブチリシンの K_m は，3.2×10^{-4} mol L^{-1} とする．

時間 (min)	2	4	6	8	10
p-NP ($\times 10^{-6}$ mol L^{-1})	6.98	13.97	20.90	27.51	34.02
〃	12	14	16	18	20
	40.50	46.83	52.95	58.97	64.77

    (1) この反応の定常状態はどのくらいの時間までか．
    (2) 初速度はいくらか．
    (3) 最大反応速度はいくらか．
    (4) この反応の速度定数〔式 (12.26) における k_3〕はいくらか．

参考図書

1章
1) B. Alberts, D. Bray, K. Hopkin ほか著,　中村桂子,　松原謙一 監訳,　『Essential 細胞生物学(原書第4版)』,　南江堂(2016).
2) J. S. Fruton 著,　水上茂樹 訳,　『生化学史』,　共立出版(1978).
3) 丸山工作,　『生化学をつくった人々』,　裳華房(2001).

2章
1) P. Atkins, J. de Paul 著,　稲葉　章,　中川敦史 訳,　『アトキンス生命科学のための物理化学(第2版)』,　東京化学同人(2014).
2) 田中政志,　佐野　充,　『原子・分子の現代化学』,　学術図書出版社(1990).
3) P. Atkins 著,　細谷治夫 訳,　『元素の王国』,　草思社(1996).
4) 寺嶋正秀,　馬場正昭,　松本吉泰,　『現代物理化学』,　化学同人(2015).
5) 国立天文台 編,　『理科年表　平成27年　2015』,　丸善(2014).

3章
1) P. Atkins, J. de Paul 著,　稲葉　章,　中川敦史 訳,　『アトキンス生命科学のための物理化学(第2版)』,　東京化学同人(2014).
2) P. Y. Bruice 著,　大船泰史,　香月　勗,　西郷和彦,　富岡　清 監訳,　『ブルース有機化学概説(第2版)』,　化学同人(2010).
3) J. G. Smith 著,　山本　尚,　大嶌幸一郎 監訳,　『スミス基礎有機化学(第3版)上』,　化学同人(2012).
4) 寺嶋正秀,　馬場正昭,　松本吉泰,　『現代物理化学』,　化学同人(2015).

4章
1) 今井　弘,　『生体関連元素の化学』,　培風館(1997).
2) 八木康一,　『ライフサイエンス系の無機化学』,　三共出版(1998).
3) 北野　康,　『新版　水の科学』,　日本放送出版協会(1996).
4) 桜井　弘 編,　〈ブルーバックス〉『元素111の新知識』,　講談社(1997).
5) 酒井　均,　『地球と生命の起源』,　講談社(1999).

5章
1) J. G. Smith 著,　山本　尚,　大嶌幸一郎 監訳,　『スミス基礎有機化学(第3版)上・下』,　化学同人(2012, 2013).
2) P. Y. Bruice 著,　大船泰史,　香月　勗,　西郷和彦,　富岡　清 監訳,　『ブルース有機化学概説(第2版)』,　化学同人(2010).
3) J. McMurry 著,　伊東　椒,　児玉三明,　荻野敏夫,　深澤義正,　通　元夫 訳,　『マクマリー有機化学(第8版)上・中・下』,　東京化学同人(2013).
4) 廖　春栄,　『最新 全有機化合物名称のつけ方』,　三共出版(2007).

6章
1) P. Y. Bruice 著,　大船泰史,　香月　勗,　西郷和彦,　富岡　清 監訳,　『ブルース有機化学概説(第2版)』,　化学同人(2010).
2) J. McMurry, E. Simanek 著,　伊東　椒,　児玉三明 訳,　『マクマリー有機化学概説(第6版)』,　東京化学同人(2007).
3) 山口良平,　山本行男,　田村　類,　『ベーシック有機化学(第2版)』,　化学同人(2010).
4) 奥山　格 監修,　『有機化学』,　丸善(2008).

7章，8章

1) D. L. Nelson, M. M. Cox 著，山科郁男，川嵜敏祐 監修，『レーニンジャーの新生化学（第5版）上，下』，廣川書店（2010）．
2) R. K. Murray ほか 著，清水孝雄 監訳，『イラストレイテッド ハーパー・生化学（原著29版）』，丸善（2013）．
3) 林 典夫，廣野治子 監修，野口正人，五十嵐和彦 編集，『シンプル生化学（改訂第6版）』，南江堂（2014）．

9章

1) 泉屋信夫，野田耕作，下東康幸，『生物化学序説（第2版）』，化学同人（1998）．
2) 齋藤勝裕，太田好次，山倉文幸，八代耕児，馬場 猛，『メディカル化学—医歯薬系のための基礎化学（第3版）』，裳華房（2011）．
3) 伊東蘆一，木元幸一，小林修平，〈管理栄養士講座〉『生化学・分子生物学（第2版）』，建帛社（2013）．
4) B. Alberts, A. Johnson, J. Lewis, M. Raff, K. Roberts, P. Walter, "Molecular Biology of the Cell (5th Ed.)," Garland Science (2008).

10章，11章

1) G. M. Barrow 著，野田春彦 訳，『バーロー生命科学のための物理化学（第2版）』，東京化学同人（1994）．
2) P. W. Atkins, M. J. Clugston 著，千原秀昭，稲葉 章 訳，『アトキンス物理化学の基礎』，東京化学同人（1984）．
3) D. Eisenberg, D. Crothers 著，西本吉助，影本彰弘，馬場義博，田中英次 訳，『生命科学のための物理化学 上』，培風館（1988）．

12章

1) P. W. Atkins, J. de Paula 著，稲葉 章，中川敦史 訳，『アトキンス生命科学のための物理化学（第2版）』，東京化学同人（2014）．
2) I. Tinoco, Jr., K. Sauer, J. C. Wang, J. D. Puglisi, G. Harbison, D. Rovnyak 著，伏見 譲 監訳，櫻井 実，佐藤 衛，高橋栄夫，中西 淳 訳，『バイオサイエンスのための物理化学（第5版）』，東京化学同人（2015）．
3) 竹内敬人，〈高校からの化学入門③〉『化学反応のしくみ』，岩波書店（2000）．

付表：物理量と単位

表1　SI基本単位の名称と記号

物理量	SI単位と記号	
長さ	メートル	m
質量	キログラム	kg
時間	秒	s
電流	アンペア	A
物質量	モル	mol
熱力学的温度	ケルビン	K

表2　化学に関するSI誘導単位の名称と記号

物理量	SI単位と記号		定義
力	ニュートン	(N)	$kg\ m\ s^{-2}$
圧力	パスカル	(Pa)	$kg\ m^{-1}\ s^{-2}(=N\ m^{-2})$
エネルギー	ジュール	(J)	$kg\ m^2\ s^{-2}$
仕事率	ワット	(W)	$kg\ m^2\ s^{-3}(=J\ s^{-1})$
電荷	クーロン	(C)	$A\ s$
電位差	ボルト	(V)	$kg\ m^2\ s^{-3}\ A^{-1}(=J\ A^{-1}\ s^{-1})$
周波数	ヘルツ	(Hz)	s^{-1}

表3　SI接頭語

大きさ	SI接頭語	記号	大きさ	SI接頭語	記号
10^{-1}	デ シ (deci)	d	10	デ カ (deca)	da
10^{-2}	センチ (centi)	c	10^2	ヘクト (hecto)	h
10^{-3}	ミ リ (milli)	m	10^3	キ ロ (kilo)	k
10^{-6}	マイクロ (micro)	μ	10^6	メ ガ (mega)	M
10^{-9}	ナ ノ (nano)	n	10^9	ギ ガ (giga)	G
10^{-12}	ピ コ (pico)	p	10^{12}	テ ラ (tera)	T
10^{-15}	フェムト (femto)	f	10^{15}	ペ タ (peta)	P
10^{-18}	ア ット (atto)	a	10^{18}	エクサ (exa)	E

表4　単位換算表

(圧力)

Pa(N m^{-2})	bar	atm	Torr
1	10^{-5}	9.86923×10^{-6}	7.50062×10^{-3}
10^5	1	0.986923	750.062
1.01325×10^5	1.01325	1	760
133.322	1.33322×10^{-3}	1.31579×10^{-3}	1

(エネルギー)

J mol^{-1}	cal$^{a)}$ mol^{-1}	J(1分子当たり)	eV$^{b)}$	cm$^{-1\,b)}$
1	0.2390	1.6605×10^{-24}	1.0364×10^{-5}	8.3593×10^{-2}
4.184	1	6.9478×10^{-24}	4.3364×10^{-5}	3.4976×10^{-1}
6.0221×10^{23}	1.4393×10^{23}	1	6.2415×10^{18}	5.0341×10^{22}
9.6485×10^4	2.3060×10^4	1.6022×10^{-19}	1	8.0655×10^3
1.1963×10^1	2.8591	1.9865×10^{-23}	1.2398×10^{-4}	1

a) 熱化学カロリー.
b) eV(電子ボルト), cm^{-1}(波数)は1分子(粒子)当たりのエネルギー量を示す.

表5　基本物理定数

量	記号および等価な表現	値
真空中の光速	c_0	299 792 458 m s^{-1}
電気素量	e	$1.602\,176\,62 \times 10^{-19}$ C
プランク定数	h	$6.626\,070\,0 \times 10^{-34}$ J s
	$\hbar = h/2\pi$	$1.054\,571\,8 \times 10^{-34}$ J s
アボガドロ定数	N_A	$6.022\,140\,9 \times 10^{23}$ mol^{-1}
原子質量単位	u	$1.660\,539\,0 \times 10^{-27}$ kg
電子の静止質量	m_e	$9.109\,383\,6 \times 10^{-31}$ kg
陽子の静止質量	m_p	$1.672\,621\,9 \times 10^{-27}$ kg
中性子の静止質量	m_n	$1.674\,927\,5 \times 10^{-27}$ kg
ファラデー定数	$F = N_A e$	$9.648\,533\,3 \times 10^4$ C mol^{-1}
気体定数	R	8.314 46 J K^{-1} mol^{-1}
セルシウス温度目盛のゼロ	T_0	273.16 K(厳密に)
標準大気圧	P_0	$1.013\,25 \times 10^5$ Pa(厳密に)
理想気体の標準モル体積	$V_0 = RT_0/P_0$	$2.241\,396\,8 \times 10^{-2}$ m^3 mol^{-1}
ボルツマン定数	$k_B = R/N_A$	$1.380\,649 \times 10^{-23}$ J K^{-1}
自由落下の標準加速度	g	9.806 65 m s^{-2}(厳密に)

索　引

【A～Z】

ATP	156
DL 異性体	114
DNA	2, 5, 125
——塩基配列の解析技術	138
——トポイソメラーゼ	130
——ヘリカーゼ	130
——ポリメラーゼ	130
——リガーゼ	7, 132
E 体	75
E, Z 命名法	74
genome	7
GFP	195
H$^+$	181
IUPAC	48
K$^+$ チャネル	181
K_m	193
mRNA	3, 129
——前駆体	133
NDP	126
NMP	126
NMR 法	5
NTP	126
PCR	7
penicillin G	68
pK_a	63, 69, 78
pK_b	66
polymerase chain reaction	7
R 配置	72
R/S 表示(法)	72, 73
RNA	2, 5, 125
——ポリメラーゼ	133
rRNA	129, 135
S 配置	72
sec-	50, 51, 55
sp 混成軌道	28
sp^2 混成軌道	26
sp^3 混成軌道	26
S-S 結合	120
TATA ボックス	132
tert-	50, 51, 55
tRNA	128, 129, 136
V_{max}	193
V_{max}/K_m	194
X 線結晶解析法	5
Z 体	75

【あ】

アキシアル	98
アクチノイド	17
アグリカン	105
アザン	65
アシドーシス	176
アシル基	62, 67
アデニン	125
アデノシン 5′-三リン酸	36, 156
アノード	179
アノマー(炭素)	98
アボガドロ数	11
アミド	47, 60, 67
アミノアシル化	137
アミノアシル tRNA 合成酵素	137
アミノ基	65
アミノ酸	2, 4, 67, 113, 176
——残基	118
——配列	5
アミノ末端	118
アミロース	101
アミロペクチン	101
アミン	47, 65, 67
——間の水素結合	66
——の塩基性	65, 67
アラキドン酸	108
アリール基	53, 54, 56, 57
アルカローシス	176
アルカン	47, 57
——の命名	49
アルキル基	50, 54, 56, 57
アルキン	47, 51
アルケン	47, 51
——とアルキンの系統名	51
アルコリシス	89
アルコール	47, 55, 57
——の置換命名法	55
——発酵	43
アルデヒド	47, 58
——の系統名は置換命名法	58
アルドース	95
アルドール縮合	92
アルドール反応	92
α-水素	91
α-炭素	91, 113
α ヘリックス	120
アレニウスの式	187
アレニウスプロット	187
アンチコドン	137
アンチセンス鎖	133
安定同位体	10
アンモニア	65, 67
アンモニウムイオン	66
硫黄化合物	68

イオン化エネルギー	17
イオン化平衡	169
イオン結合	21
イオン性相互作用	30
イオン半径	22
イオン反応	80
イクオリン	195
異性体	70
イソ(iso-)	49, 51
一次構造	5, 119
一次反応	185
一分子求核置換	81
一分子脱離	82
遺伝暗号表	136
遺伝子	2, 5, 132
——組換え技術	7
イミダゾール	67
イミド	68
イミン	47, 68
陰イオン	18
インスリン	7
インドール	67
イントロン	134
右旋性	71
ウラシル	125
エキソン	134
エクアトリアル	98
エステル	47, 60
——交換反応	89
——の命名	64
エタノール	43, 56
エタン	48
——酸	61
エチル基	50
エーテル	47, 57
——の置換命名法	57
エナンチオマー	71, 96
エネルギー準位	13
エネルギー保存の法則	144
エノラートアニオン	91
エピマー	97
塩基	5, 125, 170
——解離指数	171
——解離定数	171
——性アミノ酸	114
——性溶液	172
——定数	171
塩橋	178
エンザイム	4
エンタルピー	145
エントロピー	149

索 引

岡崎フラグメント	132	慣用名	48, 53, 55, 62	グリセロリン脂質	108
オクタデカン酸	107	幾何異性体	70, 73	グルコース	43, 98
オクタデセン酸	107	基官能命名法	49, 55, 58, 59, 69	――6-リン酸	157
オクタン	48	ギ酸	61	クローニング	7
オリゴ糖	95, 101	基質	190	蛍光	195
オレイン酸	107	――特異性	190	形質転換	5, 7
温室効果	43	気体定数	150	系統名	48
		キチン	102	結合エネルギー	24, 28
【か】		基底状態	14	結合水	40
外界	141	起電力	179	結合性軌道	23
開殻	17	キトサン	103	ケト-エノール互変異性	91
開始	137	機能脂質	106	ケトース	95
――因子	137	ギブズ自由エネルギー	153	ケトン	47, 58
――コドン	135	逆転写酵素	7	――の置換命名法	59
開放系	142	キャップ	133	ゲノム	7
解離因子	139	吸エルゴン反応	155	――DNA	129
解離定数	170	求核置換反応	81, 87	ケラタン硫酸	103
化学電池	177	求核反応	80	けん化	89
化学熱力学	141	――剤	80	原子	9
化学平衡	165	球状タンパク質	117	――核	9
化学ポテンシャル	159, 181	求電子反応	80	――軌道	11
可逆変化	145	――剤	80	――番号	9
核酸	5, 125	求電子付加反応	83	――量	10
――の熱変性	128	吸熱反応	147	光学異性体	70, 71
拡散	161	境界	141	光合成	34
核磁気共鳴法	5	鏡像異性体	70, 71, 73, 113	高次構造	123
加水分解反応	89	強電解質	163	酵素	3, 4, 190
カソード	179	共鳴	119	構造異性体	48, 70
活性化エネルギー	187, 189	――安定化	57, 63	構造式	45
活性錯体	188	――エネルギー	54	構造脂質	105
活性複合体	188	――構造	54	構造多糖	101
価電子	16	――混成体	54	酵素基質複合体	191
鎌状赤血球	124	――式	54	酵素反応	190
ガラクトース	98	共役	156	高張液	162
カルボアニオン	78	――塩基	78, 170	高分子	84
カルボカチオン	81, 82	――系	54, 195	酵母	43
カルボキシ基	60, 63	――酸	78, 170	呼吸	34
カルボキシ末端	118	共有結合	22	コドン	6, 135
カルボキシラートイオン	62	――半径	28	――の縮重	135
カルボニル基	58, 60	極性	77	互変異性	91
カルボン酸	47, 60	――共有結合	25	孤立系	142
――イオン	62, 63	――反応	80	コレステロール	111
――塩	62	キラル炭素	71	混成軌道	25
――の酸性度	63	金属結合	30	コンドロイチン	103
――の置換命名法	60	金属元素	29	コンパクチン	111
――誘導体	60, 64	均等開裂	79		
カーン・インゴールド・		グアニン	125	**【さ】**	
プレローグ表示法	72	クライゼン縮合	93	最外殻電子	16
環境	141	クラウジウス	149	最大反応速度	193
還元剤	178	グリカン	101	最適温度	190
還元反応	84	グリコーゲン	101	最適pH	190
環式炭化水素	46	グリコサミノグリカン	103	細胞	1
緩衝液	175	グリコシド結合	100	――外マトリックス	103
環状エーテル	58	グリコシド(配糖体)	100	――核	2
緩衝作用	175	グリセルアルデヒド	72, 73, 96	――質	2
官能基	46, 55, 77	グリセロ糖脂質	110	――小器官	3

──説	1
──膜	1
酢酸	61
鎖式炭化水素	46
左旋性	71
サブユニット	123
酸	170
──-塩基滴定	172
──解離定数	170, 171
──定数	170
酸化還元反応	84
酸化剤	179
酸化反応	84
三次構造	119
三重結合	28
酸性アミノ酸	114
酸性度指数	78
酸性溶液	172
酸ハロゲン化物	47, 60
──の命名	64
酸無水物	47, 60
──の名称	64
ジアスターゼ	4
ジアステレオマー	70, 73, 97
ジアミン	65
ジェミナル	86
ジオール	86
ジカルボン酸	60, 62
示強性	142
σ(シグマ)軌道	24
σ結合	24
σ電子	77
シクロアルカン	51
──の命名法	51
脂質二重層	109
シス体	74
ジスルフィド	68, 70
──結合	120
示性式	45
次世代型DNAシークエンサー	138
シッフ塩基	87
質量作用の法則	167
質量数	9
2′,3′-ジデオキシヌクレオシド三リン酸	138
ジデオキシ法	138
シトシン	125
ジヒドロキシアセトン	96
脂肪酸	106
脂肪族炭化水素	46
四面体中間体	85
シャイン-ダルガノ配列	137
弱電解質	163
遮蔽効果	14
シャルルの法則	158
周期表	16
周期律	16
終結	137
終止コドン	135
重水	19
自由水	40
自由電子	29
縮重	14
主鎖	49, 118
酒石酸	73
受動輸送	161
順位則	72, 75
小サブユニット	136
状態量	142
小胞	109
触媒	190
初速度	192
初濃度	185
示量性	142
親水性	32
──アミノ酸	115
伸長	137
──因子	138
浸透圧	162
水素イオン指数	172
水素結合	30, 57, 58, 60, 62, 63, 68
スクロース	101
スタチン	111
ステアリン酸	107
ステロイド	111
素反応	188, 189
スフィンゴシン	108
スフィンゴ糖脂質	110
スフィンゴミエリン	109
スフィンゴリン脂質	108
スプライシング	134
スプライセオソーム	134
スルファニル	69
スルファン	68
スルフィド	47, 68, 70
スルフィン酸	68
スルフェン酸	68
スルホキシド	68, 70
スルホン	68, 70
──酸	47, 68
生気論	3
制限酵素	7
静止膜電位	180
成熟mRNA	133
生体の六大元素	33
生体膜	109
静電的相互作用	30
生理活性ペプチド	7
生理食塩水	162
赤血球	124
セッケン	89
絶対温度	147
セラミド	108
セルロース	101
セロビオース	100
遷移元素	17
遷移状態	81, 188, 189
繊維状タンパク質	117
旋光性	71, 73, 74
旋光度	71
染色質	2
染色体	2
センス鎖	133
セントラルドグマ	6
双極子	31
──-双極子相互作用	31, 59
──モーメント	31
双性イオン	116
相補的	127
束一的性質	163
速度式	184, 192
速度則	185
速度定数	185
疎水性	32
──アミノ酸	115
──相互作用	32, 44
ソマトスタチン	7

【た】

第一アミド	67
第一級アミン	65
第一級アルコール	55
第一級炭素	48, 55
大サブユニット	136
第三アミド	67
第三級アミン	65, 66
第三級アルコール	55
第三級炭素	48, 55
第二アミド	67
第二級アミン	65, 66
第二級アルコール	55
第二級炭素	48, 55
第四級アンモニウムイオン	65
第四級炭素	48
タクロリムス	74
脱離基	80
脱離反応	82
多糖	95
ダニエル電池	178
ターンオーバー数(触媒定数)	194
炭化水素	46
炭酸固定	35
胆汁酸	111
単純脂質	105
単純タンパク質	117
単純反応	188
炭水化物	95
炭素アニオン	78

索 引

炭素酸	78
単糖	95
タンパク質	2, 4, 113
——の立体構造	5
単量体	84
チオラート	69
チオール	47, 68, 70
——の置換命名法	69
置換基	49, 74, 75
置換反応	54, 81
置換命名法	49
地球温暖化	43
窒素固定	35
窒素同化	35
チミン	125
中間体	189
中性アミノ酸	114
中性子	9
中性脂肪	107
中性溶液	172
中和点	173
超二次構造	122
直線表示式	46
貯蔵脂質	105
貯蔵多糖	101
定常状態	192
低張液	162
デオキシリボ核酸	2, 125
D-デオキシリボース	5
2-デオキシリボース	125
デオキシリボヌクレオシド	125
デカン	48
デルマタン硫酸	103
電位	181
転移 RNA	128, 129
転移反応	84
電解質	163
電気陰性度	19, 46, 66, 77
電気化学ポテンシャル	181
電極電位	179
典型元素	16
電子	9
——雲	11
——殻	15
——共役系	57
——供与性	81
——式	22
——親和力	18
——の非局在化	54
転写	132
——開始点	132
——終結点	132
デンプン	43, 101
電離度	163
電離平衡	169
伝令 RNA	129

同位体	10
透視式	71
糖脂質	110
糖質	95
等張液	162
等電点	177
当量点	172
トランス体	74
トリアシルグリセロール	107
トリアミン	65
トリカルボン酸	60, 61

【な】

内部エネルギー	143
ナフタレン	52
2-ナフチル	52
二酸化炭素	43
二次構造	119
二重結合	27, 107
二重らせん構造	6, 127
二糖	95
ニトリル	47, 60, 64
二分子求核置換	81
二分子脱離	82
二面角	119
ニューマン投影式	75
ヌクレイン	5
ヌクレオシド	125
ヌクレオチド	3, 67, 125, 126
ネオ (neo-)	49, 51
熱力学の第一法則	141
熱力学の第三法則	152
熱力学の第二法則	151
ネルンスト電位	182
ネルンストの式	179
濃縮ウラン	19
能動輸送	161
濃度平衡定数	167
のこぎり台投影式	75
ノナン	48

【は】

配位結合	29
バイオエタノール	43
バイオテクノロジー	43
π(パイ) 軌道	27
π 結合	27, 54
配座異性体	70, 75
π 電子	54, 195
配糖体	100
パウリの排他原理	15
ハース投影式	98
発エルゴン反応	155
発熱反応	147
パルミチン酸	107
半金属	29

反結合性軌道	24
半減期	186
半電池	178
半透膜	161
反応次数	185
反応速度	183
反応熱	145
反応の進行度	166
半反応	178
半保存的複製	6, 130
ヒアルロン酸	103
非金属元素	29
ビタミン D	112
必須アミノ酸	116
必須元素	33
必須脂肪酸	107
非電解質	163
ヒトゲノムプロジェクト	7
ヒドリドイオン	87
ヒドロキシ基	55, 57, 60
非翻訳領域	135
標準アミノ酸	4, 114
標準エントロピー	152
標準化学ポテンシャル	159
標準起電力	180
標準状態	147
標準生成エンタルピー	148, 152
標準生成ギブズ自由エネルギー	155
標準電極電位	180
ピラノース	98
ピリミジン	67
——塩基	125
微量必須元素	34
頻度因子	187
ファラデー定数	181
ファンデルワールス半径	31
ファンデルワールス力	31
ファント・ホッフ	162
——の式	162
フィッシャー	89
——エステル化反応	89
——投影式	96
フェニル	52
フェノール	46, 47, 55
——の系統名	56
——の $pK_a=10$	57
フェーリング溶液	99
不可逆変化	145
付加反応	83
不均等開裂	79
複合脂質	105
複合タンパク質	117
複合反応	188
複製	129
——開始点	130
——バブル	130

索引

不斉炭素	72, 73
不斉中心	96
ブタン	48
不対電子	15
不飽和結合	72
不飽和脂肪酸	106
プライマー	130
プライマーゼ	130
プラスミド	7
フラノース	98
プラバスタチン	111
プリン	67
――塩基	125
フルクトース	98
ブレンステッド	170
――・ローリーの酸塩基の理論	78
プロセシング	132, 133
プロテオグリカン	105
プロパン	48
プロモーター	132
分極	25, 59, 62, 77
分散力	31
分枝アミノ酸	115
分子軌道	23
分子式	45
分子生物学	6
分子量	10
フントの規則	15
閉殻	17
平衡状態	142
閉鎖系	142
ヘキサン	48
ヘキソキナーゼ	157
ヘスの法則	147
β 構造	120
β ストランド	121
β ターン	120
ヘテロ多糖	101
ペニシリン G	68
ヘパリン	103
ヘプタン	48
ペプチド	113
――結合	4, 117
ヘモグロビン	122
偏光	71
変性	123
ベンゼン	52, 53
――のニトロ化反応	54
変旋光	99
ヘンダーソン-ハッセルバルヒの式	174
ペンタン	48
ヘンリーの法則	161
ボイルの法則	158

芳香族炭化水素	46, 52
――の構造的特徴	54
――の名称	53
放射性同位体	10
飽和脂肪酸	106
ホスファチジン酸	108
母体鎖	49
ホモ多糖	101
ポリアデニル化	134
ポリアミン	65
ポリ A	134
――付加シグナル	135
――ポリメラーゼ	135
ポリフェノール	55, 57
ポリマー	84
ポリメラーゼ連鎖反応法	7
ボルツマン	149
――定数	150
――の式	150
翻訳	137
――領域	135

【ま】

マルコフニコフ則	83
マルトース	100
マンノース	98
ミオグロビン	122
ミカエリス定数	193
ミカエリス-メンテンの式	193
水のイオン積	172
ミラーの実験装置	39
無機化学	3
無機物質	3
メセルソンとスタールの実験	130
メソ異性体	70, 73
メソメリー効果	78
メタノール	56
メタン	48
――酸	62
メチル基	50
7-メチルグアノシン	133
メッセンジャー RNA	3
メバスタチン	111
免疫抑制剤	74
メンデルの法則	5
モチーフ	122
モノカルボン酸	60
モノマー	84
モル	11
――濃度	181

【や】

有機化学	3
有機化合物	45
誘起効果	77

誘起双極子	31
有機物質	3
誘導脂質	105
遊離基	80
ゆらぎ塩基対	137
陽イオン	17
溶血	162
陽子	9
四次構造	119

【ら】

ラインウィーバー・バークプロット	194
ラギング鎖	131
ラクタム	68
ラクトース	101
ラクトン	64
ラジカル反応	80
ラセミ体	71
ランタノイド	17
ランダムコイル	122
理想溶液	160
律速段階	189, 192
立体異性体	70, 96
立体構造式	71
立体配座	75
立体配置	71, 72, 96, 114
リーディング鎖	131
リノール酸	107
α-リノレン酸	107
リボ核酸	2, 125
リボース	98, 125
D-――	5
リポソーム	109, 135
―― RNA	129
リボヌクレオシド	125
流動モザイクモデル	110
両逆数プロット	194
量子数	11
両親媒性	36
――物質	109
両性イオン	116
両性電解質	116
緑色蛍光タンパク質	195
リン酸ジエステル結合	127
リン脂質	1, 108
――二重層	1
ルイス塩基	79
ルイス酸	79
励起状態	14
ろう	108
ロバスタチン	111
ローリー	170

◆ 著者紹介

安藤 祥司
1956年　大分県生まれ
1984年　九州大学大学院理学研究科修了
現　在　崇城大学生物生命学部教授
専　攻　生化学
理学博士

熊本 栄一
1952年　山口県生まれ
1980年　九州大学大学院理学研究科修了
現　在　佐賀大学名誉教授
専　攻　神経生理学
理学博士

坂本 寛
1964年　福岡県生まれ
1992年　九州大学大学院理学研究科修了
現　在　九州工業大学大学院情報工学研究院教授
専　攻　生化学
博士（理学）

弟子丸 正伸
1968年　佐賀県生まれ
1998年　九州大学大学院理学研究科修了
現　在　福岡大学理学部准教授
専　攻　生物化学
博士（理学）

ライフサイエンスのための化学

第1版　第1刷　2017年1月10日
　　　　第9刷　2025年2月10日

検印廃止

JCOPY　〈出版者著作権管理機構委託出版物〉

本書の無断複写は著作権法上での例外を除き禁じられています。複写される場合は、そのつど事前に、出版者著作権管理機構（電話 03-5244-5088, FAX 03-5244-5089, e-mail: info@jcopy.or.jp）の許諾を得てください。

本書のコピー、スキャン、デジタル化などの無断複製は著作権法上での例外を除き禁じられています。本書を代行業者などの第三者に依頼してスキャンやデジタル化することは、たとえ個人や家庭内の利用でも著作権法違反です。

乱丁・落丁本は送料小社負担にてお取りかえします。

Printed in Japan　©S. Ando et al. 2017
無断転載・複製を禁ず

著　者　安藤　祥司
　　　　熊本　栄一
　　　　坂本　　寛
　　　　弟子丸正伸
発行者　曽根　良介
発行所　㈱化学同人
〒600-8074　京都市下京区仏光寺通柳馬場西入ル
編集部　Tel 075-352-3711　Fax 075-352-0371
企画販売部　Tel 075-352-3373　Fax 075-351-8301
振替　01010-7-5702
e-mail webmaster@kagakudojin.co.jp
URL https://www.kagakudojin.co.jp
印刷・製本　西濃印刷株式会社

ISBN 978-4-7598-1827-7